实验系列教材

国家级生命科学实验教学示范中心　实验教材

BIOCHEMISTRY AND MOLECULAR BIOLOGY EXPERIMENT

生物化学与分子生物学实验

第2版

李卫芳　王冬梅　李　旭
王秀海　俞红云　李　琼　编著

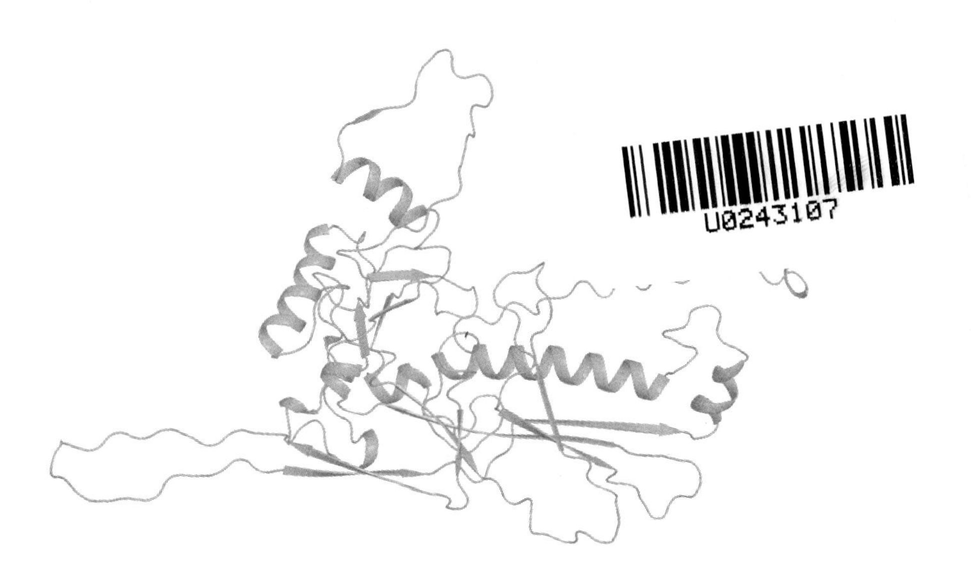

中国科学技术大学出版社

内容简介

本实验教材涵盖了目前高等院校生物化学与分子生物学实验课大多数内容。教材由3大部分组成:第1部分为基础实验,内容包括各生物大分子的分离、纯化、鉴定和定量检测。第2部分为综合性实验,内容为葡萄糖异构酶基因克隆、转化、表达、鉴定、分离、纯化和酶反应动力学测定。第3部分为高级实验,主要内容为生物大分子与配体相互作用的动力学实验等。

本书主要面向生物科学、医学、农林院校等专业的生物化学与分子生物学实验教学使用,也适合各高等院校和科研院所的研究生选修生物化学与分子生物学实验的教学使用,还可供相关专业的科研人员参考。

图书在版编目(CIP)数据

生物化学与分子生物学实验/李卫芳等编著. —2版. —合肥:中国科学技术大学出版社,2021.12

ISBN 978-7-312-05133-3

Ⅰ.生… Ⅱ.李… Ⅲ.①生物化学—实验—教材 ②分子生物学—实验—教材 Ⅳ.①Q5-33 ②Q7-33

中国版本图书馆CIP数据核字(2020)第265051号

生物化学与分子生物学实验

SHENGWU HUAXUE YU FENZI SHENGWUXUE SHIYAN

出版 中国科学技术大学出版社
安徽省合肥市金寨路96号,230026
http://press.ustc.edu.cn
http://zgkxjsdxcbs.tmall.com

印刷 安徽省瑞隆印务有限公司

发行 中国科学技术大学出版社

经销 全国新华书店

开本 787 mm×1092 mm 1/16

印张 18

字数 460千

版次 2012年1月第1版 2021年12月第2版

印次 2021年12月第3次印刷

定价 50.00元

前　　言

21 世纪是生命科学的世纪，尤其近十年来生物化学和分子生物学技术发展日新月异，许多新的技术得到了广泛应用。因此为了加强生物化学和分子生物学实验内容的完整性和先进性，我们结合自己的科研实践，在《生物化学与分子生物学实验》(2012 年第 1 版)的基础上进行了修改与增删。本书第 2 版共 31 个实验，分为 3 大部分：第 1 部分为基础生物化学与分子生物学实验，由 25 个独立实验组成，内容包括蛋白质、核酸(DNA/RNA)、糖以及酶等生物大分子的分离纯化、鉴定、定量检测的实验原理和方法。第 2 部分为综合生物化学与分子生物学实验，其内容为葡萄糖异构酶(GI)基因的克隆、表达、纯化与性质鉴定。前两部分的章节跟第 1 版一致，但是在内容上添加了更多的科研实验案例和最新参考文献，有利于读者延伸阅读或自行考证。第 3 部分为高级生物化学与分子生物学实验，是第 2 版添加的新的实验内容，诸如：高效液相层析法进行各种糖类的定量测定，荧光偏振法测定生物大分子间的相互作用，凝胶迁移实验鉴定蛋白和核酸的相互作用，等温滴定量热法定量测定蛋白质和配体间的相互作用，微量热泳动法定量分析生物分子间的相互作用。

本书编者在多年丰富的教学和科研工作经验的基础上，将各自领域最熟悉的众多技术方法加以筛选并整理成书。负责本书编写的主要编者有李卫芳(实验 8、9、10、11、12、13、14、24、25、30)、王冬梅(实验 1、3、5、6、15、16、27)、李旭(实验 28、29)、王秀海(实验 2、4、7、17 和附录)、俞红云(实验 18、19、20、21、22、23、26)和李琼(实验 31)。在本书的编写过程中，承蒙中国科学技术大学教务长周丛照教授、生命科学学院执行院长臧建业教授和副院长赵忠教授等给予的大力支持和帮助，在此深表谢意！由于编者水平有限，本书难免有疏漏之处，期待使用本教材的广大师生和读者提出宝贵的意见和建议，以使本教材质量不断提高。

编　者

2021 年 9 月

目　录

第 2 部分　综合生物化学与分子生物学实验

第 3 部分　高级生物化学与分子生物学实验

附　　录

第1部分

基础生物化学与分子生物学实验

实验1　蛋白质的定量测定

蛋白质含量测定有多种方法，如何选择合适的方法主要基于以下几点考虑：① 有多少样品可供分析；② 蛋白质样品浓度大约是多少；③ 样品中含有哪些可能影响定量的化学物质；④ 含量测定的专一性要求是否很高；⑤ 所选方法是否简单、可靠。

最常用的方法主要有：① 紫外吸收法；② Folin-酚试剂法（Lowry 法）；③ 考马斯亮蓝染色法（Bradford 法）；④ 二辛可宁酸分析法（BCA 法）。

每种方法都有一定的灵敏度，被测样品中蛋白含量应控制在其灵敏度范围内。必须强调的是灵敏度与被测蛋白样品的种类及体积有关，可以通过增大或者减少样品体积来改变测定方法的灵敏度。如常用的 1 cm 光程的比色皿测量所需的体积为 3 mL，若使用同样光程的微量比色皿，所需体积仅为 100 μL，测量灵敏度相应提高了 30 倍。

Ⅰ　紫外吸收法

1　实验目的

（1）学习紫外吸收法测定蛋白质含量的原理和方法。

（2）掌握分光光度计的原理和使用方法。

2　实验原理

紫外吸收法有其突出的优点：① 不需添加任何试剂，因而对样品没有任何破坏；② 测量极其简单、迅速；③ 蛋白浓度和吸光度是线性关系，容易计算。

但紫外吸收法也有缺点，就是干扰测定的影响因素特别多，要得到准确、可靠的结果，必须严格控制样品溶液的 pH 和化学组成，使待测样品和标准样品的实验条件一致。

蛋白质在紫外光区（190～360 nm）有两个强烈吸收峰：280 nm 和 200 nm。电子吸收光子产生了吸收光谱。电子有基态轨道和更高能量的轨道，只有光子的能量水平与这两种轨道的能量差相符时才能被吸收，我们知道光子的波长越短其能量越高，所以在 280 nm 处被激发的电子吸收的能量比 200 nm 处的少。

在 280 nm 波长处有吸收峰的电子所需能量较少，因为这些电子存在于芳香环的共轭双键中。由于色氨酸(Trp)、酪氨酸(Tyr)、苯丙氨酸(Phe)有芳香环,可吸收 280 nm 波长的光子,蛋白质的吸收强度与上述几种氨基酸的含量有关,因此相同浓度的不同种类蛋白质,其 280 nm 波长处的吸收值差别很大(图 1.1)。另外,蛋白质的三级结构也影响其吸收光谱,因为氨基酸间的相互作用也可稳定电子的激发态。因此,缓冲液 pH、极性和离子强度等与三级结构有关的因素都影响吸收光谱,缓冲液离子还可以直接与氨基酸作用,使电子轨道稳定或不稳定。尽管如此,测量 280 nm 处的光吸收还是显得非常方便实用,因为大部分化学试剂在此波长无吸收,而在较短的波长则可能会有吸收。

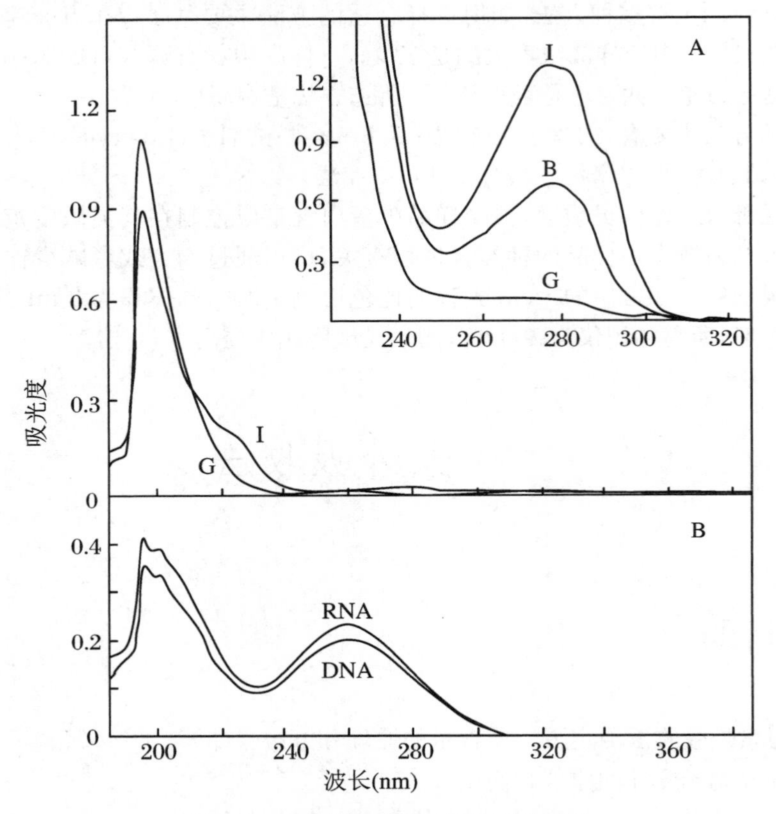

图 1.1 蛋白质和核酸的紫外吸收光谱

注:图 A 是 15 μg/mL 蛋白的吸收光谱。图 A 中右上角插图是 1 mg/mL 的牛免疫球蛋白 IgG(I)、牛血清白蛋白(B)和白明胶(G)的吸收光谱,缓冲液为 0.01% 十二烷基聚乙二醇醚(Brij35),0.1 mol/L K_2SO_4,5 mmol/L KH_2PO_4,pH = 7。图 B 是 10 μg/mL RNA 和 DNA 的吸收光谱。

肽键在低于 210 nm 波长时吸收光子。由于蛋白质中肽键数量很多,这一区域的光吸收灵敏度很高,虽然蛋白质构象、Tyr 和 Trp 侧链基团对此区域的光吸收也有一定影响,但不同蛋白质之间的吸收差异比 280 nm 处的光吸收值要小得多。许多化学物质特别是含 C═C 双键和 C═O 双键的物质在 205 nm 处都有吸收,所以必须严格控制反应条件。蛋白质在 205 nm 波长的光吸收值是 280 nm 处吸收值的 30～70 倍。适当稀释蛋白质溶液,并加入 Brij35 使其终浓度为 0.01%,在 205 nm 波长处测定光吸收值,可用下面公式计算含量:

$$蛋白浓度(mg/mL) = 31 \times A_{205}$$

注意:① 0.01% Brij35 的作用是防止样品蛋白质黏附在比色皿壁上,溶液浓度越低,相对损失越大;② 仪器的波长准确性和杂散光特性对样品吸光值影响较大,所以应选用性能优良的分光光度计；③ 为消除仪器本身的影响，可用 10 μg/mL 的 BSA 溶液做标准曲线，标准曲线是线性的并经过零点，因此通常只测一个浓度即可；④ 可测定 210 nm 波长处的光吸收，但蛋白质在 210 nm 处的吸收灵敏度低于 205 nm，而且随着缓冲液组分的不同而发生变化。蛋白质在 210 nm 处的消光系数在 20～24 范围。

3　测量和计算方法

3.1　测量范围

OD_{280}：20～1000 μg/mL。

OD_{205}：1～100 μg/mL。

测量范围随样品蛋白质种类不同而有很大差异。

3.2　计算方法

对混合蛋白质样品或不知道其吸光系数的蛋白样品，可用下式做出大概估计：

$$浓度(mg/mL) = A_{280}$$

注意：此时所用比色皿的光程为 1 cm，使用其他规格的比色皿需做相应换算。

通常吸光系数有以下几种单位：$A_{1\,cm}{}^{1\,mg/mL}$、$A_{1\,cm}{}^{1\%}$、ε_M（即摩尔消光系数）。对已知吸光系数的样品，可用下面的公式计算：

$$浓度(mg/mL) = \frac{A_{280}}{A_{1\,cm}{}^{1\,mg/mL}}$$

$$浓度(\%) = \frac{A_{280}}{A_{1\,cm}}{}^{1\%}$$

$$浓度(mol/L) = \frac{A_{280}}{\varepsilon_M}$$

注意：① 吸光系数与 pH 和离子强度有关，所以应尽可能使样品的测量条件与给定消光系数的条件相同；② 核酸类物质在 280 nm 处有强吸收。对含 DNA 或 RNA 的样品，如细胞裂解液，必须同时测量 260 nm 处的光吸收，并用下式计算其浓度：

$$蛋白质浓度(mg/mL) = 1.55A_{280} - 0.76A_{260}$$

光谱术语：吸光度。

吸光度，也被称为吸光（A）、消光（E）或光密度（OD）。

吸光度的计算公式为

$$A = \lg\frac{I_0}{I}$$

式中，I_0是射到样品上的光的强度；I 是通过样品溶液没有被样品吸收的光的强度。或者

$$A = acl$$

式中，比例常数的 a 是吸光率指数；c 是吸收物质的浓度；l 是用 cm 表示的光学通路长度。

当吸光度以浓度单位 mol/L 表示，且路径长度用 cm 表示时，我们将其定义为摩尔吸光系数（或摩尔消光系数 ε_M）。因此，在这个定义下，ε_M是 1 mol/L 溶液使用 1 cm 的光程时的

吸光度,单位为 L/(mol·cm)。

当不知道或无法确定吸收物质的分子质量时,吸光度可以方便地用 $A_{1\,cm}^{1\%}$(或 $E_{1\,cm}^{1\%}$)表示,即 1%溶液(如每毫升含有 10 mg 蛋白质的样品溶液)的吸光度用 Beer-Lambert 定律假设计算。经常将波长加入到该计算中,表示在该波长测量的吸光度。例如,$A_{280}^{0.1\%}$(或 $E_{280}^{0.1\%}$)表示在 280 nm 处,使用 1 cm 的光程,每毫升含有 1 mg 蛋白质的样品溶液的吸光度。

4 试剂和仪器

(1) 标准蛋白:1 mg/mL BSA(牛血清白蛋白)。

(2) 待测蛋白样品:卵白蛋白或牛血清白蛋白。

(3) 紫外可见分光光度计。

5 实验操作

取 16 支短试管,按表格进行编号(每一管号做平行 2 管)(表 1.1),加入相应试剂,摇匀,以 0 号管为参比,用光程为 1 cm 的石英比色皿测定其余各管溶液在 280 nm 处的光吸收 OD_{280},以标准蛋白浓度为横坐标,OD_{280} 为纵坐标绘制标准曲线,并从标准曲线上查出未知蛋白质的浓度。

表 1.1 紫外吸收法测量蛋白质含量

试剂	管号							
	0	1	2	3	4	5	6	7
标准蛋白溶液(mL)	0	1.0	1.5	2.0	2.5	3.0	4.0	0
双蒸水(mL)	4.0	3.0	2.5	2.0	1.5	1.0	0	0
蛋白质含量(mg/mL)	0	0.250	0.375	0.500	0.625	0.750	1.000	
未知蛋白溶液(mL)	—	—	—	—	—	—	—	4
OD_{280}								

6 注意事项

(1) 测量紫外区的光吸收,必须用石英比色皿。

(2) 若待测样品温度较低,比色皿外壁会聚集水汽,使读数偏高。必须用擦镜纸擦干外壁并迅速读取测量值,若光吸收大于 2,用缓冲液稀释后再测量。

(3) 测定时注意比色皿之间的误差,测量顺序从低浓度至高浓度。

（4）常见蛋白的吸光系数如下（$A_{1\,cm}^{1\%}$）：

牛血清白蛋白（BSA）：6.3

牛、人、兔免疫球蛋白 IgG：13.8

鸡卵白蛋白：7

7　结果处理

以标准蛋白浓度（mg/mL）为横坐标，相应的光吸收值（平行样品间取平均值）为纵坐标，绘制标准曲线，求出回归方程，根据待测样品的吸光值求出其蛋白浓度（图1.2）。

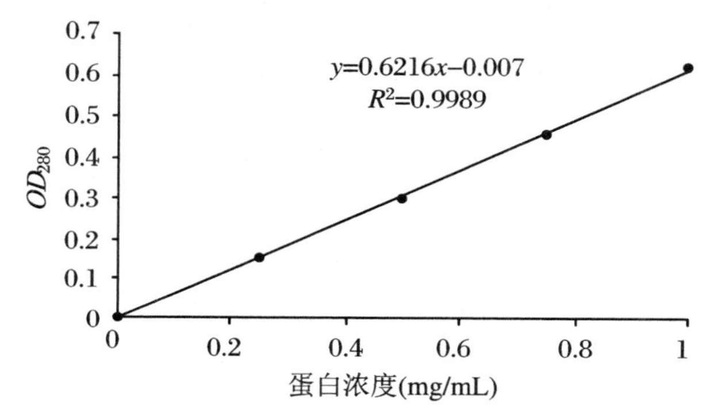

图1.2　紫外吸收法测定蛋白浓度的标准曲线

Ⅱ　考马斯亮蓝染色法（Bradford法）

1　实验目的

（1）学习考马斯亮蓝染色法测定蛋白质含量的原理。

（2）掌握考马斯亮蓝染色法测定蛋白质含量的方法。

2　实验原理

在酸性条件下，考马斯亮蓝 G-250 与蛋白质结合后，染料的最大光吸收波长由 465 nm 转移为 595 nm，这是阴离子形式的染料与蛋白质发生疏水作用和离子间相互作用得到的稳定结果，起作用的主要氨基酸是精氨酸（Arg），另外，组氨酸（His）、赖氨酸（Lys）、酪氨酸（Tyr）、色氨酸（Trp）和苯丙氨酸（Phe）也有作用。因此，同种浓度的不同蛋白质因为 Arg 及

Lys 等残基的含量不同表现出不同的光吸收(图 1.3)。

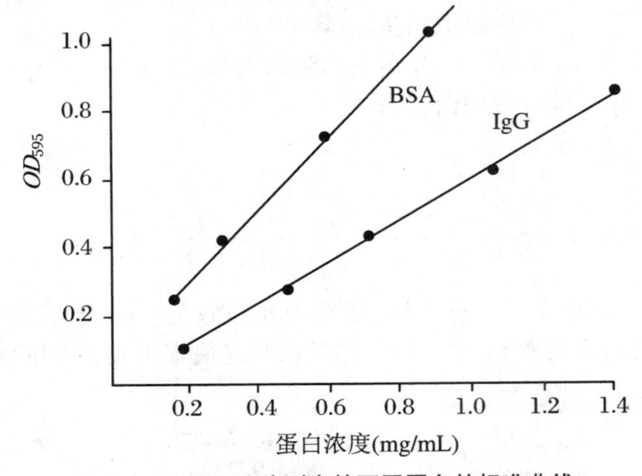

图 1.3　Bradford 法测定的不同蛋白的标准曲线

注:BSA 和牛 IgG 两种蛋白因氨基酸组成不同,相同浓度下其光吸收数值呈现差异。

此法操作简便,灵敏度高,采用微量滴定法检测浓度下限可达到 25 μg/mL,最小检测蛋白量可达 0.5 μg。并且在 50～1000 μg/mL 范围内有较好的线性关系,其缺点是去污剂和其他两性物质对测定有干扰,小于 3000 Da 的多肽不能用此法测定。

3　试剂和仪器

(1) 分光光度计。

(2) 标准蛋白溶液:1 mg/mL 牛血清白蛋白(BSA)。

(3) 待测蛋白溶液:卵白蛋白。

(4) 考马斯亮蓝染色液:100 mg 考马斯亮蓝 G-250 溶于 50 mL 95%乙醇中,加入 100 mL 85%(*W*/*V*)磷酸,用蒸馏水定容至 1000 mL,滤纸过滤,保存于 4 ℃棕色瓶中。

4　操作步骤

取 16 支短试管(每一管号做平行 2 管),按表格加入试剂(表 1.2),注意混匀,室温放置 5 min 后测量 595 nm 的光吸收。

表 1.2　Bradford 法测量蛋白质含量

试剂	管号							
	0	1	2	3	4	5	6	7
标准蛋白(mL)	0	0.01	0.02	0.04	0.06	0.08	0.10	0
蒸馏水(mL)	0.1	0.09	0.08	0.06	0.04	0.02	0	0
待测蛋白(mL)	—	—	—	—	—	—	—	0.10

续表

试剂	管号							
	0	1	2	3	4	5	6	7
Bradford 试剂(mL)	5.0	5.0	5.0	5.0	5.0	5.0	5.0	5.0
OD_{595}								

5　注意事项

(1) 蛋白-考马斯亮蓝复合物颜色可以在1 h内保持稳定,但在5～20 min内颜色稳定性最好。因此光吸收的测定需要在显色试剂加入后的5～20 min内完成。

(2) 染料极易吸附于比色皿壁,测量结束后首先用甲醇或乙醇清洗干净,最后用双蒸水再次清洗。

(3) 做显色反应时,各管从加入试剂到测定完成的时间应该保持一致,以减小操作误差。

(4) 大量的去污剂如SDS等会干扰测定结果。

6　结果处理

以标准蛋白浓度(mg/mL)为横坐标,相应的光吸收值(平行样品间取平均值)为纵坐标,绘制标准曲线,求出回归方程,根据待测样品的吸光值求出其蛋白浓度。

Ⅲ　Folin-酚试剂法(Lowry法)

1　实验目的

(1) 学习Folin-酚试剂法(Lowry法)测定蛋白质含量的原理。

(2) 掌握Folin-酚试剂法(Lowry法)测定蛋白质含量的技术方法。

2　实验原理

Folin-酚试剂法由试剂甲和试剂乙组成,试剂甲中的Cu^{2+}在碱性条件下与肽键形成络

合物并被还原成 Cu^+，Cu^+ 以及蛋白质中的 Tyr 和色氨酸(Trp)的酚基侧链基团与试剂乙反应，先生成一种不稳定的中间产物，然后被慢慢还原成一种蓝色物质，颜色深浅与蛋白含量成正比，可在 640 nm 处测光吸收，此法也适用于 Tyr 或 Trp 的定量测定。需要注意的是酸、铜离子螯合剂(如 EDTA、柠檬酸等)、还原剂(如巯基乙醇、DTT、苯酚等)会干扰本反应。不同蛋白质主要因其所含的 Tyr 或 Trp 含量不同而呈现不同的吸收强度。蛋白质含量应在 0.05～1.25 mg/mL 范围内。

3　试剂和仪器

(1) 分光光度计。

(2) 标准蛋白溶液：1 mg/mL BSA。

(3) 待测蛋白溶液：卵白蛋白。

(4) Folin-酚试剂：

① 试剂甲。

(a) 4%碳酸钠(Na_2CO_3)溶液；

(b) 0.8%氢氧化钠(NaOH)溶液；

(c) 1%硫酸铜($CuSO_4$)溶液；

(d) 2%酒石酸钾钠($C_4H_4O_6KNa$)溶液。

临用前将(a)与(b)等体积混合配成碳酸钠-氢氧化钠溶液。(c)与(d)等体积混合配成硫酸铜-酒石酸钾钠溶液。然后将这两种试剂按 50∶1 的比例混合，即成 Folin-酚试剂甲。此试剂临用前配制，1 天内有效。

② 试剂乙。

将钨酸钠(Na_2WO_4)100 g、钼酸钠(Na_2MoO_4)25 g 置于 2000 mL 磨口回流装置内，加蒸馏水 700 mL，85%磷酸 50 mL 和浓盐酸 100 mL。充分混匀，使其溶解。小火加热，回流 10 h(烧瓶内加小玻璃珠数颗，以防溶液暴沸)，再加入硫酸锂(Li_2SO_4)150 g，蒸馏水 50 mL 及液溴数滴，在通风橱中开口煮沸 15 min，以除去多余的溴。冷却后定容至1000 mL，过滤即成 Folin-酚试剂乙贮存液，此溶液应为鲜黄色，不带任何绿色，置于棕色瓶中，可在冰箱 4 ℃环境中长期保存。若此贮存液使用过久，颜色由黄变绿，可加几滴液溴，煮沸数分钟，恢复颜色仍可继续使用。

试剂乙贮存液在使用前应确定其酸度。用标准滴定氢氧化钠溶液(1 mol/L)，以酚酞为指示剂，当溶液颜色由红→紫红→紫灰→墨绿时即为滴定终点，由于该试剂的酸度为 2 mol/L 左右，应将之稀释至相当于 1 mol/L 酸度时使用。

4　实验步骤

取 16 根长试管进行编号(每一管号做平行 2 管)，按表格加入相应试剂(表 1.3)，根据表中反应条件进行操作，记录 640 nm 处各管的光吸收值。

表 1.3　Lowry 法测量蛋白质含量

试剂	管号							
	0	1	2	3	4	5	6	7
标准蛋白(mL)	0	0.02	0.04	0.08	0.12	0.16	0.20	0
待测样品(mL)	—	—	—	—	—	—	—	0.20
ddH_2O(mL)	1.00	0.98	0.96	0.92	0.88	0.84	0.80	0.80
Folin-酚试剂甲(mL)	4.0	4.0	4.0	4.0	4.0	4.0	4.0	4.0
混匀，于室温放置 10 min								
Folin-酚试剂乙(mL)	0.25	0.25	0.25	0.25	0.25	0.25	0.25	0.25
迅速混匀，30 ℃水浴保温 30 min								
OD_{640}								

5　注意事项

(1) Folin-酚试剂甲必须临用前配制，1 天内有效。

(2) 加入 Folin-酚试剂乙后，必须立即彻底混匀(加一管摇一管)，使还原反应发生在磷钼酸-磷钨酸试剂被破坏之前。整个混合液必须呈现均一颜色，不能出现深浅不一的黄颜色。

(3) 加入试剂甲后，保温的时间从 5 min 到几小时对结果都不会有太大影响。

(4) 将 Folin-酚试剂乙稀释到终浓度为 0.04 mol/L 左右可以获得较高的灵敏度。

(5) 比色法测定的波长范围可以从 500 nm 到 750 nm，因为反应产物在红光区有较长较平缓的高吸收区，常用的有 500 nm、540 nm、640 nm、700 nm、750 nm 等，在此范围内，光吸收随波长增加而增大，可根据实际情况选择合适波长。

(6) 溶液转移至比色皿中时，注意不要带入气泡，否则会使读数偏高。

6　结果处理

以标准蛋白浓度(mg/mL)为横坐标，相应的光吸收值(平行样品间取平均值)为纵坐标，绘制标准曲线，求出回归方程，根据待测样品的吸光值求出其蛋白浓度。

Ⅳ 二辛可宁酸分析法

1 实验目的

(1) 学习二辛可宁酸分析法测定蛋白质含量的原理。

(2) 掌握二辛可宁酸分析法测定蛋白质含量的技术方法。

2 实验原理

二辛可宁酸(bicinchoninic acid,BCA)分析法是 Lowry 法的改进。碱性条件下,蛋白分子中的肽键与 Cu^{2+} 形成络合物,并将 Cu^{2+} 还原成 Cu^{+};BCA 是一种水溶性 Cu^{+} 螯合剂,Cu^{+} 与 BCA 结合形成紫色复合物,在 562 nm 处吸收值与浓度成正比(图 1.4)。Tyr、Trp、半脱氨酸(Cys)的侧链基团能够将 Cu^{2+} 还原成 Cu^{+},并且在 BCA 检测中对颜色的形成有明显的作用。

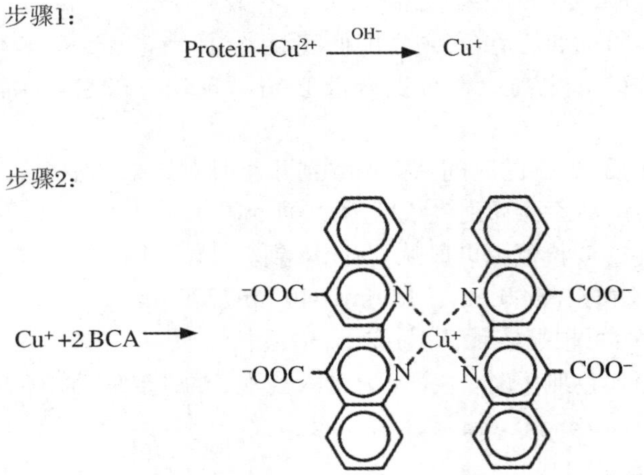

步骤1:

$$\text{Protein}+Cu^{2+} \xrightarrow{OH^-} Cu^{+}$$

步骤2:

$$Cu^{+}+2\,\text{BCA} \longrightarrow$$

^-OOC N N COO^- Cu^+ ^-OOC N N COO^-

图 1.4 二辛宁可酸分析法实验原理

BCA 法和 Lowry 法灵敏度相似,但 BCA 在碱性条件下稳定,反应一步完成,生成的紫色化合物在 562 nm 处有最大光吸收。

此法最大的优点是可以耐受高达 5%的表面活性剂,几乎不受尿素和盐酸胍等变性剂的干扰,但容易受还原试剂和铜螯合剂的干扰,这是所有基于铜离子的蛋白质检测法的共有弱点。

BCA 工作试剂比 Lowry 试剂要稳定得多,而且不需要现用现配,由于这些原因,BCA

法是目前最常使用的基于铜离子的检测蛋白质含量的方法。

测量范围：标准方法为5～200 μg/mL；微量法为0.5～30 μg/mL(采用微量滴定板)。

3　试剂和仪器

(1) 分光光度计。

(2) 标准蛋白溶液：1 mg/mL BSA。

(3) 待测蛋白溶液：卵白蛋白。

(4) 试剂A(pH=11.25)：0.1 g二辛可宁酸钠(sodium bicinchoninate)，2.0 g $Na_2CO_3 \cdot H_2O$，0.16 g酒石酸钠(sodium tartrate)，0.4 g NaOH，0.95 g $NaHCO_3$，蒸馏水定容到100 mL。

(5) 试剂B：0.4 g $CuSO_4$ 溶于10 mL蒸馏水中。

(6) 标准工作液：试剂A与试剂B按50∶1的比例混合，混合液为苹果绿，室温下可稳定一个星期。

4　实验步骤

取16根长试管进行编号(每一管号做平行2管)，按表格加入相应试剂(表1.4)，根据表中反应条件进行操作，记录562 nm处各管的光吸收值。

表1.4　BCA法测量蛋白质含量

试剂	管号							
	0	1	2	3	4	5	6	7
标准蛋白(1 mg/mL)(mL)	0	0.01	0.02	0.04	0.06	0.08	0.10	0
待测样品(mL)	—	—	—	—	—	—	—	0.05
蒸馏水(mL)	0.10	0.09	0.08	0.06	0.04	0.02	0	0.05
标准工作液(mL)	2.0	2.0	2.0	2.0	2.0	2.0	2.0	2.0
混匀，60 ℃水浴保温30 min后，冷却到室温测量								
OD_{562}								

5　结果处理

以标准蛋白浓度(mg/mL)为横坐标，相应的光吸收值为纵坐标，绘制标准曲线，求出回归方程，根据待测样品的吸光值求出其蛋白浓度。

6 思考题

（1）测量蛋白质浓度时，如果待测样品的吸光值在标准曲线范围以外，如何进行准确测量？

（2）比较各种测定蛋白质含量的方法的优缺点。

参 考 文 献

［1］ Goldfarb A R，Saidel L J，Mosovich E. The ultraviolet absorption spectra of proteins[J]. Journal of Biological Chemistry，1951，193(1)：397-404.

［2］ Scopes R K. Measurement of protein by spectrometry at 205 nm[J]. Analytical Biochemistry，1974，59(1)：277-282.

［3］ Waddell W J. A simple UV spectrophotometric method for the determination of protein[J]. Journal of Laboratory and Clinical Medicine，1956，48：311-314.

［4］ Bradford M M. A rapid and sensitive method for the quantitation of microgramquantities of protein utilizing the principle of protein-dye binding[J]. Analytical Biochemistry，1976，72：248-254.

［5］ Lowry O H，Rosebrough N J，Farr A L，et al. Protein measurement with the Folin phenol reagent [J]. Journal of Biological Chemistry，1951，193(1)：265-275.

［6］ Smith P K，Krohn R I，Hermanson G T，et al. Measurement of protein using bicinchoninic acid[J]. Analytical Biochemistry，1985，150(1)：76-85.

［7］ John M W. Protein protocols handbook[M]. New York：Humana Press，2002.

实验 2　核酸的定量测定

Ⅰ　核酸的定量测定——紫外法

1　实验目的

（1）学习紫外分光光度法直接测定核酸（包括核苷酸类物质）含量的原理和方法。
（2）掌握紫外分光光度计的基本原理和使用方法。

2　实验原理

核酸分为脱氧核糖核酸（DNA）和核糖核酸（RNA），所有生物细胞都含有这两类核酸。核酸的定量方法有很多，比如杂交印迹法、分光光度法、电化学法、基于 PCR 技术的各种定量方法以及毛细管电泳法等。本实验介绍其中的分光光度法测定核酸的原理和方法。

核苷、核苷酸和核酸的组成成分中均含有嘌呤碱基、嘧啶碱基，这些碱基都具有共轭双键，因而它们都有吸收紫外光的特性，能强烈吸收 250～290 nm 波段的紫外光，最大吸收峰在 260 nm 波长处。据此可以比较方便地利用紫外分光光度法定量测定被测样品的核酸浓度，并定性鉴定核酸纯度等。这种方法简便、快速、灵敏度高（可达 3 μg/mL 水平），广泛应用于核酸领域的研究中，是一种有效的分析技术和重要的基本工具。

在不同 pH 溶液中，嘌呤碱基、嘧啶碱基产生互变异构的情况不同，紫外吸收光谱也随之表现出明显的差异，它们的摩尔消光系数也随之不同。所以，在测定核酸物质时均应在固定的 pH 溶液中进行。

不同来源的核酸样品纯度不同，分子量大小不同，所以很难以核酸的重量来表示它的摩尔消光系数。而核酸分子中碱基数和磷原子数与核酸分子中核苷酸数目相等，因此，核酸的摩尔消光系数（或吸收系数）通常以 $\varepsilon(P)$ 来表示，即每升含有一摩尔核酸磷的溶液在 260 nm 波长处的消光值（即光密度，或称为光吸收）。核酸的摩尔消光系数不是一个常数，而是随着材料的前处理、溶液的 pH 和离子强度的不同而变化。它们的经典数值（pH = 7）如下：

$$\text{DNA 的 } \varepsilon(P) = 6000 \sim 8000, \quad \text{RNA 的 } \varepsilon(P) = 7000 \sim 10000$$

小牛胸腺 DNA 钠盐溶液（pH = 7）的 $\varepsilon(P) = 6600$，DNA 的含磷量为 9.2%，含1 μg/mL

DNA 钠盐的溶液 OD_{260} 为 0.020。RNA 的含磷量为 9.5%，含 1 μg/mL RNA 溶液的 OD_{260} 为 0.022～0.024。因此，测定未知浓度的 DNA(RNA)溶液的 OD_{260}，即可计算测出其中核酸的含量。

核酸的摩尔消光系数(或吸收系数)ε(P)的计算公式为

$$\varepsilon(P) = \frac{OD_{260}}{C \times L}$$

式中，OD_{260} 为光吸收值；C 为被测核酸溶液的核酸磷的摩尔浓度，用定磷法测得；L 为光程，这里是 1 cm。在变性降解时 ε(P)数值大大提高，故可从 ε(P)值初步判断核酸天然状态的程度。

样品中的蛋白质及色素等具有紫外吸收特性的杂质对核酸及核苷酸含量测定有影响和干扰，应预先设法除去这些紫外吸收杂质，否则不宜采用紫外吸收法测定核酸含量。通常蛋白质的吸收峰在 280 nm 波长处，而在 260 nm 处的吸收值仅为核酸的十分之一或更低，故核酸样品中蛋白质含量较低时对核酸的紫外测定影响不大。纯 RNA 制品的 OD_{260} 与 OD_{280} 的比值在 2.0 以上，而纯 DNA 制品的 OD_{260} 和 OD_{280} 的比值在 1.9 左右，若比值偏高或偏低都说明核酸制品不纯。大分子核酸往往在变性降解后有增色效应，故对大分子核酸来说准确度较差。

本实验以 RNA 粗制品为材料，用紫外吸收法测定其 RNA 含量。

3　试剂和仪器

(1) RNA 粗制品。

(2) 核酸沉淀剂(下列试剂任选一种)。

① 0.25%钼酸铵-2.5%高氯酸试剂：取 70%高氯酸(分析纯)3.5 mL 移入盛有 96.5 mL 蒸馏水的容器中，混匀，再加入 0.25 g 钼酸铵，使其全部溶解。

② 0.25%醋酸氧铀-2.5%高氯酸试剂：称取 0.25 g 醋酸氧铀溶于 100 mL 2.5%高氯酸溶液中，充分混匀，此试剂略有放射性，使用时应小心操作，切不可用口吸取该试剂。

(3) 5%～6%氨水：将 25%～30% 的浓氨水用蒸馏水稀释 5 倍。

(4) 紫外分光光度计，离心机及离心管，水浴锅，移液器，容量瓶，量筒，石英比色皿(光程 1 cm)，烧杯，试管及试管架。

4　实验操作

4.1　RNA 样品液的配制

准确称取 RNA 粗制品 0.5 g，加少量无菌蒸馏水先调成糊状，再加入适量无菌蒸馏水(30～40 mL)，用 5%～6%氨水调 pH 至 6～7，使 RNA 全部溶解。加氨水助溶时要逐滴加入，边加边混匀，避免局部过碱而引起 RNA 降解。然后补水定容至 50 mL，置冰箱保存备用。

4.2　RNA样品液的稀释处理

取2支离心管，编号，向甲管加入2 mL样品液和2 mL蒸馏水，向乙管加入2 mL样品液和2 mL核酸沉淀剂，以沉淀除去大分子RNA。混匀后在冰箱或冰浴中放置30 min，3500 r/min，离心10 min。从甲管和乙管中分别吸取0.5 mL上清液，移入相同编号的50 mL容量瓶中，加蒸馏水定容至50 mL，充分混匀，准备进行测定。

4.3　RNA样品液中RNA含量的测定

取石英比色皿(光程1 cm)3个，以蒸馏水做空白对照，置于紫外分光光度计上，在260 nm波长处测定甲、乙两管样品液的 OD_{260} 值。

如果已知待测的核酸样品不含酸溶性核苷酸或可透析的低聚多核苷酸，即可将样品配制成一定浓度的溶液(20～50 μg/mL)在紫外分光光度计上直接测定。

5　结果分析

5.1　待测样品中RNA(或DNA)含量的计算

待测样品中RNA(或DNA)含量的计算公式为

$$\text{RNA(或DNA)含量}(\mu g) = \frac{OD_{260}(\text{甲}) - OD_{260}(\text{乙})}{0.022(\text{或}\ 0.020)} \times V_{\text{总}} \times D$$

式中，$OD_{260}(\text{甲}) - OD_{260}(\text{乙})$：$OD(\text{甲})_{260}$ 为待测样品在260 nm处的 OD 值，$OD_{260}(\text{乙})$ 为待测样品加核酸沉淀剂除去大分子核酸后在260 nm处的 OD 值，二者的差即为待测样品中核酸的 OD 值；$V_{\text{总}}$ 为待测样品未被稀释时的体积(mL)；D 为稀释倍数；0.022(或0.02)为比消光系数，是指浓度为1 μg /mL的变性RNA(或DNA)溶液，在260 nm处通过1 cm光程时的 OD 经验值(近似值)。

5.2　RNA粗制品中RNA含量的计算

RNA粗制品中RNA含量的计算公式为

$$\text{RNA} = \frac{\text{待测样品中测得的 RNA 质量}(\mu g)}{\text{待测样品中 RNA 粗制品的质量}(\mu g)} \times 100\%$$

6　思考题

分析紫外吸收法测定核酸含量实验的干扰因素有哪些，如何消除它们对实验的影响。

Ⅱ　核酸的定量测定——定磷法

1　实验目的

(1) 学习生物材料中磷含量测定的原理和方法,了解定磷法作为基准方法的意义。

(2) 掌握定磷法测定核酸含量的操作技术。

2　实验原理

生物体中有许多含磷化合物,如以有机磷形式参与核酸、磷酯、细胞膜以及许多辅酶的构成等。同时还以游离的无机磷形式存在于体液中,参与许多非常重要的物质代谢过程,如能量代谢、氧化磷酸化、生成 ATP 等。此外,它在维持体液酸碱平衡上有缓冲作用,并能调节维生素 D 的代谢等。因此,磷含量的测定是生化领域中重要的常规分析方法之一。

磷含量的测定方法有很多,如重量法、比浊法、比色法等,其中比色法具有微量、准确、快速等特点,被广泛应用于生化研究工作中。在酸性(0.7～1.5 mol/L)条件下,定磷试剂中的钼酸铵以钼酸形式与样品中的无机磷(正磷酸形式)反应生成黄色磷钼杂多酸,经过还原剂的作用,被还原形成深蓝色产物(钼蓝),它在 650～660 nm 波长处有最大吸收值。无机磷含量在 1～25 μg/mL 范围内,其颜色的深浅和磷含量成正比,因此可用比色法进行生物材料及核酸样品中磷含量的测定,其反应式如下:

$$H_3PO_4 + 12H_2MoO_4 \longrightarrow H_3P(Mo_3O_{10})_4 + 12H_2O$$

$$\downarrow \text{还原剂}$$

钼蓝

核酸和核苷酸类物质富含有机磷,据分析,RNA 含磷量约为 9.5%,DNA 约为 9.2%。如从核酸样品中测得其含磷量,就可计算出该样品中核酸的含量,即每测得 1 mg 核酸磷,表示含有 11 mg 左右的核酸,因此,可用定磷法来测定核酸的含量。定磷法准确性好,灵敏度较高,最低可以测到 1 μg/mL 水平的核酸。

在进行生物材料及核酸中有机磷含量测定时,必须先将其用浓 H_2SO_4 或高氯酸消化,使其由有机磷氧化成无机磷后再进行测定。生物材料中往往同时含有有机磷和无机磷,为了消除被测样品中原有的无机磷的干扰,必须分别测定该样品的总磷量(即样品经消化后所测得的含磷量),以及样品中的无机磷含量(即样品未经消化而测得的含磷量),总磷量减去无机磷量才能真正表示该生物材料中有机磷物质所对应的含磷量。

本实验以 RNA 制品为原料,测定其总磷含量,并计算出该制品 RNA 的含量及纯度。在总磷分析前将被测 RNA 制品与浓 H_2SO_4 及少量催化剂一起加热,使有机磷分解并氧化成无机磷酸后，再用钼蓝比色法测定。如果 RNA 制品纯度较高，可直接进行总磷含量测定，不必测定无机磷含量。

3　试剂和仪器

（1）RNA 溶液（5 mg/mL）：精确称取 RNA 制品 500 mg，用少量蒸馏水溶解，若不溶可滴加几滴氨水助溶，待全部溶解后，移至 100 mL 容量瓶中，加蒸馏水定容至刻度，混匀，置冰箱保存备用。

（2）浓 H_2SO_4（优级纯）。

（3）催化剂：$CuSO_4$ 粉末∶K_2SO_4 粉末＝1∶4（*W*/*W*），充分混匀备用。

（4）30% H_2O_2（分析纯）。

（5）标准磷溶液：将 KH_2PO_4（分析纯）预先置于 105～110 ℃烘箱中烘至恒重后，转至干燥器内冷却至室温，准确称取 0.4389 g 已恒重的 KH_2PO_4，用蒸馏水溶解后，再加水定容至 100 mL（含磷量为 1 mg/mL），置冰箱保存备用。

（6）定磷试剂：

① 3 mol/L H_2SO_4 溶液：量取浓 H_2SO_4（优级纯）81 mL，徐徐加入到盛有 300 mL 蒸馏水的烧杯内，冷却后，转移至 500 mL 容量瓶中，加水定容至刻度，混匀备用；

② 2.5% 钼酸铵溶液（*W*/*V*）：称取 12.5 g 钼酸铵（分析纯），溶于 500 mL 蒸馏水中，可加热助溶；

③ 10% 抗坏血酸溶液（*W*/*V*）：称取 25 g 抗坏血酸（分析纯），加蒸馏水定容至 250 mL，混匀后移入棕色试剂瓶中，置冰箱避光保存备用，有效期为 1～2 个月。

定磷试剂的混合比例为：3 mol/L H_2SO_4 溶液∶2.5%钼酸铵溶液∶水∶10%抗坏血酸溶液＝1∶1∶2∶1（*V*/*V*）。

配制时要按上述顺序混合，最后加入 10% 抗坏血酸溶液，混匀后置于棕色试剂瓶内备用，临用前配制或当天配当天用。试剂应呈淡黄色或黄绿色，如呈棕黄色或深绿色应丢弃不用。

（7）沉淀剂（0.25%钼酸铵、2.5%高氯酸试剂）：取 70%高氯酸（分析纯）3.5 mL，将其加入到盛有 96.5 mL 蒸馏水的容器中，混匀，再加入 0.25 g 钼酸铵，使其全部溶解。

（8）分光光度计，远红外消化炉，恒温水浴锅，移液器，容量瓶，凯氏烧瓶（25 mL），试管及试管架。

4　实验操作

4.1　标准曲线的制作

取标准磷溶液 0.5 mL，移入到 100 mL 容量瓶中，用蒸馏水定容至刻度，此稀释液含磷量为 5 μg/mL。

取试管 11 支，编号，0 号管为空白对照，1～5 号管为样品测定管，每种浓度平行做两份。

按表格所示分别吸取上述稀释的标准磷溶液(5 μg/mL)加入到已编号的试管中(表2.1),再加蒸馏水配成含磷量为2～10 μg/mL不同浓度的标准溶液,混匀后依次向各管加入定磷试剂3 mL,再充分摇匀。置于45 ℃恒温水浴中保温,显色25 min,取出冷却至室温。以0号管为比色测定时的空白对照,在分光光度计上于波长660 nm处分别测定各管 OD_{660} 值,并做好数据记录,取两管平均值,以含磷量(μg)为横坐标,OD_{660} 值为纵坐标,绘制标准曲线。

表2.1 磷含量标准曲线制作

试剂	管号					
	0	1	2	3	4	5
标准磷溶液(5 μg/mL)(mL)	0	0.4	0.8	1.2	1.6	2
蒸馏水(mL)	3.0	2.6	2.2	1.8	1.4	1.0
含磷量(μg)	0	2	4	6	8	10
定磷试剂(mL)	3.0	3.0	3.0	3.0	3.0	3.0
OD_{660}						

4.2 RNA制品含磷量的测定

4.2.1 总磷量的测定

(1) 消化。取3个微量凯氏烧瓶(25 mL),编号,向0号瓶中加入1 mL蒸馏水作为空白对照,1号瓶加入1 mL RNA溶液(5 mg/mL),2号瓶加入1 mL标准磷溶液(1 mg/mL),注意取液要准确。然后向各瓶加入少量催化剂(约50 mg)和1 mL浓 H_2SO_4。混合后将凯氏烧瓶置通风柜内的消化炉上,加热消化,待溶液变成黄褐色时,取下稍冷却,小心滴加30% H_2O_2 1～2滴,继续消化,直至溶液呈无色透明或浅蓝色为止。取出冷却后加入1 mL蒸馏水,放入沸水浴中加热10 min,以分解消化过程中形成的焦磷酸,使之转化为正磷酸。冷却至室温,将消化液分别移入3个相应编号的50 mL容量瓶中,加蒸馏水稀释至刻度,充分摇匀,待测定。

(2) 显色测定。按表格所示进行操作(表2.2),取试管5支,编号,分别准确移取1 mL上述待测定的空白对照液、1 mL上述RNA消化稀释液(平行两管)和0.3 mL上述消化后待测定的标准磷溶液(平行两管),加入相应编号的试管中,再向各管中补加蒸馏水至3 mL,混匀。以下操作与标准曲线制作相同,测得的样品 OD_{660} 减去空白 OD_{660},并从标准曲线中查出磷的质量(μg),即可计算出被测样品中的总磷量。同法求出标准磷溶液中磷的质量(μg),再除以该标准磷溶液中磷的实际质量(μg),即得到回收率。

表 2.2　总磷量的测定

试剂	管号				
	0(空白)	1(RNA 液)	2(RNA 液)	3(标准磷溶液)	4(标准磷溶液)
取定溶液(mL)	1.0	1.0	1.0	0.3	0.3
H_2O(mL)	2.0	2.0	2.0	2.7	2.7
定磷试剂(mL)	3.0	3.0	3.0	3.0	3.0
OD_{660}					
$\overline{OD}_{660}$					

4.2.2　无机磷含量的测定

取未经消化的 RNA 制品溶液(5 mg/mL)1 mL,移入到 50 mL 容量瓶中,加蒸馏水稀释至刻度,充分混匀,待测定。

按表格进行操作(表 2.3),取试管 3 支,其中一管为空白对照(以水代替),另两管各加入未经消化的稀释液 2 mL,如前法进行定磷比色测定,根据测得的样品 OD_{660} 值可从标准曲线查出无机磷的质量(μg),计算出样品中的无机磷含量。

未经消化的稀释液也可加核酸沉淀剂处理,离心后测其上清液中的无机磷含量。

表 2.3　无机磷含量的测定

试剂	管号		
	0	1	2
RNA(5 mg/mL)(mL)	0	2.0	2.0
H_2O(mL)	2.0	0	0
沉淀剂(mL)	4.0	4.0	4.0
取上清液(mL)	3.0	3.0	3.0
定磷试剂(mL)	3.0	3.0	3.0
OD_{660}			
$\overline{OD}_{660}$			

5　结果分析

5.1　标准曲线的绘制

根据测定数据,以标准磷含量(μg)为横坐标,OD_{660} 值为纵坐标,绘制标准曲线。

5.2 样品中RNA含磷量的计算

样品中RNA含磷量的计算公式为

$$\text{RNA含磷量\%} = \frac{\text{样品中总磷}(\mu g/mL) - \text{无机磷}(\mu g/mL)}{\text{样品中 RNA 制品的质量}(\mu g)} \times \text{稀释倍数} \div \text{回收率} \times 100\%$$

5.3 制品RNA含量的计算

制品RNA含量的计算公式为

$$\text{RNA含量} = \frac{\text{样品中 RNA 含磷量}(\mu g) \times 11}{\text{样品中 RNA 制品的质量}(\mu g)} \times 100\%$$

根据磷含量计算出RNA含量，即1 μg RNA磷相当于11 μg（或10.53）RNA。

如样品中含有DNA时，RNA含磷量还需减去DNA含磷量，才表示真实的RNA含磷量。

6 注意事项

(1) 所用的玻璃器皿要洁净，不能有磷污染。
(2) 样品的消化时间较长，为减少消化液的蒸发，可在消化管口加一小漏斗。
(3) 消化液定容后务必充分混匀再行取样。
(4) 溶液的移取要准确。

7 思考题

(1) 无机磷回收率的测定有何意义？
(2) 水质、钼酸铵以及显色体系的酸度对实验结果有何影响？

Ⅲ 核酸的定量测定——PicoGreen荧光染料法

1 实验目的

(1) 学习PicoGreen荧光染料法定量双链DNA的原理。
(2) 掌握荧光计的使用方法。

2　实验原理

光致发光(photoluminescence,PL)是冷发光的一种,指物质吸收光子(或电磁波)后重新辐射出光子(或电磁波)的过程。光致发光过程大致包括吸收、能量传递及光发射三个主要阶段,紫外辐射、可见光及红外辐射均可引起光致发光,如磷光与荧光。

荧光是光致发光。当物质的分子接受光子的能量被激发后,从激发单重态的最低振动能级返回基态时发射的光,具有这种性质的出射光被称之为荧光。

很多荧光物质一旦停止光照射,发光现象也随之立即消失。

分子产生荧光必须具备两个条件:① 分子必须具有与所照射的辐射频率相适应的结构,才能够吸收激发光;② 吸收了与其本身特征频率相同的能量后,必须具有一定的荧光量子产率。

在产生荧光的过程中,涉及许多辐射和无辐射过程,如荧光发射、内转移、系间窜跃和外转移等(图2.1)。很明显,荧光的量子产率,与上述每一个过程的速率常数有关。

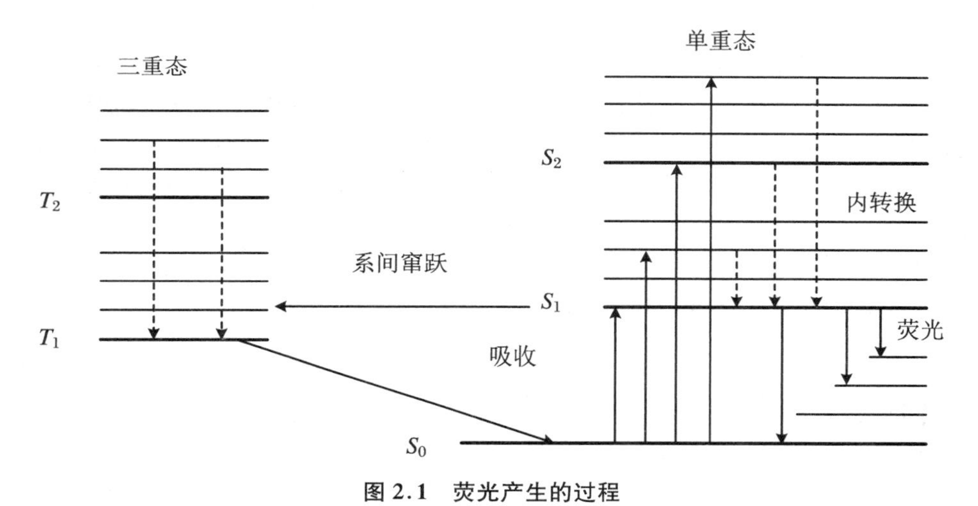

图2.1　荧光产生的过程

DNA分子本身并不会吸收光线,也不会发出荧光。为了将荧光定量的方法应用到核酸的定量测定上,科技公司开发出了一种特殊的荧光染料,商品名称为PicoGreen。PicoGreen荧光染料未与DNA双链结合时,没有分子构型变化,不能吸收光能,不产生荧光,当其与DNA双链结合后,复合物的分子构型发生变化,可以吸收光能,然后发出荧光。

PicoGreen是一种极为灵敏的荧光核酸染料,仅在与dsDNA结合后才发出荧光,且所产生的荧光与DNA浓度成正比。

与紫外吸光法(OD_{260})等传统的方法相比,PicoGreen荧光染料定量dsDNA具有以下优势:检测灵敏度高,可检测到pg级dsDNA;特异性好,基本不受样品中的ssDNA和RNA的影响;检测范围宽,该分析在四个数量级范围内呈线性,且几乎无序列依赖性;耐受性好,可耐受较高浓度的盐、尿素、乙醇、氯仿、去垢剂、蛋白或琼脂糖。

PicoGreen荧光定量法主要应用于:对DNA样品进行精确定量,测定微量的DNA残留(如疫苗生产)。

新一代测序(NGS)实验中,我们需要将精确量的DNA文库分子上样到测序仪中。如果测序运行时的文库分子过多或过少,都会使数据质量受损。对于芯片分析(Microarray)和实时定量PCR(qPCR)而言,精确测定样本中的DNA或RNA也是必需的。

疫苗是现代疾病预防控制中重要的防控方式,当今许多疫苗都是细胞培养的疫苗,如重组乙肝疫苗(CHO细胞)、狂犬病疫苗(VERO细胞)等。因此,生物制品中宿主细胞残留DNA的限量检测就成为控制DNA产品质量的关键,不仅是从安全上考虑,也是保证相关产品工艺稳定的重要手段。

采用PicoGreen荧光染料进行溶液中的dsDNA的定量测定,使用小型手持式荧光计即可完成。仪器直接产生并显示每个样品的相对荧光单位(RFU),$Ex/Em = 480$ nm/520 nm。

3 试剂和仪器

(1) TE:10 mmol/L Tris-HCl,1 mmol/L EDTA,pH = 7.5。

(2) PicoGreen dsDNA定量试剂(商品化成品)是溶于无水二甲亚砜(DSMO)的浓溶液。

① PicoGreen定量试剂含有DMSO(有毒试剂),要小心操作;

② 尽管目前尚未有数据表明PicoGreen具有诱变性和毒性,但是该试剂能结合双链DNA,操作时务必小心。

(3) DNA标准品(如小牛胸腺DNA),使用pH = 7.5的TE缓冲液溶解和稀释DNA标准品母液(100 μg/mL),然后再配成稀释液(1 μg/mL)。

(4) 待测DNA样品。

(5) 手持式荧光计,0.5 mL PCR管。

4 实验操作

4.1 准备PicoGreen荧光染料工作溶液

实验当天,用pH = 7.5的TE缓冲液把PicoGreen荧光染料的浓缩溶液稀释成工作溶液(稀释比为1∶200)。用塑料容器配制并用铝箔包裹容器,保存工作液。

注意:① 由于试剂容易吸附到玻璃表面,所以要在塑料容器中配制;
② PicoGreen试剂见光易降解,所以应将配好的溶液用铝箔包裹或放置暗处避光保存;
③ 溶液最好在配制好数小时内使用,以保证最佳结果。

4.2 标准品工作溶液稀释

采用倍比稀释法准备标准品工作液,配制各浓度标准品工作溶液。取80 μL DNA标准品稀释液(1 μg/mL)加入920 μL pH = 7.5的TE缓冲液中,浓度为80 ng/mL。取500 μL (80 ng/mL)的标准品工作液加入500 μL TE缓冲液中,浓度稀释到40 ng/mL,依此倍比稀释，配成 20 ng/mL，10 ng/mL，5 ng/mL，2.5 ng/mL 的标准品溶液。

4.3　标准曲线的制备

按表格中的配方（表 2.4），向管中各加入 100 μL 倍比稀释后的各梯度标准品工作液和染料工作液，其中 7 号管是空白对照，然后放入 0.5 mL PCR 管中，涡旋振荡 2～3 s，室温下避光孵育 2 min。

注意不要在溶液中引起气泡，如有气泡可轻弹 PCR 管的外部，驱散气泡。

使用荧光计测定并记录荧光值时，为了尽量减少光漂白，样品应暴露在荧光计紫外线下相同时间。

表 2.4　标准品工作液的荧光测定

试剂	管号						
	1	2	3	4	5	6	7
DNA 标准品终浓度（ng/mL）	80.0	40.0	20.0	10.0	5.0	2.5	0
DNA 标准品稀释液（μL）	100	100	100	100	100	100	
TE 缓冲液							100
PicoGreen 染料工作液（μL）	100	100	100	100	100	100	100
相对荧光单位（RFU）							

4.4　待测样品测定

取待测样品溶液和染料工作液各 100 μL，放入 0.5 mL PCR 管中，涡旋振荡 2～3 s，室温下避光孵育 2 min。使用荧光计测定并记录荧光值。

5　结果分析

5.1　标准曲线制作

以各浓度 DNA 标准品工作溶液的浓度值为横坐标，以各自对应的荧光值（RFU）为纵坐标，制作标准曲线。求线性回归方程和 R^2 值。

5.2　待测样品中 DNA 含量计算

将测得的待测样品荧光值代入回归方程，求出待测样品中的 DNA 含量（ng/mL）。

6　思考题

（1）比较紫外法、DNA 探针杂交法、荧光染色定量法测定样品中 DNA 含量的优缺点。

(2) 影响荧光染色定量实验的因素有哪些?

参 考 文 献

[1] 萧能庶,余瑞元,袁明秀,等.生物化学实验原理和方法[M].2版.北京:北京大学出版社,2005.
[2] 王娅,王哲,徐闯,等.核酸定量方法研究进展[J].动物医学进展,2006,27(7):1-5.
[3] 陈曾燮,刘兢,罗丹.生物化学实验[M].合肥:中国科学技术大学出版社,1994.
[4] Green M R,Sambrook J.分子克隆实验指南[M].4版.贺福初,译.北京:科学出版社,2017.

实验 3 糖的定量测定

糖是生物界分布最广泛的有机化合物，是植物光合作用的产物。糖类物质具有重要的生物学功能，作为结构物质参与生物体的组成，如细胞壁的主要成分纤维素、肽聚糖等；作为能量物质参与生命活动，糖在生物体内通过生物氧化释放出能量，是生命活动的主要能量来源。糖类作为功能食品的基料，应用于各类保健品和食品工业中，其含量是食品营养价值高低的重要标志，也是某些食品重要的质量指标。

Ⅰ 还原糖的定量测定

1 实验目的

(1) 学习 3,5-二硝基水杨酸法测定还原糖含量的原理。

(2) 掌握 3,5-二硝基水杨酸法测定还原糖含量的技术方法。

2 实验原理

还原糖是指具有还原性的糖类。在糖类中，分子中含游离醛基或酮基的单糖和含游离半缩醛羟基的双糖都具有还原性。葡萄糖分子中含有游离醛基，果糖分子中含有一个游离酮基，乳糖和麦芽糖分子中含有半缩醛羟基，因此它们都是还原糖。

还原糖在碱性及加热条件下，与 3,5-二硝基水杨酸(DNS)发生反应生成糖酸，黄色的 DNS 则被还原为棕红色的 3-氨基-5-硝基水杨酸(图 3.1)。在 540 nm 波长处有最大吸收，其吸光度与还原糖含量有线性关系，利用比色法可以测定样品中还原糖的含量。

此法适用于各类食品中还原糖的测定，具有准确度高、重现性好、操作简便、快速等优点，分析结果与直接滴定法基本一致，尤其适用于大批样品还原糖含量的测定。缺点是如含有其他还原性物质会对测量结果有干扰。

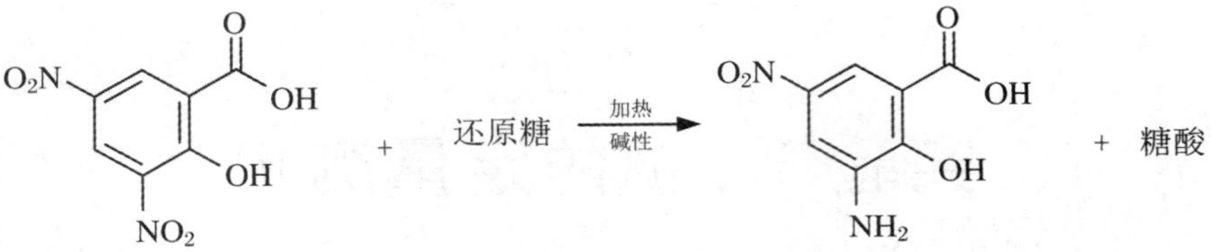

O_2N … NO_2 … OH … OH + 还原糖 $\xrightarrow[\text{碱性}]{\text{加热}}$ O_2N … NH_2 … OH … OH + 糖酸

3,5-二硝基水杨酸(黄色)　　3-氨基-5-硝基水杨酸(棕红色)

图 3.1　还原糖反应过程

3　试剂和仪器

(1) DNS 试剂:10 g DNS、16 g NaOH、5 g 苯酚、5 g Na_2SO_3 和 300 g 酒石酸钾钠,溶解混匀,用去离子水定容至 1 L,在棕色瓶中置于室温下放置 1 周后使用。

(2) 葡萄糖标准溶液:1 mg/mL。

(3) 待测样品。

(4) 分光光度计。

4　实验操作

取 14 支短试管(每一管号做平行 2 管),按表 3.1 所示加入试剂,根据表中反应条件进行操作,记录 540 nm 处各管的光吸收值。

表 3.1　DNS 法测定还原糖含量

试剂	管号						
	0	1	2	3	4	5	6
葡萄糖标准液(mL)	0	0.06	0.12	0.18	0.24	0.30	0
双蒸水(mL)	0.30	0.24	0.18	0.12	0.06	0	0
待测样品(mL)	0	0	0	0	0	0	0.3
DNS 试剂(mL)	0.6	0.6	0.6	0.6	0.6	0.6	0.6
加入 DNS 试剂后,迅速震荡混匀,沸水浴 5 min,立即冰浴							
加入双蒸水 4 mL,混匀,然后比色测定光吸收							
OD_{540}							

5　注意事项

（1）待测样品要与标准样品同时进行测定。
（2）待测样品中不要混有其他还原性物质。

6　结果处理

以标准样品浓度为横坐标，相应的吸光值（平行样品间取平均值）为纵坐标，绘制标准曲线，求出回归方程，然后求出待测样品中还原糖的浓度。

7　思考题

3，5-二硝基水杨酸法测定还原糖含量时需要注意哪些方面的问题？

Ⅱ　总糖的定量测定

1　实验目的

（1）学习蒽酮比色法测定总糖含量的原理。
（2）掌握制备无蛋白血滤液以及测定糖含量的方法。

2　实验原理

糖类物质包括单糖、寡糖和多糖。总糖是指具有还原性而且在测定条件下能水解为还原性的糖类的总量。浓硫酸首先把多糖水解为单糖，然后单糖在浓硫酸作用下，经脱水反应生成糠醛或羟甲基糠醛，生成的糠醛或羟甲基糠醛可与蒽酮（分子式：$C_{14}H_{10}O$，结构式：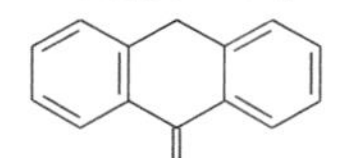

）发生脱水反应，产生蓝绿色的糠醛衍生物，在 620 nm 处呈现最大光吸收，在一定浓度范围内其糖的含量与吸光值有线性关系，利用比色法可以测定样品中的总糖含量。

戊糖脱水得到糠醛：

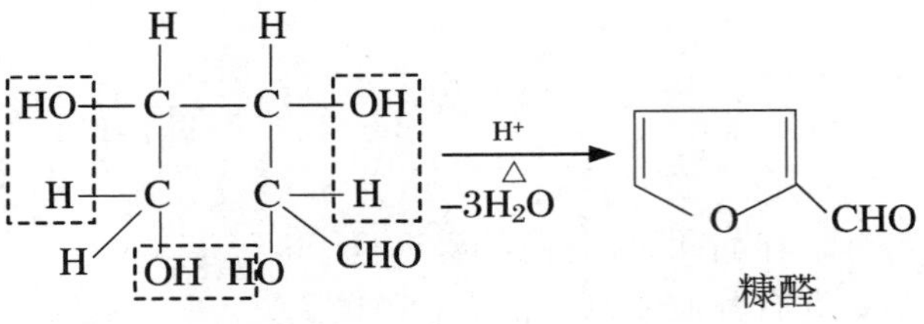

糠醛

己糖脱水则得到5-羟甲基糠醛：

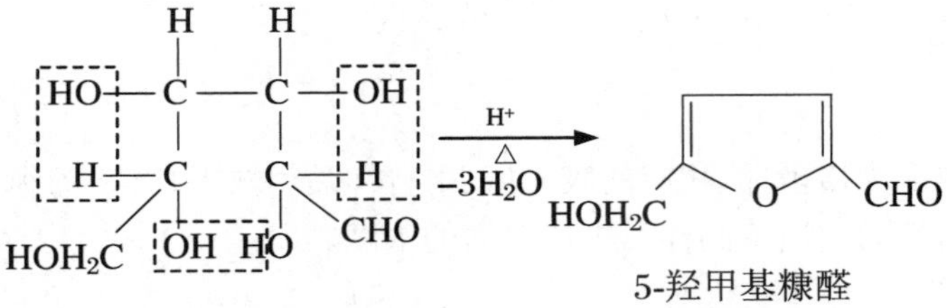

5-羟甲基糠醛

能与蒽酮试剂发生颜色反应的糖有五碳糖（木糖、核糖、阿拉伯糖）、六碳糖（葡萄糖、果糖、山梨糖、半乳糖、甘露糖）、蔗糖、糖原、多聚葡萄糖和糖苷等，所以用蒽酮法测得的是溶液中全部可溶性糖的总含量。

蒽酮反应的颜色深浅，随温度条件和加温时间的变化而变化。葡萄糖显色高峰在100 ℃，加热10 min后出现；核糖显色高峰在同样温度下，加热3 min后出现。因此，反应条件的一致性很重要。

不同性质的糖与蒽酮反应，其颜色的强度是不同的，并且各种糖的有效浓度也不相同。果糖显色最深，葡萄糖次之，半乳糖、甘露糖较浅，五碳糖显色更浅。因此，待测样品的稀释倍数，应使含糖量在有效测定范围内，使其620 nm处的吸光度值在0.1～0.8范围。

Trp与蒽酮反应也会产生红色反应，530 nm处有最大光吸收。当样品中有大量的Trp时，由于它同糠醛竞争与蒽酮反应，而减少了620 nm处所产生的颜色。因此，用蒽酮法测定糖含量时应避免样品中混有Trp杂质。

3 试剂和仪器

（1）蒽酮试剂：称取200 mg蒽酮，溶于100 mL浓硫酸（分析纯，比重1.84，含量95%）中，当天配制当天使用，并贮于棕色瓶中。

（2）葡萄糖标准溶液：0.1 g/L，要用天平精确称量。

（3）待测样品：微晶纤维素水浊液。

（4）试管，试管架，移液器，分光光度计。

4 实验操作

取14支短试管（每一管号做平行2管），按表3.2所示加入试剂，根据表中反应条件进行操作，记录620 nm处各管的光吸收值。

表 3.2　蒽酮比色法测定总糖含量

试剂	管号						
	0	1	2	3	4	5	6
葡萄糖标准液(mL)	0	0.2	0.4	0.6	0.8	1.0	0
ddH_2O (mL)	1.5	1.3	1.1	0.9	0.7	0.5	0.5
待测样品(mL)	0	0	0	0	0	0	1
蒽酮试剂(mL)	4.0	4.0	4.0	4.0	4.0	4.0	4.0
加入蒽酮试剂后,迅速震荡混匀,室温放置 20 min,冷至室温							
OD_{620}							

5　注意事项

(1) 待测样品先要混匀然后再取样。

(2) 加入蒽酮试剂(加的过程要尽量短)后,迅速振荡混匀,室温放置 20 min,冷至室温后,用分光光度计在 620 nm 波长处比色测定。

(3) 废液需要倒入废液桶中回收处理,禁止直接倒入水池中。

6　结果处理

以标准样品浓度为横坐标,相应的吸光值(平行样品间取平均值)为纵坐标,绘制标准曲线,求出回归方程,然后求出待测样品中的总糖浓度。

7　思考题

蒽酮法测总糖含量时数值比预期偏低的可能原因有哪些?

参 考 文 献

[1] Miller G L. Use of dinitrosalicylic acid reagent for the determination of reducing sugar[J]. Analytical Chemistry, 1959, 31(3): 421-428.

[2] Saqib A A N, Whitney P J. Differential behaviour of the dinitrosalicylic acid (DNS) reagent towards mono-and di-saccharide sugars[J]. Biomass and Bioenergy, 2011(35): 4748-4750.

[3] 林炎坤.常用的几种蒽酮比色定糖法的比较和改进[J].植物生理学通讯,1989(4):53-55.

[4] 李如亮.生物化学实验[M].武汉:武汉大学出版社,1998.

实验 4　不同去污剂对血红细胞细胞膜的溶解作用比较

1　实验目的

(1) 学习血红细胞的制备方法。
(2) 掌握去污剂对细胞溶解作用的测定原理和方法。
(3) 比较不同去污剂对细胞膜稳定性的影响。

2　实验原理

表面活性剂是能显著降低液体表面张力的物质。它是一类在分子中同时含有亲水基团(如—COOH、—SO_3H、—OSO_3H、—OH、—NH_2)与疏水链(一般为 10 个碳原子以上的长链烷基)的有机化合物。表面活性剂的这种特有结构通常称之为"双亲结构",表面活性剂分子因而也常被称作"双亲分子"(图 4.1)。

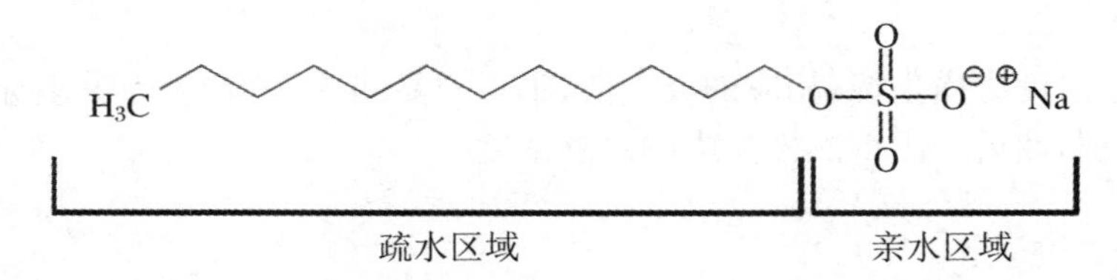

图 4.1　阴离子去污剂十二烷基硫酸钠(SDS)的结构

去污剂是结构非常多样化的两性化合物,属于作用比较温和的表面活性剂,可以通过吸附于混合物(如水和油)的接触面来减少交界面的表面张力。

去污剂是一个庞大的家族,表 4.1 列举了几类主要的去污剂。

表 4.1　去污剂的种类

种　类	举　例
非离子型	
A:以聚氧乙烯二醇为极性头	Brij 系列,Lubrol 系列
B:A 类中插入苯环	Triton X-100,NP-40
C:A 类中插入山梨聚糖	Tween-20

续表

种　类	举　例
D:以糖苷为极性头	n-Octyl-β-D-glucopyranoside
离子型	
阴离子型	SDS
阳离子型	CTAB CPC
两性离子型	CHAPS,SB3-10,溶血卵磷脂,胺氧化物,硫代三甲胺乙内酯
胆盐类	胆酸钠,脱氧胆酸钠(DOC)

在特定温度下,去污剂分子单体开始聚集成胶束时的最低浓度称为临界胶束浓度(CMC),CMC 是选择合适的去污剂的重要依据。去污剂分子在低浓度时以单体形式存在,去污剂的浓度达到 CMC 时,在溶液中便开始聚集形成胶束(图 4.2)。

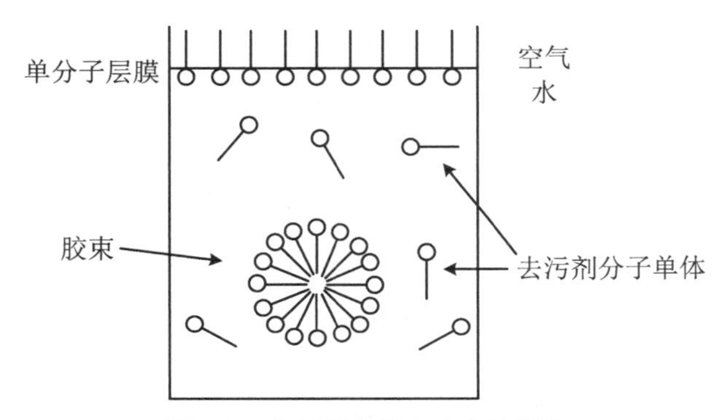

图 4.2　去污剂分子有水中的行为

CMC 是反映去污剂特性最为重要的指标。一般说来,CMC 越高,溶液中单体去污剂的浓度也越高,去污剂的抽提效能也越强、越容易经透析去除,对膜蛋白的后续研究影响也越小。

去污剂胶束的形成受诸如温度、pH、离子强度等因素的影响。

温度对胶束的形成有重要影响:如克拉夫特点和浊点。克拉夫特点(又称临界溶解温度)是指溶解度随温度的变化存在明显的转折点,即在较低的一段温度范围内溶解度随温度上升非常缓慢,当温度上升到某一定值时溶解度随温度上升而迅速增大。一般离子型去污剂都有克拉夫特点。克拉夫特点时的表面活性剂的溶解度,就是该点的临界胶束浓度。当温度高于克拉夫特点时,相应的去污剂的浓度大于其 CMC 值,能够形成胶束;当温度低于克拉夫特点时,相应的去污剂的浓度无法形成胶束。

浊点是非离子型去污剂的一个特性常数,其受去污剂分子结构和共存物质的影响。去污剂的水溶液,随着温度的升高会出现浑浊现象,去污剂由完全溶解转变为部分溶解,其转变时的温度即为浊点温度。

所以,可以知道克拉夫特点主要针对离子型去污剂,浊点主要针对的是非离子型去污剂。

去污剂分子头部极性越强,电荷越多,分子越不易聚集,CMC 越高。溶液的离子强度越大,分子间斥力降低,CMC 也即降低。因此,溶液的 pH 与离子强度是影响 CMC,特别是离子型去污剂 CMC 最为重要的因素。由于增加溶液的离子强度可以降低带电荷的头部基团的排斥,所以在离子型去污剂中加入盐,可以降低 CMC,去污剂浓度低时就可以形成胶束。

常用去污剂的特性和主要应用如表 4.2 如示。

表 4.2 常用去污剂的特性和主要应用

去污剂	单体分子量(Da)	胶束分子量(Da)	临界胶束浓度(mmol/L)25 ℃	聚集数	浊点(℃)	平均胶束质量(Da)	强度	透析(去除)	应用
十二烷基硫酸钠(SDS)	289	18000	7～10	62	>100	18000	强烈	是	细胞裂解，电泳，WB，杂交
Triton X-100	625	90000	0.2～0.9	100～155	65	80000	温和	否	酶联免疫测定，IP，溶解膜蛋白
CHAPS	615	6150	6	10	>100	6150	温和	是	IEF，IP
NP-40	680	90000	0.059		45～50		温和	否	IEF
DDM	511		0.15	98		50000			蛋白结晶
Tween-20	1228		0.06		76		温和	否	WB，酶联免疫测定
洋地黄皂苷	1229	70000	<0.5	60		70000	温和	否	溶解细胞膜

注：WB：免疫印迹；IP：免疫沉淀；IEF：等电点聚集。

生物膜是由脂类和蛋白组成的复杂结构，是细胞的天然屏障，许多细胞信号事件也发生于此。大多数膜脂为两个非极性的尾（疏水的）连接到一个极性的头（亲水的），形成脂质双分子层结构，亲水的头部伸入水环境中，疏水的尾部在脂质双分子层中间。

去污剂对生物膜的溶解、膜蛋白的抽提，机制甚为复杂（图 4.3）。由于去污剂为两性分子，溶液中只要有去污剂存在，无论其浓度多低，去污剂均可通过其疏水的非极性尾与膜结合，随着与膜结合的去污剂分子数目的增加，膜的理化性质逐渐发生改变，直至膜最后碎裂。膜裂解后一般开始形成“去污剂-膜脂质-膜蛋白”的中间复合体，而后进一步转化成“去污剂-膜脂质”“去污剂-膜蛋白胶束”。去污剂往往是与膜蛋白疏水区结合，SDS、阳离子去污剂不但能与膜蛋白表面的疏水区结合，而且能导致膜蛋白构型改变，使原先隐蔽于分子内部的疏水区暴露，从而导致膜蛋白变性。由于与膜结合的主要是去污剂单体，而溶液中去污剂单体、去污剂胶束、去污剂-膜脂质胶束、去污剂-膜蛋白胶束四者之间存在着可逆的动态平衡，因此抽提的效果取决于系统中去污剂单体浓度与膜含量（包括膜脂与膜蛋白）的相对比值。去污剂能否完全取代膜蛋白所结合的膜脂除与去污剂本身特性有关外，主要取决于膜蛋白本身的结构特征。

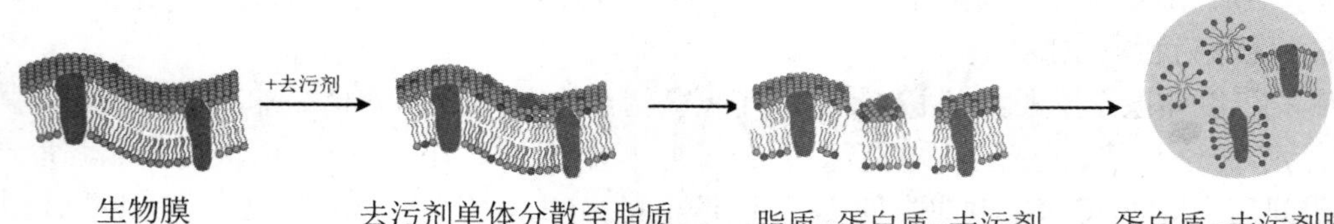

图 4.3 去污剂的作用机制

由于大多数膜蛋白含量都很低，溶解和纯化难度较大。许多膜蛋白在分离的过程中容易变性，进而影响膜蛋白的生物和功能活性。两性分子的去污剂能够溶解膜蛋白，通常情况下，会用过量的去污剂来溶解膜蛋白，以确保完全溶解，形成一个蛋白分子一个胶束的状态。

分离提纯得到高度纯化的天然膜蛋白是研究膜蛋白的结构与功能的关键，膜蛋白的提纯一般分为粗膜制品的制备、去污剂增溶和色谱纯化三步。去污剂增溶是膜蛋白提取过程中的关键步骤。去污剂主要发挥着两方面的作用，首先是打破磷脂双分子层将膜蛋白提取出来；其次是保持膜蛋白在溶液中的稳定性。因此合适的去污剂不仅要对膜蛋白具有较强的溶解能力，还要最大限度地保持膜蛋白在溶液中的稳定性，不至于因为聚集而失去活性。通常离子型的去污剂具有较强的溶解度，但是也往往与膜蛋白具有较强的相互作用而导致其变性失活，非离子型的去污剂作用条件温和，对膜蛋白变性作用较小，具有较好的稳定作用，但是溶解度往往不如离子型去污剂，而两性去污剂性质介于二者之间。值得一提的是，在去污剂增溶的同时加入一些小分子的配基（激活剂、阻断剂等）或两亲性多肽等物质可以显著增加膜蛋白的稳定性。

除了溶解性和稳定性外，去污剂与蛋白质的后续纯化和结晶过程的相容性也要考虑在内。如果不能相容就要考虑在适当的时候进行去污剂交换。一般来说具有较高 CMC 的去污剂比较容易去除干净，交换起来也相对容易。

去污剂对人体组织和细胞的作用，可以用游离的细胞、组织中的细胞为研究对象，最常使用的研究对象是红细胞。细胞膜各组分主要靠非共价的化学力维系在一起，其中疏水基团的相互作用是最重要的维系因素。去污剂分子可以溶解细胞膜上的磷脂类化合物，同时其疏水基团与膜蛋白的疏水区结合，使膜蛋白与膜脂分离而破坏细胞膜的稳定性。膜的不稳定最终造成细胞膜的崩解而释放出血红蛋白。血红蛋白溶液在 540 nm 处有特异吸收峰，因此，在相同实验条件下，可以通过比较不同去污剂作用后的无细胞碎片溶液的光吸收值的大小，来评估血红细胞对不同去污剂的敏感性。

3　试剂和仪器

(1) 新鲜的动物血。

(2) 抗凝剂：4%(*W*/*V*)柠檬酸钠溶液。

(3) 等渗盐水：0.89%氯化钠溶液。

(4) 0.1%去污剂溶液：

① 中性去污剂(Triton X-100，曲拉通 X-100)；

② 阳离子去污剂(CTAB，十六烷基三甲基溴化铵)；

③ 阴离子去污剂(SDS，十二烷基硫酸钠)。

(5) 试管及试管架，移液器及吸头，离心管，离心机，水浴锅，分光光度计。

4 实验操作

4.1 制备血红细胞等渗溶液

将 10 mL 新鲜血液转入含有 0.5 mL 抗凝剂的离心管，混匀，2500 r/min 离心 20 min，收集沉下的血红细胞，用等渗盐水洗涤两次，再用与最初血液等体积的等渗盐水悬浮血红细胞，即制得血红细胞等渗溶液。

4.2 不同浓度中性去污剂对细胞膜的溶解作用

取 10 支离心管，按表 4.3 所示加入试剂。

表 4.3 不同浓度 Triton X-100 对细胞膜的溶解作用

去污剂(Triton X-100)(mL)	0.81	0.77	0.72	0.68	0.63	0.59	0.54	0.50	0.45	0.41
生理盐水(mL)	3.69	3.73	3.78	3.82	3.87	3.91	3.96	4.00	4.05	4.09
去污剂终浓度(mg/L)	180	170	160	150	140	130	120	110	100	90
血红细胞等渗液(mL)	0.50									

依次加入血红细胞等渗液，小心混匀，置于 37 ℃恒温水浴(或室温放置)，随时观察细胞的溶血状况，以溶液变澄清为准记录溶血时间。

以中性去污剂的浓度为横坐标，溶血时间为纵坐标，作图。

4.3 不同去污剂对细胞膜的溶解作用

取 3 支试管和 3 支离心管，按表 4.4 所示加入各溶液。

表 4.4 不同去污剂对细胞膜的溶解作用

	0.1% Triton X-100		0.1% CTAB		0.1% SDS	
	试管	离心管	试管	离心管	试管	离心管
去污剂(mL)	0.50	0.50	0.28	0.28	0.22	0.22
生理盐水(mL)	4.20	4.0	4.42	4.22	4.48	4.28
血红细胞等渗液(mL)	−	0.20	−	0.20	−	0.20
反应 5 min	−	+	−	+	−	+
2500 r/min 离心 5 min	−	+	−	+	−	+
OD_{540}						

在 37 ℃恒温水浴(或室温放置)，严格控制反应时间，向去污剂中加入血红细胞等渗液(混匀)后反应 5 min，再 2500 r/min 离心 5 min，马上转移上清液，以表 4.4 中各自的对照管

为对照，进行光吸收值的测定。测定完一组数据后再进行另一组的实验操作。

5　结果分析

以 Triton X-100 的 OD 值作为 100%的溶解作用（对照），计算其他去污剂的相对溶解作用。

$$相对溶解作用=\frac{OD_{540}(其他)}{OD_{540}(\text{Triton X-100})}\times 100\%$$

6　思考题

比较不同去污剂对细胞膜稳定性的影响，剖析其原因。

参 考 文 献

[1]　萧能赓，余瑞元，袁明秀，等.生物化学实验原理和方法[M].2 版.北京：北京大学出版社，2005.

[2]　赵燕杰，金磊，程旺元，等.不同去污剂对细胞膜溶解作用的实验设计和思考[J].实验室研究与探索，2010，29(9)：154-156，170.

[3]　葛保胜.G 蛋白偶联受体结构生物学进展[J].生命科学研究，2009，13(4)：360-365.

[4]　颜建华，朱锡华，董燕麟.去污剂与膜蛋白的提取[J].国外医学临床生物化学与检验学分册，1993，14(4)：162-164.

[5]　宫彩霞，马骋.去污剂的性质及其在膜蛋白结构生物学中的应用[J].中国生物化学与分子生物学报，2020，1(36)：14-20.

实验5　凝胶过滤层析柱的装填及柱效测定

1　实验目的

(1) 掌握凝胶过滤层析柱的装填技术。

(2) 掌握凝胶柱柱效的测定方法。

2　实验原理

凝胶过滤层析的介绍及基本原理见本书实验6。本章节着重介绍凝胶过滤层析柱的填装及柱效的测定。

根据要分离的蛋白质的不同及分离目的不同选择适宜的凝胶(包括型号及粒度)。凝胶过滤层析柱是否合用,可以通过测定柱效率来检验装柱的效果。柱效的检测不仅仅应该在新预装柱中进行,在使用时间比较长或对其分离效果有怀疑的柱子也应进行检测。可以用丙酮和 NaCl 来进行检验装柱的状况,因为两者的体积比较小,可以充分地进入凝胶内部,而洗脱体积为整个柱床的体积。使用丙酮时,可以用紫外光检测器检测,使用 NaCl 溶液时,则用导电率检测器检验。本实验采用丙酮来检测柱效。

用理论塔板数计算柱的效率(图5.1)。

$$H^{-1} = 5.54 \times \left(\frac{V_e}{W_{1/2}}\right)^2 \times \frac{1000}{L}$$

式中,H^{-1}为理论塔板数;L 为柱床高度(mm);V_e为洗脱体积(mL);$W_{1/2}$为在半峰高度处峰的宽度。

计算不对称因子

$$A_s = \frac{b}{a}$$

式中,a 为在10%峰高时的左半峰宽;b 为在10%峰高时的右半峰宽。

在理想的情况下,洗脱峰应该是尖而对称的峰形,在实验中不对称因子应该在0.8~1.2之间。峰形的改变往往说明柱床遭到了破坏。$A_s<1$(也即漏峰),说明柱床装得过紧,在柱床内出现了通道;$A_s>1$(也即拖尾峰),说明装柱压力不足,有可能是滤网内有空气进入,滤网被阻塞或是层析介质中出现了阻塞现象。

注意:每种预装柱商品都提供了理论塔板数及对称因子的参考数值,使用过程中可予以借鉴参考。例如:Superdex:$H^{-1}>10000$,$A_s=0.70\sim1.30$;Sephacryl HR:$H^{-1}>9000$,A_s

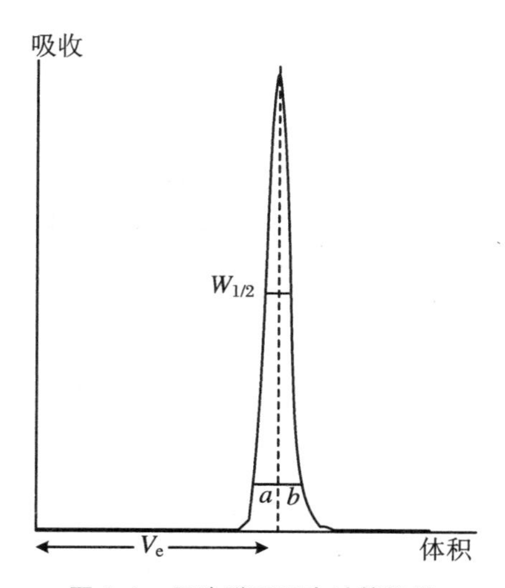

图 5.1　用洗脱丙酮来计算柱效

＝0.80～1.50。

$$体积流速(mL/min) = 线性流速(cm/h) \times \pi \times d^2/(60 \times 4)$$

式中，d 为层析柱内径(cm)；线性流速以 60 cm/h 计算。

3　试剂和仪器

(1) 层析介质：Sephadex G-50。
(2) 双蒸水，丙酮(10 mg/mL)，20%乙醇。
(3) 层析柱为两端带接头的普通玻璃管或有机玻璃管。
(4) AkTAprime plus 系统，GE Healthcare。
系统泵：控制层析系统内洗脱液的流速；
监测系统：系统压力监测、流出液的紫外监测、电导率、pH、温度等的实时监测；
数据处理系统：以图谱的形式实时记录实验数据，通过计算机显示屏直观监测；
组分收集器：定量分步收集洗脱流出液。

4　实验步骤

4.1　凝胶用量的计算

根据层析柱的容积(V_t，mL)和所选凝胶溶胀后的体积(V_c，mL/g)计算出所需凝胶干粉的重量。

$$凝胶干粉的重量(g) = \frac{V_t}{V_c}$$

4.2 凝胶的溶胀

将称好的凝胶干粉投入烧杯中，加以适量洗脱液，沸水浴溶胀 2 h（也可室温 24 h）。沸水浴溶胀的好处：省时，可消毒，驱除凝胶颗粒内部的气泡。

溶胀完全后，用倾倒法除去上层细小破碎的凝胶颗粒。注意不要过分搅拌，以防凝胶颗粒破碎（会阻塞柱子，影响流速），严禁使用电磁搅拌。上柱前还需用超声除去滞留在凝胶内的气泡。

4.3 装柱

（1）熟悉流程：

洗脱液流向：贮液瓶→恒流泵→层析柱→检测仪→部分收集器。

检测仪 —电信号→ 记录仪

我们所用的 AKTAprime plus 系统，是把各部分组件整合在一起的层析仪器，主机由系统泵、控制面板和组分收集器等几大部分组成。具体可以参照本书实验 6 中的图 6.4 及图 6.5。

（2）准备层析系统：非工作状态的层析系统一般保存在 20%乙醇中，所以首先要用抽滤并脱气的蒸馏水清洗系统。把泵头放入蒸馏水的贮液瓶中；打开与层析系统连接的计算机电源，找到相应的层析监测软件（prime view）；启动层析系统仪器主机；自检程序结束后，运行预设的清洗程序清洗系统；程序结束后，按"end"键使机器进入待机状态。

（3）装柱：将干净的层析柱调整固定在垂直状态，柱内装入适量抽滤过的蒸馏水，排除下接头处滤膜下的空气泡，关闭出口，柱内存留 3～5 cm 高的蒸馏水，加入搅拌均匀的凝胶浆液，打开出口，控制流速，凝胶随柱内溶液慢慢流下而均匀沉降到层析柱底部，不断补充凝胶浆液至胶面上升至层析柱上部，注意凝胶面上应始终保持有蒸馏水。装柱要求连续、均匀、无气泡、无断层或横纹。装柱结束后，以胶面为准量取柱床高度。

开动层析系统，设置限压，调节流速为 1 mL/min，使连接的套管内的液体持续流出几分钟后，连接输液系统到层析柱，使上接头尽量接近胶面，注意不要带入气泡，继续连接层析柱出口端到层析系统。

4.4 平衡

持续运行程序，用 3～5 个柱体积的水平衡层析柱。观察层析柱流出液的电导监测状态，电导指示线呈一水平线后认为层析系统已经达到平衡。

所有要流经层析柱的样品及洗脱液等都要抽滤或高速离心除去不溶性杂质并经过脱气处理。

4.5 上样

微量样品保存在样品环中。首先用针管吸取抽滤并脱气的蒸馏水清洗样品环三次，然后吸取丙酮（10 mg/mL）注射到样品环中，上样量为柱体积的 0.2%。注意操作时使针管出口端呈凸液面，然后把液体推入样品环，以免进入气泡。推完样品的注射器保留在上样阀上，不要拔出。

4.6　洗脱和收集

蒸馏水平衡好层析柱后（观察电导指示线呈水平直线），紫外吸收峰（280 nm）归零（Autozero）后，在控制面板上将上样阀控制（Inject valve）由“Load”切换到“Inject”，样品环中的样品就上到了层析柱上。同时，设置组分收集器的收集参数，本实验设置为4 mL/管。

观察电脑监测屏上显示的流出液的各项监测指标，尤其是组分流出时显示的紫外吸收峰，根据峰顶出现时的洗脱时间计算洗脱体积。待洗脱峰回落到基线后，即紫外吸收峰恢复到基线并保持水平，结束洗脱程序，保存洗脱数据。

4.7　清洗样品环

从上样阀处拔下注射器，先用蒸馏水洗干净注射器，然后吸取蒸馏水清洗上样环3次，最后换上封闭堵头保护上样阀。

4.8　层析系统的清洗及保存

持续运行程序，用3～5个柱体积的蒸馏水清洗层析柱，观察电脑显示屏上的流出液的电导检测线，待其下降到水平线，换成含有20%乙醇的贮液瓶，继续运行3～5个柱体积，使整个层析系统充满20%乙醇，停止机器运行，关闭机器。

5　结果处理

计算理论塔板数及对称性因子，评价层析柱效率。

6　思考题

凝胶过滤层析柱的柱效跟哪些因素有关？

参 考 文 献

[1]　Simpson R J. 蛋白质组学中的蛋白质纯化手册[M]. 茹炳根，译. 北京：化学工业出版社，2009.

[2]　作者不详. Gel Filtration: Principles and methods[EB/OL]. https://www.doc88.com/p-694154301810.html? r=1.

实验 6　葡聚糖凝胶柱层析

1　实验目的

(1) 学习凝胶层析法的基本原理。
(2) 掌握葡聚糖凝胶柱层析的操作技术。

2　实验原理

2.1　分子筛凝胶的特性和分离原理

利用柱层析制备生物样品时，通常需要根据生物分子的不同特性，选择合适的层析技术进行分离纯化，生物分子特性和对应的层析分离技术如表 6.1 所示。

表 6.1　生物分子特性和对应的层析分离技术

特　性	技　术
分子量大小	凝胶过滤，也叫分子筛
电荷	离子交换层析
疏水性	疏水相互作用层析、反相层析
生物识别(配基特异性)	亲和层析

凝胶层析是一种液相层析，又称分子量排阻层析，机理是分子筛效应，它根据分子量大小来分离分子。凝胶是一种具有立体网状结构的物质(如葡聚糖、琼脂糖、聚丙烯酰胺等)吸收大量液体(水或洗脱液)后溶胀而成的。凝胶基质由特定大小孔隙的球形小珠组成，单个凝胶珠本身像个"筛子"。不同型号凝胶的筛孔的大小不同。不同分子量的分子从孔中排阻通过并发生分离，小分子进入孔内会延滞它们通过层析柱，而大分子避孔，洗脱入层析外水体积(图 6.1)。因此，样品根据分子量大小进行分离，并依据分子量递减顺序洗脱。

每一种特定的凝胶介质都有特定的分子量分级范围，也就是凝胶的分级范围，这是凝胶介质的重要参数。如果多种组分的分子大小(相对分子质量)均大于凝胶介质分级范围的上限，或均小于分级范围的下限，它们就无法通过凝胶过滤层析而得到分离。

为了进一步说明层析机理，这里介绍几个体积：柱床体积(total volume，V_t)、外水体积

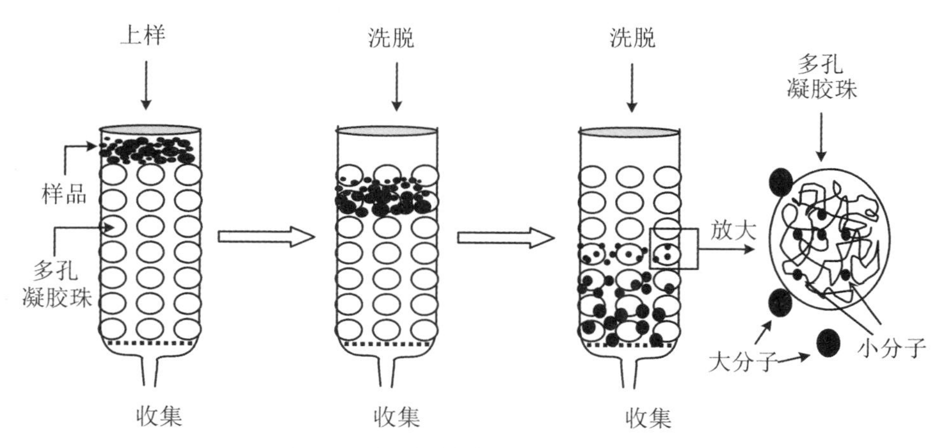

图 6.1　凝胶过滤柱层析分离示意图

(outer volume, V_o)、内水体积(inner volume, V_i)、介质体积(gel volume, V_g)、洗脱体积(elution volume, V_e)。它们之间的关系是:$V_t = V_o + V_i + V_g$,可用图 6.2 表示。

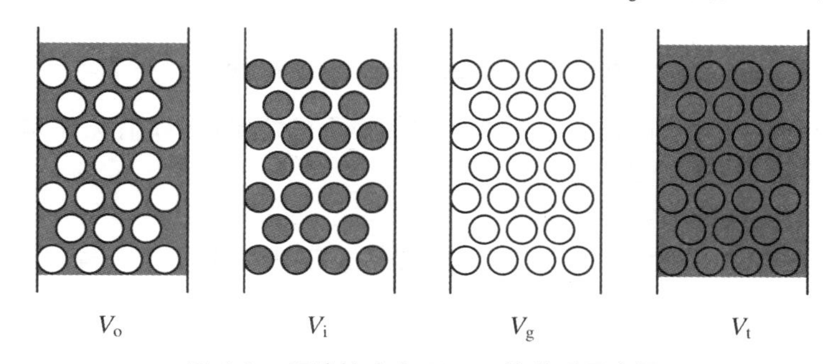

图 6.2　凝胶柱床中 V_t、V_o等关系示意图

样品中某一组分的洗脱体积 V_e与 V_o及 V_i之间的关系可用下式表示:

$$V_e = V_o + K_d \times V_i$$

式中,K_d是分配系数,用于衡量两个组分的分离分辨率,是凝胶层析的一个特征常数,只与被分离组分分子大小和凝胶孔径大小有关,与层析柱的长短粗细无关,K_d可通过实验求得。

上式可改写成

$$K_d = \frac{V_e - V_o}{V_i}$$

(1) $K_d = 0$ 时,则 $V_e = V_o$,属大分子,全排阻。

(2) $K_d = 1$ 时,则 $V_e = V_o + V_i$,属小分子,全渗入。

(3) $0 < K_d < 1$ 时,则 $V_e = V_o + K_d \times V_i$,属中等大小分子,部分渗入,部分排阻。

(4) $K_d > 1$ 时,则 $V_e > V_o + V_i$,说明层析介质对这些组分有吸附作用,如某些芳香族化合物(Phe、Tyr、Trp 等)。

以上情况如图 6.3 所示,其中洗脱峰Ⅰ、Ⅱ、Ⅲ分别对应的是上面的(1)、(2)、(3)三种情况。

理论上讲,使用一个柱床体积的洗脱液,可使所有被分离组分流出层析柱,如上所述,由于其他因素的作用,也会出现 $K_d > 1$ 的情况。实际工作中,应选择适当的凝胶,使被分离各组分的 K_d有足够的差异而得以有效分离。

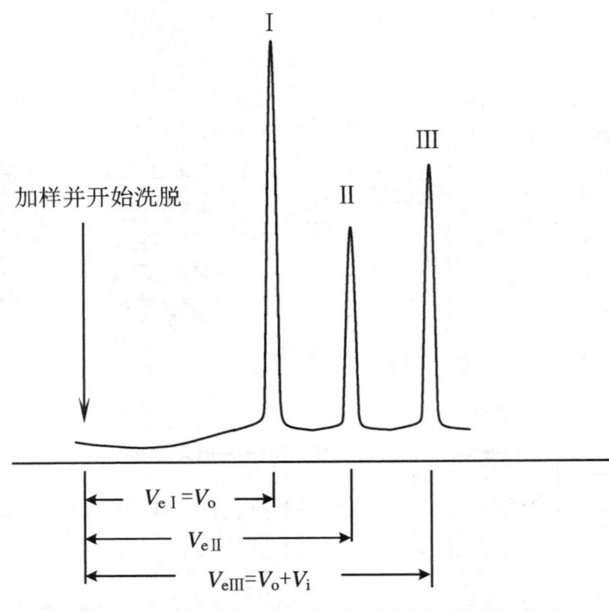

图 6.3 凝胶层析柱洗脱组分示意图

以上介绍的 V_e与 K_d之间的关系是在理想状态下的情况，实际情况并非如此简单，可参阅有关资料，这里不做详细介绍。

能用于层析的凝胶主要有下面几种：

(1) 琼脂糖凝胶：是一种大孔凝胶，其工作范围的下限几乎相当于 Sephadex、Bio-Gel-P 的上限，一般用于分离分子量特别大的生物大分子。商品琼脂糖凝胶主要有 Sepharose 系列和 Bio-Gel-A 系列。

(2) 聚丙烯酰胺凝胶：是一类全合成凝胶，为颗粒状干粉，商品名为 Bio-Gel-P。

(3) 交联葡聚糖凝胶：是凝胶层析法中使用最广泛的一类层析凝胶，是半合成凝胶，商品名称为 Sephadex，其基本骨架是葡聚糖，由微生物培养法生产，它是由右旋葡萄糖残基通过 α-1,6-糖苷键连接而成的葡聚糖巨大分子，经水解形成一定分子量的片段，葡聚糖分子之间通过交联剂环氧氯丙烷提供的甘油基(醚桥)交联形成三维空间网状结构。

下面以应用较多的 GE Healthcare 产品为例介绍凝胶的选用原则：

GE Healthcare 有七类分子筛凝胶可供选择：① Superose；② Superdex；③ Sephacryl；④ Sepharose；⑤ Sepharose CL；⑥ Sephadex；⑦ Sephadex LH-20。

Superdex 是高分辨率、短运行时间和高回收率的第一选择。Sephadex 对于快速组群分离非常适合。Superose 提供了广泛的组分分离范围。Sephacryl 适用于实验室和工业规模的快速、高回收率分离。

究竟选用哪种凝胶，主要考虑两个因素：① 实验目的(组群分离还是高分辨率组分收集)；② 将要分离的目标蛋白和污染物分子量范围。

2.2 影响凝胶层析分离的因素

层析分辨率取决于凝胶颗粒的大小、孔径大小、层析柱尺寸、样品体积和黏度、洗脱液的离子强度和 pH 以及洗脱液的流速等因素。

如果是脱盐的话，样品体积可被允许达到总柱床体积的30%～40%，并可使用短粗柱。

洗脱液也就是凝胶层析中的流动相，一般来说，水溶性物质的洗脱采用不同离子强度及pH的缓冲液，非水溶性物质则采用有机溶剂如丙酮或甲醇等作为洗脱剂。

而对于高分辨率组分收集，如果实验条件满足低流速（2～10 cm/h）、细长柱、小颗粒凝胶、小样品体积（总柱床体积的1%～5%）、2倍的分子量差异及与洗脱液相同的样品液黏度，将可获得理想的分辨率。

2.3　凝胶层析法的应用

2.3.1　组群分离

根据大小范围将样品的成分分成两个主要组群。组群分离可以用来去除高分子或低分子污染物（如细胞培养液中的酚红），或者进行除盐和缓冲液交换。

2.3.2　生物分子高分辨率组分收集

根据生物分子的分子量差异对样品成分进行分离。高分辨率组分收集可以用来分离一种或多种组分、从聚合物中分离单体、测定分子量或进行分子量分布分析。

2.4　凝胶的再生和保存

凝胶的再生是指用适当的方法除去凝胶的一些污染物而使其恢复原先的性质。葡聚糖凝胶可以用0.5 mol/L NaOH - 0.5 mol/L NaCl混合液处理，聚丙烯酰胺凝胶和琼脂糖凝胶可以用0.5 mol/L NaCl处理，然后再用蒸馏水处理。

Sephadex、Sepharose等都是多糖类物质，易于长菌，因此常把凝胶（不用时）置于20%乙醇溶液或含0.02%叠氮钠的蒸馏水中保存，使用时再除去。

3　试剂和仪器

（1）层析介质：Sephadex G-75。

（2）样品由三个组分组成，蓝色葡聚糖2000（10 mg/mL）；溶菌酶（85 mg/mL）；色氨酸（5 mg/mL）。

（3）洗脱液：0.15 mol/L 氯化钠（即生理盐水）。

（4）层析柱：为普通玻璃管或有机玻璃管，两端带接头，要求粗细均匀，表面光洁，必要时内表面加涂层以消除管壁效应（中间移动慢，管周移动快），同时应注意下接头处的死体积应尽可能小，否则已被分离的组分可能会在下接头处重新混合。

（5）AKTAprime plus系统，GE Healthcare。

系统泵：控制层析系统内洗脱液的流速；

监测系统：系统压力监测、流出液的紫外监测、电导率、pH、温度等的实时监测；

数据处理系统：以图谱的形式实时记录实验数据，通过计算机显示屏直观监测；

组分收集器：定量分步收集洗脱流出液。

4　实验操作

4.1　凝胶用量的计算

根据层析柱的容积(V_t,mL)和所选凝胶溶胀后的体积(V_c,mL/g)计算出所需凝胶干粉的重量。

$$凝胶干粉重量(g)=\frac{V_t}{V_c}$$

4.2　凝胶的溶胀

将称好的凝胶干粉投入烧杯中,加以适量蒸馏水,沸水浴溶胀 2 h(也可室温 24 h)。

沸水浴溶胀的好处:省时,可消毒,可驱除凝胶颗粒内部的气泡。

溶胀完全后,用倾倒法除去上层细小破碎的凝胶颗粒。注意不要过分搅拌,以防凝胶颗粒破碎(会阻塞柱子,影响流速),严禁使用电磁搅拌。上柱前还需用超声除去滞留在凝胶内的气泡。

4.3　装柱

(1) 对照层析系统各组件工作简单示意图(图 6.4),熟悉层析系统各组件的工作原理和操作方法。

层析系统内洗脱液的流向:贮液瓶→恒流泵→层析柱→检测仪→部分收集器。
　　　　　　　　　　　　　　　　　　　　　　　　　└电信号→记录仪

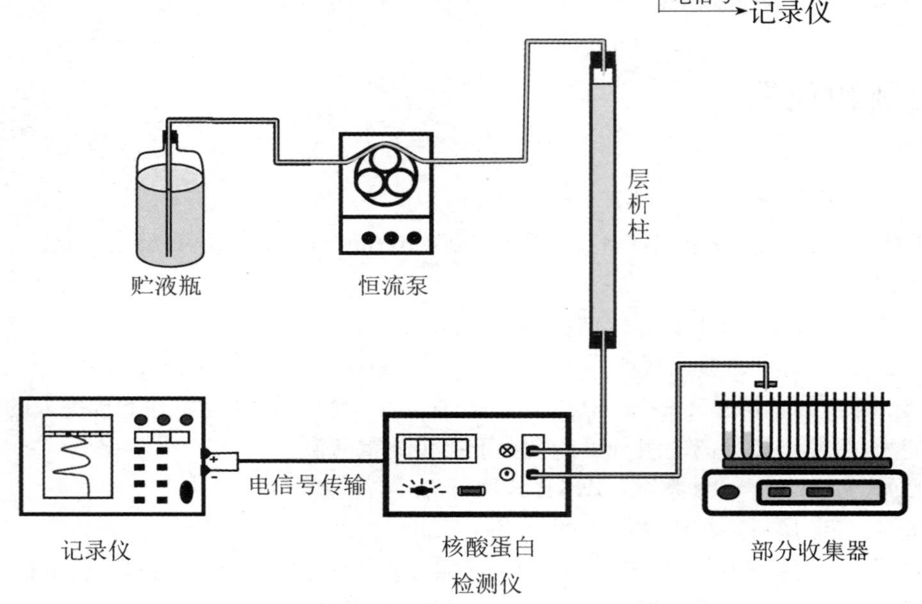

图 6.4　层析系统各组件工作简单示意图

我们所用的 AKTAprime plus 系统(图 6.5),是把各部分组件整合在一起的一台层析仪器,主机由系统泵、控制面板和组分收集器等几大部分组成。可以输入各项控制参数,包括流速、限压、梯度洗脱等,除对层析柱流出液进行紫外监测外,还可以对温度、pH、电导等各项指标进行实时监测。

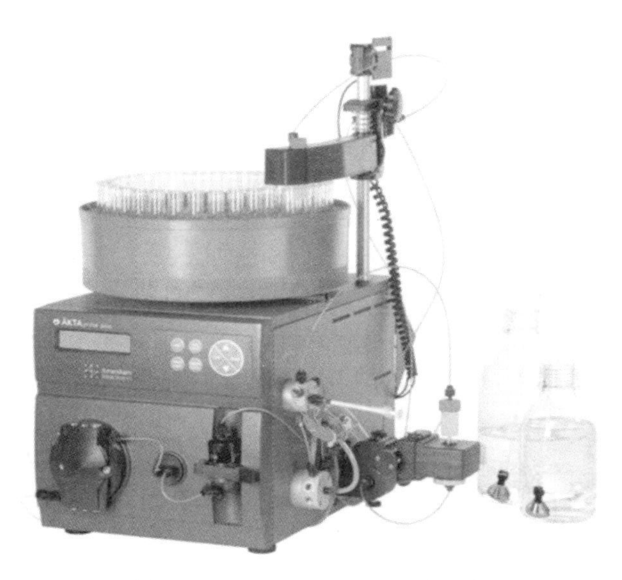

图 6.5　AKTAprime plus 层析系统

(2) 清洗层析系统:非工作状态的层析系统一般保存在 20%乙醇中,所以首先要用抽滤并脱气的蒸馏水清洗系统。把泵头放入蒸馏水的贮液瓶中;打开与层析系统连接的计算机电源,打开相应的层析监测软件(prime view);打开层析系统仪器主机;自检程序结束后,运行预设的清洗程序清洗系统;程序结束后,按“end”键使机器进入待机状态。

(3) 装柱:将干净的层析柱调整固定在垂直状态,柱内装入适量蒸馏水,排除下接头处滤膜下的空气泡,关闭出口,柱内存留 3～5 cm 高的蒸馏水,加入搅拌均匀的凝胶浆液,打开出口,控制流速,凝胶随柱内溶液慢慢下降而均匀沉降到层析柱下部,随着凝胶在层析柱下部不断堆积,胶面不断抬高,继续补充凝胶浆液,直至胶面达到层析柱上部,注意凝胶面上应始终保持有洗脱液。装柱要求连续、均匀、无气泡、无断层或横纹。装柱结束后,以胶面为准量取柱床高度。

开动层析系统,设置限压,调节流速 1 mL/min,使连接的套管内的液体持续流出几分钟后,连接输液系统到层析柱。使上接头尽量接近胶面,注意不要带入气泡;继续连接层析柱出口端到层析系统。

4.4　平衡

持续运行程序,用 3～5 个柱体积的水和洗脱液依次平衡层析柱。观察层析柱流出液的电导监测状态,电导指示线呈一水平线后认为层析系统已经达到平衡。所有要流经层析柱的蒸馏水样品及洗脱液等都要抽滤或高速离心除去不溶性杂质并经过脱气处理。

4.5 上样

微量样品保存在样品环中。我们的样品量是 0.2 mL,选用 0.5 mL 的样品环。首先用针管吸取抽滤并脱气的蒸馏水清洗样品环 3 次,然后吸取样品注射到样品环中,注意操作时使针管出口端呈凸液面,然后把液体推入样品环,以免进入气泡。推完样品的注射器保留在上样阀上,不要拔出。

4.6 洗脱及收集

洗脱液平衡好层析柱后(观察电导指示线呈水平直线),将紫外归零(Autozero),在控制面板上将上样阀控制(Inject valve)由"Load"切换到"Inject",样品环中的样品就上到了层析柱上。同时,设置组分收集器的收集参数,本实验设置为 4 mL/管。

当样品全部进入到层析柱中时(蓝色样品比较容易观察),调节上样阀控制由"Inject"切换到"Load",然后拔下注射器,先用蒸馏水洗干净管壁,然后吸取蒸馏水清洗上样环 3 次,操作同前。

注意观察样品的分离现象。观察电脑监测屏上显示的流出液的各项监测指标,尤其是组分流出时显示的紫外监测峰,根据峰顶出现时的洗脱时间计算各个组分的洗脱体积。待三种组分全部洗脱出来,紫外检测线回复到水平后,结束洗脱程序,保存洗脱数据。

样品中组分的分子量差异特别大,颜色也不一样,可以直观地观察到样品各组分的层析分离过程。

4.7 层析系统的清洗及保存

贮液瓶换成蒸馏水的贮液瓶,持续运行程序,用 3～5 个柱体积的水清洗层析柱,观察电脑显示屏上流出液的电导检测线,待其下降到水平线,换成含有 20%乙醇的贮液瓶,继续运行3～5 个柱体积,使整个层析系统充满 20%的乙醇。停止机器运行,关闭机器。

5 注意事项

(1) 装柱前,凝胶要经过脱气处理;装柱过程中注意连续、均匀、无气泡、无断层或横纹。
(2) 所有要流经层析柱的洗脱液等都要抽滤除去不溶性杂质并经过脱气处理。
(3) 样品要经过孔径 0.22 μm 的滤膜过滤才可以上样。
(4) 实验操作过程中注意不要带入气泡。
(5) 更换贮液瓶时要停止机器运行。

6 结果分析

根据记录的实验结果,计算层析柱的 V_o、V_i以及样品中各组分的 V_e、K_d。

7　思考题

结合实验过程中碰到的各种问题，概述葡聚糖凝胶柱层析操作时应当注意哪些问题。

参　考　文　献

张承圭，王传怀，袁玉荪，等．生物化学仪器分析及技术[M]．北京：高等教育出版社，1990．

实验 7　离子交换柱层析法分离蛋白质

1　实验目的

(1) 学习离子交换柱层析的基本原理。

(2) 掌握离子交换柱层析分离蛋白质的条件摸索和操作技术。

2　实验原理

离子交换层析法从 20 世纪 60 年代起应用到生物分子的分离领域，作为最广泛的分离纯化方法之一，应用于蛋白质、多肽、核酸以及其他荷电生物分子的分离纯化，以高载量提供了高分辨率分离和组分离。该方法可以用在样品获得、中度纯化、精细纯化等纯化的各个阶段及不同规模的纯化中。

离子交换层析是一种吸附层析。离子交换层析对生物分子的分离是基于待分离各组分间的表面净电荷的差异，通过控制带电分子与带相反电荷的离子交换介质之间的可逆相互作用来实现特定分子的结合与洗脱，从而达到分离的目的。

蛋白质分子由包含有弱酸弱碱基团的不同氨基酸组成，是典型的两性分子，其表面净电荷具有高度的 pH 依赖性，会随着周围环境 pH 的改变而逐渐改变(图 7.1)。当所处环境 pH 高于其等电点时，表面净电荷为负，会同带有正电荷的介质，也就是阴离子交换介质相结合，而当所处环境 pH 低于其等电点时，表面净电荷为正，会同带有负电荷的介质，也就是阳离子交换介质相结合。

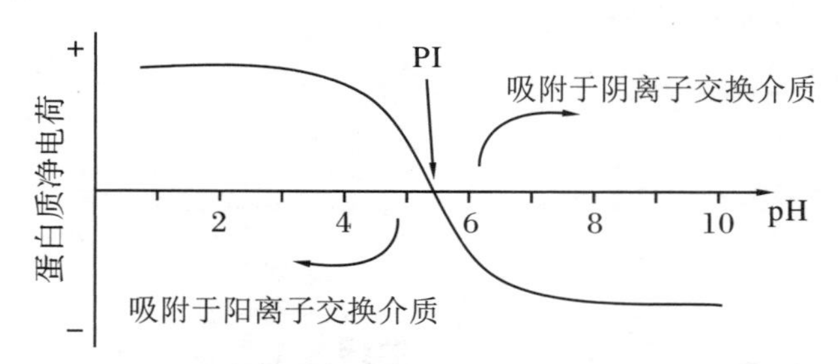

图 7.1　蛋白质分子表面净电荷性质与环境 pH 的关系

离子交换介质是由不溶性的固相支持物和与其共价结合的带电荷的功能基团所组成。固相支持物有树脂、纤维素、葡聚糖凝胶与琼脂糖凝胶等，而功能基团可以解离，在水溶液中，能与流动的带相反电荷的离子(反离子)相结合，而那些带有相同电荷的反离子之间又可以进行交换。这种交换反应是可逆的，一般都遵循质量作用定律。

例如，阳离子型交换反应

$$R—SO_3^- H^+ + Na^+ \rightleftharpoons R—SO_3^- Na^+ + H^+$$

阴离子型交换反应

$$R—N^+(CH_3)_3OH^- + Cl^- \rightleftharpoons R—N^+(CH_3)_3Cl^- + OH^-$$

根据功能基团的不同，离子交换介质可分为阳离子交换介质和阴离子交换介质，分别又有强弱之分，值得注意的是，强阳 S、SP，强阴 Q、QAE，弱阳 CM，弱阴 DEAE 的区别在于使交换介质完全离子化的 pH 范围，较宽者为强，较窄者为弱，与结合强度无关。换句话说，就是强离子交换介质的载量在较宽的 pH 范围内保持恒定，弱离子交换剂的载量随 pH 而变化。

S——methylsulphonate，磺甲基，$—CH_2SO_3^-$

SP——sulphopropyl，磺丙基，$—CH_2CH_2CH_2SO_3^-$

Q——quaternary ammonium，季铵，$—CH_2N^+(CH_3)_3$

QAE——quatermaryaminoethyl，二乙基(二羧丙基)氨基乙基，

$$—OCH_2CH_2N^+(C_2H_5)_2CH_2CHOHCH_3$$

CM——carboxymehthyl，羧甲基，$—OCH_2COO^-$

DEAE——diethylaminoethyl，二乙基氨基乙基，$—OCH_2CH_2N^+H(CH_2CH_3)_2$

通常强离子交换介质能在宽 pH 范围内保持好的样品结合能力，而弱离子交换介质可提供不同的选择性，因此通常情况下，会优先考虑选用强离子交换介质，当强离子交换介质的选择性不满意时，应该考虑试用弱离子交换介质。

本次实验所用的离子交换介质是 DEAE-Sepharose FF，在分离过程中既有电荷效应又有分子筛效应，分离效果更好。

采用离子交换层析法时，常常使用线性盐浓度(离子强度)梯度洗脱的方法，而较少采用 pH 梯度洗脱方法。

值得注意的是，一个单独的、高分辨率的样品峰并不一定就代表它是一种纯的组分，它有可能是在选定的洗脱条件下无法获得分离的几个组分。

柱效和选择性都会影响分辨率，而且后者更加重要。选择性取决于介质的性质及所带功能基团的数目和具体的实验条件，如 pH、离子强度、洗脱条件。

样品应处于起始缓冲液环境下，否则应进行缓冲液置换，而起始缓冲液的 pH 和离子强度，应尽量使加载样品时的目标蛋白能够结合在层析介质上而目标蛋白之外的其他蛋白尽量不结合，后者形成穿过峰。

谨慎地选择洗脱液的 pH 以使待分离蛋白净电荷之间的差异最大化，以期获得好的选择性。在保证目标蛋白稳定和活性的 pH 范围内选择最佳洗脱 pH 体系和离子强度。

在可接受的分辨率的前提下，按照使用最陡的梯度、最快的流速(介质允许的流速范围内)、最大的样品加载量(一般为总结合能力的 20%～30%)的原则来优化实验条件。

梯度洗脱时理想的起始缓冲液和高盐缓冲液的离子强度分别是允许目标蛋白结合的最大离子强度和使目标蛋白完全洗脱的最低离子强度。高盐缓冲液通常是和起始缓冲液相同的缓冲液成分和 pH，但包含有额外的盐，通常是氯化钠。

缓冲液中的离子应该具有与离子交换介质上的功能基团相同的电性(具有与功能基团相反电性的缓冲液离子会参与离子交换过程，并在洗脱过程中引起 pH 的大范围波动)，且

其 pK_a 值最好在工作 pH 附近 0.6 个单位内。

在层析分离前，使缓冲液和层析介质达到相同的温度。温度的快速改变（如将装填好的层析柱从冷室取出并使用室温的缓冲液）会导致分离介质中气泡的产生，影响分离效果。

总之，影响离子交换层析分离效果的因素较多，应统筹兼顾优化各因素的搭配才能达到预期的实验目的。

一旦分离纯化的参数确定后，可通过增加层析柱的直径来增加柱床体积，对分离规模进行放大。避免增加层析柱的长度，因为增加层析柱的长度会改变分离的条件。

3 试剂和仪器

(1) 起始缓冲液：50 mmol/L Tris-HCl 缓冲液（pH = 7.5）+ 10 mmol/L $MgCl_2$ + 100 mmol/L NaCl。

(2) 高盐缓冲液：50 mmol/L Tris-HCl 缓冲液（pH = 7.5）+ 10 mmol/L $MgCl_2$ + 500 mmol/L NaCl。

梯度洗脱总体积：200 mL。

注意：缓冲液在使用前要经过抽滤、脱气处理，去除其中的杂质、溶解性气体。

(3) 样品：10 mL（葡萄糖异构酶表达菌裂解液经 70 ℃ 热变性后高速离心所得上清液，参考本教材实验 26）。

过滤或离心样品，除去不溶性颗粒，防止堵塞层析柱，如有需要，可在脱盐柱上进行缓冲液置换来调整样品溶液的 pH 和盐浓度。

通常样品蛋白浓度不应超过 70 mg/mL，样品负载比样品体积更加重要。作为一种结合技术，离子交换与样品体积无关，只要样品的离子强度和 pH 适当，稀释的样品不必预先浓缩，可直接应用于离子交换柱层析分离。

(4) 层析柱：HiTrap DEAE FF 5 mL[16×25 mm（内径×床高）= 5 mL]（装填弱阴离子交换介质 DEAE Sepharose Fast Flow）。

(5) 集成化层析系统（贮液器、恒流泵、层析柱、紫外检测器、分部收集器、控制单元等），计算机。

4 实验操作

在开始实验前，先熟悉如图 7.2 所示的层析系统各组件的工作原理和操作方法。

4.1 装柱

装填的柱床体积由所需纯化样品的量及介质的结合能力所决定。填充一个层析柱，使其结合量大约 5 倍于所需结合量。

将所有材料平衡至实验时的温度，用缓冲液冲洗柱子，赶走层析柱及管路内的气泡，关闭层析柱出口，保留 1～2 cm 缓冲液于层析柱中，轻柔地悬浮需要装填的层析填料（避免使

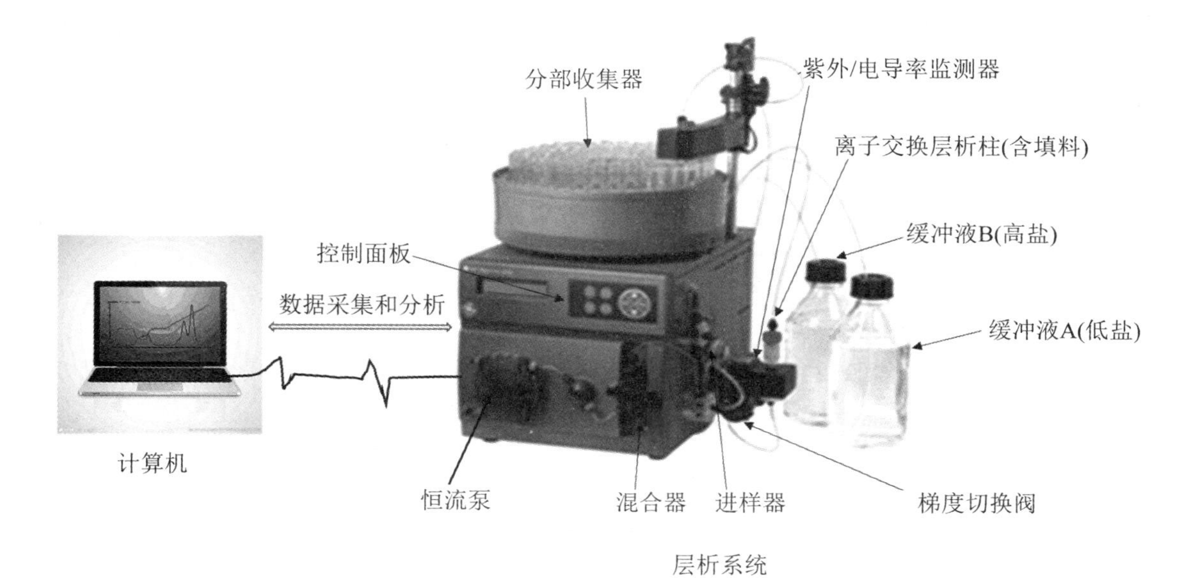

图 7.2 集成化层析系统

用磁力搅拌器，它会损害填料)，并用玻璃棒导入到层析柱中，随着填料的缓慢沉降，不断补加填料，直至所需装填量，最后补充缓冲液至层析柱顶口，接上层析柱上接口。

如果使用预装柱，则可省去上述装柱过程。本次实验使用的 HiTrap DEAE FF 为预装柱，其中的填料为 DEAE Sepharose Fast Flow。

用系统恒流泵控制适当流速，使缓冲液持续洗涤胶体，必须充分洗涤层析填料以确保储存溶液(通常是 20%的乙醇)被完全置换。

4.2 平衡

继续用 5～10 个柱体积的起始缓冲液平衡层析柱，直到基线稳定、洗脱流出液的 pH 和电导率与起始缓冲液一致。

在开始平衡前启动计算机并打开监控分析软件，监控实验过程。

4.3 上样

通过层析系统进样器或者缓冲液 A(低盐)取液管将样品加载到层析柱上，流速为 2 mL/min。

4.4 洗脱

用 5～10 个柱体积的起始缓冲液冲洗，直到基线、洗脱液 pH 及电导率稳定，确保所有未结合的组分(形成穿过峰)被冲洗出层析柱。

4.5 梯度洗脱

设置 20 个柱体积(100 mL)的起始缓冲液和 20 个柱体积(100 mL)的高盐缓冲液，总体积为200 mL，利用层析系统给出的线性盐浓度梯度进行梯度洗脱。

从上样开始，启动分部收集器，8 mL/管收集洗脱流出液，以下为实验过程示意图（图7.3）。

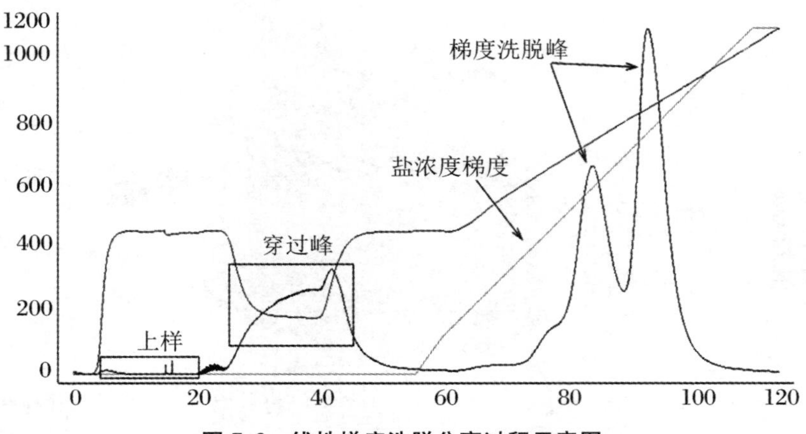

图 7.3 线性梯度洗脱分离过程示意图

4.6 清洗

梯度洗脱分离结束后，还需要一个清洗的程序，即用 5 个柱体积含 1 mol/L NaCl 的起始缓冲液清洗层析柱，以去除仍然结合在填料上的一切结合物。

4.7 再平衡

用 5～10 个柱体积的起始缓冲液再平衡填料，直到基线、洗脱 pH 和电导率都稳定不变为止。

分离纯化过程中的最大流速根据分离阶段的不同可以有所改变。在样品加载和梯度洗脱分离阶段，低流速有利于样品组分与填料功能基团的结合和解离，高流速可用于填料平衡、冲洗及再平衡，任何纯化步骤的流速都不能超过装柱流速的 75%，以避免系统压力的增大而导致柱床的缩短。

4.8 储存

装填有离子交换填料的层析柱短期或长期不用时，先用 5 个柱体积的蒸馏水冲洗，随后用 5 个柱体积的 20%乙醇冲洗。4～8 ℃保存（短期可室温保存）。确保密封良好，避免干柱，不能冰冻。

5 结果分析

根据记录的实验结果图，评估实验结果是否理想，实验条件是否合理，是否需要优化，如何优化等。

6　思考题

（1）离子交换柱层析分离纯化样品的依据是什么？
（2）影响离子交换梯度洗脱的因素有哪些？

参考文献

王重庆，李云兰，李德昌，等．高级生物化学实验教程[M]．北京：北京大学出版社，1994．

实验8　硫酸铵沉淀法分离纯化核酮糖-1,5-二磷酸羧化酶/加氧酶

1　实验目的

(1) 学习蛋白质分离纯化的一般原则。

(2) 掌握硫酸铵沉淀法纯化蛋白质的基本原理和操作方法。

2　实验原理

2.1　蛋白质分离纯化的一般原则

生物基质(细胞或组织提取物)中存在着复杂的大分子混合物,除了目的蛋白外,还有几千种具有不同性质的其他蛋白质,连同一起的还有非蛋白质物质,如DNA、RNA、多糖和脂类。单就蛋白质而言,它们在细胞中的量也不同,譬如肌动蛋白这类高丰度的细胞骨架蛋白在细胞提取物中可能占到蛋白质总量的10%,而某种稀少的转录因子可能表达的水平低于0.001%。所以,要想从原材料中纯化目的蛋白,同时不被其他蛋白质污染,又要有合理的效率、产率和纯度,的确是一种挑战。

一个蛋白质需要纯化到什么程度以及纯化的规模,取决于我们最终的目标。如果需要鉴定某种未知蛋白质,采用Edman降解法分析蛋白质的氨基末端序列,只需要几微克的高纯度样品就可以了;而依赖于通过肽质量测定鉴定蛋白质和(或)通过肽的碰撞诱导解离测序的质谱方法(如串联质谱)仅需要几纳克的样品;如果纯化的目的是要获得足够的量用于物理学和动力学的研究,那么就需要毫克级的高纯度蛋白质;而如果纯化蛋白质的目的是测定它的三维结构,那么无论是用X射线晶体学或是用核磁共振(NMR),则需要数十毫克高度纯化的样品。

在设计一个纯化方案时,另一个需要考虑的问题是从生物基质中纯化天然蛋白质,还是通过基因工程手段纯化一个过量表达的重组蛋白。从天然生物原料中纯化稀有蛋白(如生长因子、受体或转录因子)通常极其困难,需要极大量的原料和上百万倍的纯化才能达到均一性。相反,以毫克到千克量来纯化过量表达的重组蛋白,可以通过设计融合标签来优化蛋白质纯化,从而使目的蛋白的生产大大简化。尤其是随着生命科学的快速发展,各种新的成熟的融合蛋白层出不穷,其应用范围也日益扩大,为重组蛋白的纯化提供了极大的便利

条件。

对于某一特定的蛋白质需要选择一套适当的分离纯化程序以获得高纯度的制品。一般程序可分为前处理、粗分级分离和细分级分离(即纯化)3 个步骤。

(1) 前处理:分离纯化某一蛋白质,首先需要把蛋白质从原来的组织或细胞中以溶解的状态释放出来,并保持其天然状态,维持其生物活性。如植物细胞有细胞壁,需要用研磨法破碎或纤维素酶处理;动物组织和细胞可用捣碎机或匀浆器及超声波处理破碎;细菌细胞可用超声波、砂研磨或溶菌酶处理等方法破碎细胞。组织和细胞破碎后,选择适当的缓冲液把所要的蛋白质提取出来,细胞碎片等不溶物用离心或过滤等方法除去。

(2) 粗分级分离:获得了蛋白提取液后,选用一套适当的方法,将所要的蛋白质与其他杂质蛋白分离开来,一般采用盐析、等电点沉淀和有机溶剂分级分离等方法。其特点是简便、处理量大,既能除去大量杂质,又能浓缩蛋白质溶液。

(3) 细分级分离:也就是蛋白质的纯化。样品经粗分级分离后,一般体积较小,杂质蛋白大部分已除去。进一步纯化,一般使用层析法,包括凝胶过滤、离子交换层析、吸附层析以及亲和层析等。用于纯化的方法一般规模较小,但分辨率很高。

结晶是蛋白质分离纯化的最后步骤。只有某种蛋白质在溶液中数量上占优势时才能形成结晶。结晶过程本身也伴随着一定程度的纯化,而重结晶又可除去少量夹杂的蛋白质。结晶不仅是纯度的一个标志,也是断定制品处于天然状态的有力指标。

设计蛋白质纯化方案时有几个需要注意的要点:① 确定最终的实验目的,以此确定最终目的蛋白的纯度水平及所需要的量;② 建立一种快速的分析方法,此方法可以监控目的蛋白的纯度,快速检测目的蛋白的活性及每一步的回收率;③ 了解目的蛋白的物理及化学特性,如 pI、蛋白大小、温度稳定性和配基专一性等,以利于简化分离技术的选择和最优化;④ 纯化操作步骤尽可能简化;⑤ 在纯化的早期除去危险污染物,尤其是蛋白酶;⑥ 添加稳定剂时要小心,如去污剂和盐,因为需要在以后的纯化步骤中去除它们,否则会影响分析。

2.2　利用溶解度差别的纯化方法

利用蛋白质溶解度的差别来分离纯化蛋白质是实践中最常用的方法。蛋白质的溶解度因溶剂不同而不同,在同一种溶剂中的不同蛋白质在溶解度上彼此也会有很大差别。这种蛋白质与蛋白质在溶解度上的变化是由溶剂暴露的电荷(即极性)与蛋白质表面的疏水性氨基酸比值的不同引起的。影响蛋白质溶解度的外部因素有很多,其中主要有溶液的 pH、离子强度、介电常数、温度等。

在加入中性盐(如硫酸铵)、多聚物(如聚乙二醇)或有机溶剂(如乙醇或丙酮)时,蛋白质会从水溶液中沉淀析出。这样就可以从大体积样品中得到高产率的浓缩蛋白质,达到纯化的 2～3 倍的效果,在纯化早期使用这种技术非常普遍,因为此时样品体积通常很大。

在某些情况下,目的蛋白的某种特性可用在纯化方案中。如肌肉腺苷酸激酶在 pH＝2 时很稳定,而其他的大部分蛋白质则会变性并沉淀析出;如果目的蛋白是耐热蛋白,那么在高温条件下,大部分蛋白质会失活并沉淀出来,再经过进一步的离心除去沉淀,目的蛋白则残留在上清液中。利用溶解度差别的纯化方法主要有等电点沉淀、蛋白质的盐融和盐析、有机溶剂分级分离法及温度对蛋白质溶解度的影响等。本章节重点讲述硫酸铵分级沉淀法的基本原理及操作方法。

2.3 硫酸铵分级沉淀法的基本原理

中性盐对球状蛋白质的溶解度有显著影响。低浓度时,中性盐可以增加蛋白质的溶解度,这种现象称为盐溶(salting in)。这是由于蛋白质分子吸附某种盐类离子后,带电层使蛋白质分子彼此排斥,而蛋白质分子与水分子间的相互作用却加强,因而溶解度增高;当离子强度增加到一定数值时,蛋白质溶解度开始下降。当离子强度增加到饱和或半饱和的程度,很多蛋白质可以从水溶液中沉淀出来,这种现象称为盐析(salting out)。这是由于大量中性盐的加入使溶液中的大部分甚至全部的自由水转变为盐离子的水化水,而与蛋白质表面的疏水基团接触并掩盖它们的水分子被移去以溶剂化盐离子,从而暴露出蛋白质表面的疏水基团。由于疏水作用使蛋白质聚集而沉淀,因而最先聚集的蛋白质是表面上疏水残基最多的蛋白质,而表面上疏水残基较少的蛋白质则会在较高的离子强度下析出。由此可见,不同的蛋白质的析出有其不同的离子浓度范围,可以被分步沉淀下来,这也是硫酸铵分级沉淀法的理论依据。盐析法是蛋白质分离纯化过程中最常用的方法之一。盐析沉淀的蛋白质保持着它的天然构象,能再溶解。

用于盐析的中性盐以硫酸铵为最佳,因为:① 它在水中的溶解度很高;② 溶解度的温度系数较低,即不同温度下的溶解度变化较小;③ 对酶活力影响小;④ 饱和硫酸铵水溶液密度(1.235 g/cm^3)小于结合蛋白质的水溶液密度(1.290 g/cm^3),可以用离心法分离得到所需的蛋白质;⑤ 价格便宜等。

硫酸铵沉淀法一般用于蛋白质粗分离阶段,此法简便且重复性好,但纯化倍数不高。

核酮糖-1,5-二磷酸羧化酶/加氧酶(RuBisCO),存在于叶绿体的基质中,是所有光合生物进行光合碳同化的关键性酶,具有双重功能:在 CO_2 分压高时,使核酮糖-1,5-二磷酸(RuBP)羧化,产生 2 分子的 3-酸甘油酸 (PGA),推动 C_3 碳循环;在 O_2 分压高时,产生 1 分子的 PGA 和 1 分子的磷酸乙醇酸而引起 C_2 氧化循环及光呼吸。RuBisCO 在叶片中含量很高,占其可溶性蛋白的 50%以上,在 45%～55%硫酸铵饱和度中大部分 RuBisCO 可被沉淀下来,达到粗分离目的蛋白的效果。纯化后的样品经除盐后,SDS-PAGE 电泳,呈 2 条带,1 条带为 RuBisCO 的大亚基,分子量在 55000 左右,另 1 条带为小亚基,分子量在 14800 左右(图 8.1)。

3 试剂和仪器

(1) 新鲜菠菜叶。

(2) 硫酸铵(分析纯),石英砂,Sephadex G-25。

(3) 样品提取液:50 mmol/L Tris-HCl pH = 7.5,1 mmol/L EDTA,10 mmol/L $MgCl_2$,12.5%(V/V)甘油,10 mmol/L β-巯基乙醇,1% PVP。

(4) 柱平衡缓冲液:50 mmol/L Tris-HCl pH = 7.5,0.1 mmol/L EDTA,10 mmol/L $MgCl_2$,12.5%甘油,5 mmol/L β-巯基乙醇。

(5) 考马斯亮蓝 G-250,乙醇,磷酸,RuBP(Sigma),HCl。$NaH^{14}CO_3$,闪烁液 PPO 和 POPOP,甲苯。

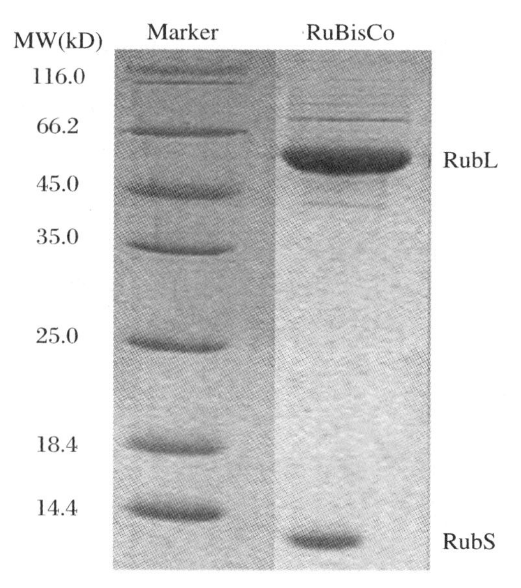

图 8.1　RuBisCO 经 45%～55%硫酸铵沉淀初纯化后的 SDS-PAGE 电泳图谱

(6) 研钵,纱布,高速冷冻离心机,层析柱蠕动泵,分部收集器,核酸蛋白质检测仪,记录仪,液体闪烁仪。

4　操作步骤

4.1　RuBisCO 的提取(4 ℃)

新鲜菠菜叶洗净后擦去多余的水分,称取 100 g,加入预冷的 200 mL 样品提取液和少量石英砂,研磨成匀浆,4 层纱布过滤。

4.2　RuBisCO 的分离(4 ℃)

滤液经 15000 g 离心 30 min,将离心得到的上清液量取体积,转移到烧杯中,取 1 mL 保存于 1.5 mL 离心管中,标记为“匀浆液”,－20 ℃保存。剩余的上清液进行硫胺沉淀。

4.3　分步盐析

计算 45%及 55%饱和度所需的硫酸铵量,准确称取 45%所需硫酸铵固体,于研钵中研磨成细粉,慢慢加入到上清液中,并轻轻搅拌。冰浴静置 20 min。15000 g,4 ℃,离心 30 min,弃去沉淀。将离心得到的上清液量取体积,取 1 mL 保存于 1.5 mL 离心管中,标记为“粗酶液”,－20 ℃保存。

计算补加 55%饱和度所需的硫酸铵量(45%～55%硫酸铵量,可参照附录中的硫酸铵饱和度计算表),于研钵中研磨成细粉,慢慢加入到剩余上清液中,并轻轻搅拌。冰浴静置 20 min。

4.4 离心收集沉淀物(即为45%～55%硫酸铵沉淀物)

4 ℃,15000 g 离心 30 min,弃去上清液,蛋白质沉淀用柱平衡缓冲液溶解。量取体积,取 1 mL 液体保存于 1.5 mL 离心管中,标记为“45%～55%硫酸铵”。

4.5 脱盐

蛋白质溶液经 Sephadex G-25 层析柱脱盐。用柱平衡缓冲液进行平衡及洗脱,流速控制在 1 mL/min,收集第一个蛋白质峰部分。量取体积,标记样品为“脱盐”。

4.6 RuBisCO 含量测定

考马斯亮蓝染色法测定匀浆液、粗酶液、45%～55%硫酸铵及脱盐样品的蛋白质含量,以 BSA 为标准蛋白绘制标准曲线。

4.7 RuBisCo 活性测定

按李立人和王维光的^{14}C同位素方法进行 RuBisCo 活性的测定。

活化液组成:0.1 mmol/L Tris-HCl(pH = 8.2),10 mmol/L $NaH^{14}CO_3$(0.2 Ci/mol),10 mmol/L $MgCl_2$,1 mmol/L 巯基乙醇。

闪烁液组成:4 g PPO,40 mg POPOP,600 mL 甲苯,400 mL 乙醇。

① 1100 μL 酶液先于 400 μL 活化液中 30 ℃保温 10 min 进行充分活化。

② 再加入 12.5 mmol/L RuBP 20 μL,30 ℃反应 1 min。

③ 用 200 μL 1 mmol/L HCl 中止反应。

④ 65 ℃烘干后加入 100 μL 水,4.5 mL 闪烁液,用液体闪烁仪计数。

4.8 聚丙烯酰胺电泳鉴定纯化效果

分别把匀浆液、粗酶液及脱盐样品进行 SDS-PAGE 电泳查看纯化效果。SDS-PAGE:12.5%分离胶,4.5%浓缩胶,配胶、电泳、固定及染色、脱色等具体操作方法见实验 10。

5 结果处理

(1) 观察 SDS-PAGE 电泳胶的目的条带,说明蛋白纯化效果。

(2) 计算并完成表 8.1。

表 8.1　菠菜 RuBisCo 的纯化

纯化步骤	结果				
	总蛋白(mg)	总活力(units)	比活力(units/mg)	回收率(%)	纯化倍数(fold)
匀浆液					
粗酶液					
45%～55%硫酸铵					
脱盐样品					

注：RuBisCO 活性测定时要用到同位素^{14}C，学生应先通过同位素使用的培训及资格考试。

6　思考题

在进行硫胺沉淀蛋白质实验时，操作上应注意哪些细节？说明原因。

参 考 文 献

[1]　王镜岩，朱圣庚，徐长法．生物化学[M]．3 版．北京：高等教育出版社，2002.

[2]　Simpson R J．蛋白质组学中的蛋白质纯化手册[M]．茹炳根，译．北京：化学工业出版社，2009.

[3]　Marshak D R．蛋白质纯化与鉴定实验指南 [M]．朱厚础，等，译．北京：科学出版社，1999.

[4]　李卫芳，姚晓群，王忠．小麦 RuBisCO 的纯化、鉴定及其活性测定[J]．安徽农业科学，2001，29(2)：146-148.

[5]　李立人，王维光．腺苷三磷酸对 RuBP 羧化酶的稳定效应及其对酶催化部位的作用[J]．植物生理学报，1984，10(4)：363-371.

实验 9　聚丙烯酰胺凝胶电泳分离植物过氧化物酶同工酶（活性染色法）

1　实验目的

（1）学习聚丙烯酰胺凝胶的聚合和电泳原理。

（2）掌握聚丙烯酰胺凝胶垂直板电泳的操作技术。

（3）了解同工酶研究在理论和实践中的重要意义。

2　实验原理

2.1　聚丙烯酰胺凝胶聚合原理及有关特性

2.1.1　聚合反应

聚丙烯酰胺凝胶（polyacrylamide gel）是由单体丙烯酰胺（acrylamide，简称 Acr）和交联剂（crosslinker）又称为共聚体的 N,N′-甲叉双丙烯胺（methylene-biscrylamide，Bis）在催化剂过硫酸铵（ammonium persulfate $(NH_4)_2S_2O_8$，AP）或核黄素（ribofavin 即维生素 B_2，$C_{17}H_{20}O_6N_4$）和加速剂 N,N,N′,N′-四甲基乙二胺（N,N,N′,N′-ytetramethyl ethylenediamine，TEMED）的作用下聚合交联成三维网状结构的凝胶（图 9.1）。1959 年，Raymond 和 Weintraub 首次用它做电泳支持介质，1964 年，Ornstein 对聚丙烯酰胺凝胶电泳进行了改进和完善，它是目前生化实验室最常用的电泳系统。配制好的聚丙烯酰胺凝胶的工作液中通常含有以下成分，是凝胶聚合不可缺少的：

（1）Acr：凝胶的最主要成分，单体聚合形成长链。

（2）Bis：交联剂，将 Acr 交联成三维网状结构。

（3）AP 或核黄素：提供自由基，引发聚合反应。

（4）TEMED：加速剂，催化 AP 形成自由基。对核黄素引发的光聚合也有加速作用。

催化剂和加速剂的种类有很多，目前常用的有 2 种催化体系：① AP-TEMED：这是化学聚合作用，TEMED 是一种脂肪族叔胺，它的碱基可催化 AP 水溶液产生游离氧原子，然后激活 Acr 单体，形成单体长链，在交联剂 Bis 作用下聚合成凝胶。在碱性条件下，凝胶易聚合，其聚合的速度与 AP 浓度平方根成正比。一般在室温环境下，pH＝8.8 时，7.5% Acr 溶

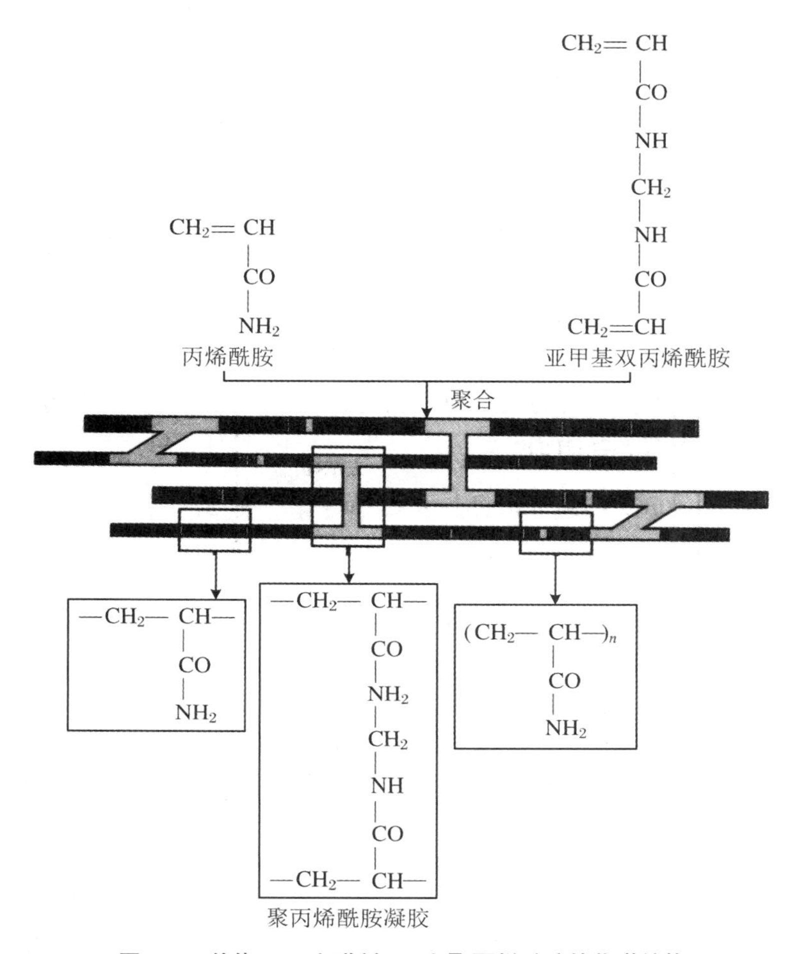

图9.1 单体Acr、交联剂Bis和聚丙烯酰胺的化学结构

液30 min完成聚合作用;在pH = 4.3时聚合速度很低,约需90 min才能聚合。用该方法聚合的凝胶孔径较小,常用于制备分离胶(小孔胶),而且每次制备的重复性好。增加TEMED和AP的浓度,可大大提高聚合反应的速度,但过量TEMED和AP会引起电泳时烧胶和电泳条带的变形,一般控制在15~30 min完全凝聚为最佳。过量氧会影响链的延长和聚合,所以过硫酸铵(AP)催化的化学聚合要进行水封以隔绝O_2。② 核黄素-TEMED:这是光聚合作用。TEMED可加速凝胶的聚合,但不加也可聚合。光聚合作用通常需痕量氧原子存在才能发生,因为核黄素在TEMED及光照条件下,可还原成无色核黄素,后者被氧氧化再形成自由基,从而引发聚合作用。但过量氧会阻止链长的增加,因此应避免过量氧的存在。用核黄素进行光聚合的优点是:核黄素用量少(4 mg/100 mL),不会引起酶的钝化或蛋白质生物活性的丧失。

2.1.2 影响凝胶聚合的因素

(1) 试剂的纯度:应选择高纯度的Acr及Bis。所有试剂均应选用分析纯,用去离子水配制。Acr、Bis贮液4 ℃避光可保存1个月。AP为白色粉末,易失效,生产日期超过一年的最好不用,AP溶液可保存一周。TEMED为无色液体,易被氧化而呈淡黄色,若颜色太深不可使用,TEMED应4 ℃密闭避光保存。核黄素为黄色粉末,应干燥避光保存。

(2) AP引发的化学聚合,其聚合速度与AP浓度的平方根成正比。杂质、金属离子、O_2、低温会使聚合时间延长。低温(5 ℃以下)条件下聚合,凝胶会变脆、透明度差。一般在20~30 ℃环境下聚合凝胶质量最佳。

(3) 系统的pH:酸性pH条件下,由于缺少TEMED的游离碱,引发过程会被延迟。在碱性pH条件下,凝胶容易聚合,但凝胶较脆、易碎,所以应尽量减少AP和TEMED的用量。

(4) 核黄素引发的光聚合,光照强度对聚合时间影响较大,而且随时间延长而逐渐变小,为了提高重复性,每次光照强度和时间应一致。

2.1.3 凝胶孔径的选择

凝胶性能与总浓度及交联度的关系:凝胶的孔径、机械性能、弹性、透明度、黏度和聚合程度取决于凝胶总浓度和Acr与Bis之比。

$$T(\text{Acr和Bis总浓度}) = \frac{a+b}{m} \times 100\%$$

$$C(\text{交联剂百分比}) = \frac{b}{a+b} \times 100\%$$

式中,a = Acr质量(g);b = Bis质量(g);m = 缓冲液体积(mL)。

总浓度(T)是影响凝胶孔径大小的主要因素,一般来讲,T浓度大,孔径小,移动颗粒穿过网孔阻力大;T浓度小,孔径大,移动颗粒穿过网孔阻力小。有效孔径随着T的增加而减小,常用凝胶浓度在5%~25%之间。交联度(C)对孔径也有一定影响,当T一定,C为4%时,孔径最小,C高于或低于此数值时,孔径都变大,C大于5%时,凝胶变脆,不宜使用。

交联度(C)与凝胶的机械性能密切相关:其中a/b与凝胶的机械性能关系更加密切。当$a/b<10$时,凝胶脆而易碎,坚硬呈乳白色;$a/b>100$时,即使5%的凝胶也呈糊状,易于断裂。欲制备完全透明而又有弹性的凝胶,应控制$a/b=30$左右。不同浓度的单体对凝胶性能影响很大,B. J. Davis的实验发现Acr<2%,Bis<0.5%,凝胶就不能聚合。当增加Acr浓度时要适当降低Bis的浓度。通常,T为2%~5%时,$a/b=20$左右;T为5%~10%时,$a/b=40$左右;T为15%~20%时,$a/b=125$~200。当T为5%~20%时,可用公式$C=6.5-0.3T$来决定Acr和Bis的比例。

在研究大分子核酸时,常用$T=2.4\%$的大孔凝胶,此时凝胶太软,不宜操作,可加入0.5%琼脂糖。在$T=3\%$时,也可加入20%蔗糖以增加机械性能,此时,并不影响凝胶孔径的大小。

凝胶浓度与被分离物分子量的关系:由于凝胶浓度不同,平均孔径不同,能通过可移动颗粒的分子量也不同(表9.1)。

表9.1 分子量范围与凝胶浓度的关系

蛋白质分子量范围(Da)	适用的凝胶浓度
$<10^4$	20%~30%
$1\sim4\times10^4$	15%~20%
$5\times10^4\sim1\times10^5$	10%~15%
1×10^5	5%~10%
$>5\times10^5$	2%~5%

在操作时,根据被分离物的分子量大小选择所需凝胶的浓度范围。也可先选用 7.5%凝胶(标准胶),因为生物体内大多数蛋白质在此范围内电泳均可取得较满意的结果。如分析未知样品时也可用 4%～10%的梯度胶测试,根据分离情况选择适宜的浓度以取得理想的分离效果。

2.2　聚丙烯酰胺凝胶电泳原理

聚丙烯酰胺凝胶电泳(polyacryamide gel electrophoresis,PAGE),根据其有无浓缩效应,分为连续系统与不连续系统两大类,前者是 Weber 和 Osborn 于 1969 年首次提出,电泳体系中缓冲液 pH 及凝胶浓度相同,带电颗粒在电场的作用主要依靠电荷效应及分子筛效应;后者又称之为 Laemmli 不连续凝胶(Laemmli,1970),电泳体系中由于缓冲液离子成分、pH、凝胶浓度及电位梯度的不连续性(图 9.2),带电颗粒在电场中泳动不仅有电荷效应、分子筛效应,还具有浓缩效应,因而其分离条带清晰度及分辨率均较前者佳。目前常用的多为垂直的圆盘及平板两种。前者凝胶是在玻璃管中聚合,样品分离区带染色后呈圆盘状,因而称为圆盘电泳(disc electrophoresis);后者凝胶是在两块间隔几毫米的平行玻璃板中聚合,故称为平板电泳(slab electrophoresis)。两者电泳原理完全相同。

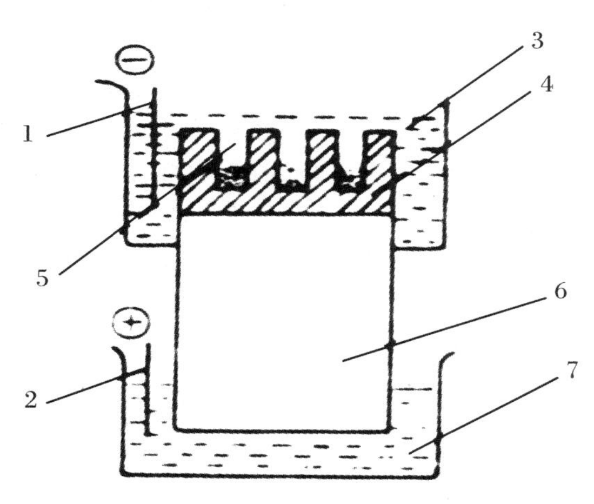

图 9.2　不连续凝胶垂直板电泳示意图

注:1. 上槽电极;2. 下槽电极;3. 上贮槽电极缓冲液(pH=8.3 Tris-Gly 缓冲液);4. 浓缩胶($T=2.5\%$,pH=6.7 Tris-HCl 缓冲液配制);5. 加样凹槽(内有样品);6. 分离胶($T=7.5\%$,pH=8.9 Tris-HCl 缓冲液配制);7. 下贮槽电极缓冲液(pH=8.3 Tris-Gly 缓冲液)。

Laemmli 不连续电泳胶由浓缩胶和分离胶组成(图 9.2),具有较高的分辨率,是因为在电泳体系中拥有了样品浓缩效应、分子筛效应和电荷效应(图 9.3)。下面就这三种物理效应的原理,分别加以说明。

2.2.1　样品的浓缩效应

浓缩胶的重要作用是对被溶剂稀释的蛋白质进行浓缩,即将最初的样品压缩成很窄而且高度浓缩的起始区带,使得所有的蛋白样品都处于同一起跑线,再进入分离胶被分离,极大地提高了分辨率。

(1) 凝胶孔径不连续性:因浓缩胶(T 为 3%～4%)为大孔胶,分离胶(T 为 7%～25%)

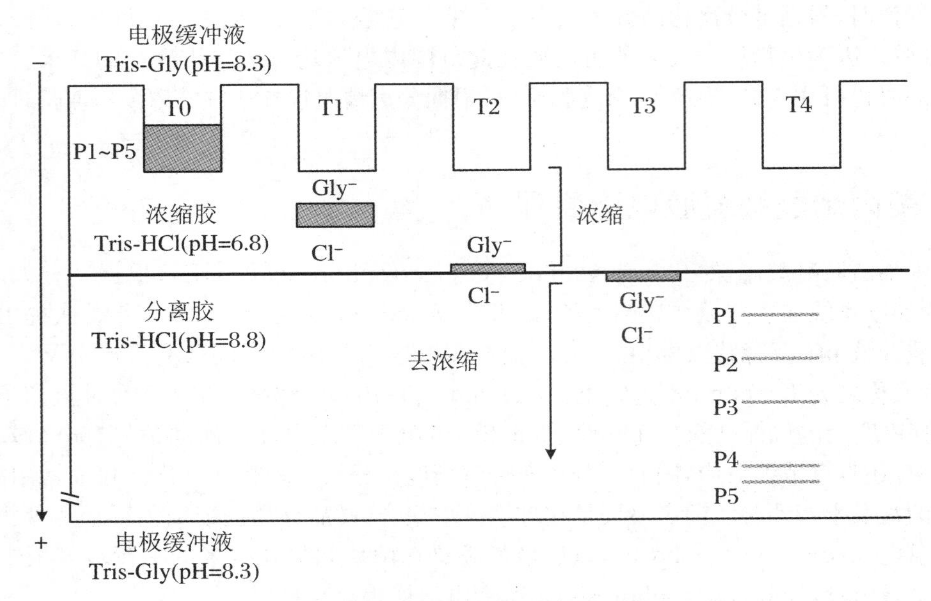

图 9.3　不连续凝胶电泳原理示意图

注:蛋白质(P1～P5)样品在浓缩胶中被压缩成层,在分离胶上因分子筛效应和电荷效应而被分离成不同条带。

为小孔胶。在电场作用下,蛋白质颗粒在大孔胶中泳动遇到的阻力小,移动速度快,当进入小孔胶时,蛋白质颗粒泳动受到的阻力大,移动速度减慢。因而在两层凝胶交界处,由于凝胶孔径的不连续性使样品迁移受阻而压缩成很窄的区带。

(2) 缓冲体系离子成分及 pH 的不连续性:在两层凝胶中均有三羟甲基氨基甲烷(Tris)及 HCl。Tris 的作用是维持溶液的电中性及 pH,HCl 是缓冲配对离子。HCl 在任何 pH 溶液中均以解离状态存在,游离的氯根(Cl^-)在电场中迁移率快,走在最前面称为前导离子(leading ion)或快离子。在电极缓冲液中,除有 Tris 外,还有 Gly,其 pI = 6,它在 pH = 8.3 的电极缓冲液中,多以解离的甘氨酸根($NH_2CH_2COO^-$)存在,而在 pH = 6.7 的凝胶缓冲体系中,Gly 解离度很小,仅有 0.1%～1%,因而在电场中迁移很慢,称为尾随离子(trailing ion)或慢离子。大多数蛋白质在 pH = 6.8 或 pH = 8.3 时均带负电荷,在电场中,都向正极移动,其有效迁移率(有效迁移率 = $m\alpha$,m 为迁移率,α 为解离度) 介于快离子与慢离子之间,于是蛋白质就在快、慢离子形成的界面处,被浓缩成为极窄的区带。它们的有效迁移率按下列顺序排列:$m_{Cl^-}\alpha_{Cl^-} > m_P\alpha_P > m_G\alpha_G$($Cl^-$ 代表氯根,P 代表蛋白质,G 代表甘氨酸根)。若为有色样品,则可在界面处看到有色的极窄区带。当进入 pH = 8.8 的分离胶时,甘氨酸解离度增加,其有效迁移率超过蛋白质。因此 Cl^- 及 $NH_2CH_2COO^-$ 沿着离子界面继续前进,蛋白质分子由于分子量大,被留在后面,然后再分成多个区带。

(3) 电位梯度的不连续性:电位梯度的高低与电泳速度的快慢有关,因为电泳速度(v)等于电位梯度(E)与迁移率(m)的乘积($v = Em$)。迁移率低的离子,在高电位梯度中,可以与具有高迁移率而处于低电位梯度的离子具有相似的速度(即 $E_{高}m_{慢} \approx E_{低}m_{快}$)。在不连续系统中,电位梯度的差异是自动形成的。电泳开始后,由于快离子的迁移率最大,就会很快超过蛋白质,因此在快离子后面,形成一个离子浓度低的区域即低电导区。因为 $E = I/\eta$(E 为电位梯度,I 为电流强度,η 为电导率),E 与 η 成反比,所以低电导区就有了较高的电位梯度。这种高电位梯度使蛋白质和慢离子在快离子后面加速移动。当快离子、慢离子和蛋白质的迁移率与电位梯度的乘积彼此相等时,则三种离子移动速度相同。在快离子和慢离子的移动速度相等的稳定状态建立之后,则在快离子和慢离子之间形成一个稳定而又不断向阳极移动的界面。也就是说,在高电位梯度和低电位梯度之间的地方,形成一个迅速移动的界面。由于蛋白质的有效迁移率恰好介于快、慢离子之间,因此也就聚集在这个移动的界面附近,被浓缩形成一个狭小的中间层。

2.2.2　分子筛效应

分子大小和形状不同的蛋白质通过一定孔径的分离胶时,受阻滞的程度不同而表现出不同的迁移率,这就是分子筛效应。

经上述浓缩效应后,快离子、慢离子及蛋白质均进入 pH = 8.8 的同一孔径的分离胶中。此时,在均一的电压梯度下,由于甘氨酸解离度增加,加之其分子量小,则有效泳动率增加,赶上并超过各种蛋白。因此,各种蛋白进入同一孔径的小孔胶时,则分子迁移速度与分子量大小和形状密切相关,分子量小且为球形的蛋白质分子所受阻力小,移动快,走在前面;反之,则阻力大,移动慢,走在后面,从而通过凝胶的分子筛作用将各种蛋白质分成各自的区带。

这种分子筛效应不同于柱层析中的分子筛效应,后者是大分子先从凝胶颗粒间的缝隙流出,然后小分子再流出。

2.2.3　电荷效应

虽然各种蛋白质在浓缩胶与分离胶界面处被高度浓缩,堆积成层,形成一狭窄的高浓度蛋白区,但进入 pH = 8.8 的分离胶中,各种蛋白质所带净电荷不同,而呈现不同的迁移率,即表面电荷多,则迁移快;反之,则慢。

因此,各种蛋白质按电荷多少、分子量大小及形状,以一定顺序排成一个个条型的区带,从而达到分离的目的。

目前,PAGE 不连续体系因具有高的分辨率,应用非常广;而 PAGE 连续体系虽然在电泳过程中无浓缩效应,但利用分子筛及电荷效应也可使样品得到较好的分离,加之在温和的 pH 条件下,不致使蛋白质、酶、核酸等活性物质变性失活,也具备一定的优越性,多用于研究核酸与其结合蛋白(酶)之间的相互作用。

2.3　植物过氧化物酶同工酶的测定原理

2.3.1　植物同工酶

生物体内,凡能催化同一种化学反应,但其分子结构不同的一组酶称为同工酶(isoenzyme)。同工酶是基因表达的产物,每一种生物都有相同的遗传信息,其表达产物与某一生物的发育和所处的环境有十分密切的关系,同工酶谱的差异同样是基因表达的差异造成的。植物不同组织和器官有着不同的形态特征和化学组成,从而合成不同的酶蛋白,而植物体内的许多生理代谢过程又常与同工酶的活性及其种类有关。在研究植物基因调控与生长发育、环境条件的关系以及许多生理生化和遗传问题时,常常需要分析同工酶谱的差异。因此,同工酶的研究在理论和实践中都有非常重要的意义。

2.3.2 过氧化物酶同工酶的测定

过氧化物酶是植物体内常见的氧化酶。利用过氧化物酶能催化 H_2O_2，可以把联苯胺氧化成蓝色或棕褐色产物的原理，将经过电泳后的凝胶置于有 H_2O_2 及联苯胺的溶液中染色，出现蓝色或棕褐色产物的部位即为过氧化物酶同工酶在凝胶中存在的位置，多条有色带即构成过氧化物酶同工酶谱。本实验利用聚丙烯酰胺垂直板凝胶电泳技术分析过氧化物酶同工酶。利用特异性的颜色反应使待测酶着色，这样就可在凝胶中展现出过氧化物酶谱(图9.4)。

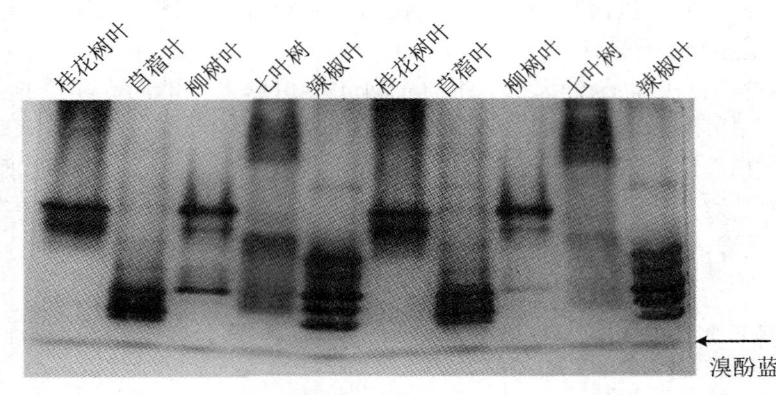

图 9.4 不同植物叶片的过氧化物酶同工酶谱(学生实验结果图)

3 试剂和仪器

(1) 测试样品：新鲜植物叶片(3～4 种)。

(2) 贮液制备：

① 分离胶缓冲液：3 mol/L Tris-HCl pH = 8.9。

② 分离胶贮液(30% Acr-8% Bis)：30.0 g Acr，0.8 g Bis，ddH_2O 溶解后定容至 100 mL，过滤后置于棕色试剂瓶中，4 ℃贮存，一般可放置 1 个月左右。

③ 0.14% AP：称取 0.14 g 分析纯 AP 加 ddH_2O 至 100 mL，置于棕色瓶中，4 ℃贮存仅能用 1 周，最好当天配制。

上述三种(①～③)试剂用于制备分离胶。

④ 浓缩胶缓冲液：0.5 mol/L Tris-HCl pH = 6.7。

⑤ 浓缩胶贮液(10% Acr-2.5% Bis)：10 g Acr，2.5 g Bis，ddH_2O 溶解后定容至 100 mL，过滤后置于棕色瓶中，4 ℃贮存。

⑥ 0.004%核黄素：称取 4 mg 核黄素，加 ddH_2O 溶解，定容至 100 mL，置于棕色试剂瓶中，4 ℃贮存。

以上三种(④～⑥)溶液用于配制浓缩胶用。

⑦ 40%(*W*/*V*)蔗糖溶液。

⑧ TEMED(浓度≥98%)。

⑨ 10×Tris-Gly 电极缓冲液(pH = 8.3)：称取 6 g Tris，28.8 g Gly，加 ddH_2O 至 900 mL，

调 pH=8.3 后,用 ddH_2O 定容至 1000 mL,置于试剂瓶中。

⑩ 0.1%溴酚蓝指示剂。

⑪ 联苯胺染色母液:称取 1 g 联苯胺,加入 18 mL 冰醋酸,2 mL ddH_2O 溶解储存于棕色瓶中。联苯胺染色液要当天配制。

注意:联苯胺的毒性很强,其固体和蒸气都能通过皮肤迅速进入体内,引起恶心、呕吐,损害肝和肾脏。联苯胺及它的盐都是致癌物质。

(3) 夹心式垂直板电泳槽,直流稳压电源(电压 300～600 V,电流 50～100 mA)。

4　实验操作

4.1　制胶架装配

依照不同商家提供的制胶架装配。

4.2　配胶

目前用于 PAGE 的凝胶贮液是 30% Acr-0.8% Bis,以其为母液可配制不同浓度的分离胶。有关不同浓度分离胶及浓缩胶配制方法见表 9.2。如需制备的凝胶浓度大于 10%,则可以提高 AP 浓度以减少用量并相应增加凝胶贮液体积,最后以 ddH_2O 补足至 10 mL。

表 9.2　不同浓度分离胶及浓缩胶的配制

试剂用量(mL)	分离胶 10 mL				浓缩胶 4 mL	
	5%	7%	7.5%	10%	2.5%	3.75%
分离胶缓冲液	1.0	1.0	1.0	1.0		
分离胶贮液	1.68	2.25	2.5	3.57		
浓缩胶缓冲液					0.5	0.5
浓缩胶贮液					1	1.5
40%蔗糖					1.5	1.5
ddH_2O	3.32	2.75	2.5	1.43	0.5	
轻轻地、充分地混匀,避免产生气泡,立即灌胶						
0.004% 核黄素					0.5	0.5
TEMED	0.0024	0.0024	0.0024	0.0024	0.0015	0.0015
0.14% AP	4.0	4.0	4.0	4.0		
轻轻地、充分地混匀,立即灌胶						

4.3　制备凝胶板

PAGE 有连续体系与不连续体系(本实验采取不连续体系)2 种,其灌胶方式不完全相同,分别叙述如下。

4.3.1 连续体系

从冰箱取出各种贮液,平衡至室温后,按表9.2中的配比配制10 mL 7%凝胶。立即用细长头的滴管或移液器将分离胶溶液加到凝胶模的长玻璃、短玻璃板间的狭缝内,当加满至内(短)玻璃板上缘时,停止加胶,轻轻将样品槽模板(梳子)插入,梳齿下不要有气泡存在。凝胶液在混合后5 min开始聚合,10~15 min完成聚合作用。聚合后,在样品槽模板梳齿下缘与凝胶界面间有折射率不同的透明带。看到透明带后继续放置5 min,再用双手取出样品槽模板,取时动作要轻,用力均匀,以防弄破加样凹槽。凹槽中残留液体可用窄滤纸条轻轻吸去,切勿插进凝胶中,应保持加样槽凹面边缘平整。在上、下两个电极槽中倒入电极缓冲液,液面应没过短玻璃板上缘约0.5 cm。

分离胶预电泳:虽然90%以上的凝胶发生了聚合,但仍可能有一些残留物存在,特别是AP可引起某些样品(如酶)钝化等效应,因此在正式电泳前,先用电泳的办法除去残留物,这称为预电泳,是否进行预电泳则取决于样品的性质。一般预电泳电流为10 mA,1 h左右即可。

4.3.2 不连续体系

不连续体系采用不同孔径及不同pH的分离胶与浓缩胶,凝胶制备应分2步进行。

(1) 分离胶制备:根据实验要求,选择最终丙烯酰胺的浓度,本实验需10 mL 7.5%分离胶溶液(pH=8.9),配制方法参照表9.2。混合后的凝胶溶液,用细长头的滴管或移液器加至两层玻璃板间的窄缝内,加胶高度距样品模板梳齿下缘约1 cm。用1 mL移液枪或细头滴管在凝胶表面轻轻加一层ddH_2O(3~4 mm),用于隔绝空气,使胶面平整。10~20 min凝胶完全聚合,则可看到水与凝固的胶面有折射率不同的界线。用滤纸条吸去多余的水,但不要碰凝胶面。如需预电泳,则将上、下贮槽的ddH_2O倒去,换上分离胶缓冲液,10 mA电流电泳1 h,终止电泳后,弃去分离胶缓冲液,用注射器取浓缩胶缓冲液洗涤胶面数次,即可制备浓缩胶。

(2) 浓缩胶制备:配制4 mL 2.5%浓缩胶溶液(pH=6.7),其配制方法见表9.2。混合均匀后用移液器将凝胶溶液加到长玻璃、短玻璃板的窄缝内(即分离胶上方),加至短玻璃板上缘,轻轻将样品槽模板(梳子)插入,梳齿下不要有气泡存在。用日光灯照射,进行光聚合,但不要升温过高。在正常情况下,照射6~7 min,凝胶由淡黄透明变成乳白色,表明聚合作用开始,继续光照10 min,使凝胶聚合完全。光聚合完成后放置10~15 min,轻轻取出样品槽模板。

将完成聚合的胶板从制胶架上取下,带凹槽的内板面向U形硅胶框,两侧用夹子夹紧,安装到电极组件上。在上槽和下槽中各加入1×电极缓冲液(pH=8.3)。

4.4 样品制备(植物叶片过氧化物酶的提取)

称取1 g待测植物新鲜叶片置于冰浴研钵内,加入1 mL 0.05 mol/L pH=6.8的Tris-HCl缓冲液研磨成匀浆,转入离心管,再用2 mL前述溶液将附着在研钵壁上的研磨样品洗下并全部转入离心管,3500 r/min离心15~20 min,其上清液即为初酶提取液,供电泳分析用。

4.5　加样

为防止样品扩散，应在样品中加入等体积40%蔗糖(内含少许溴酚蓝)。用微量移液器取10 μL上述混合液，小心地将样品加到凝胶凹形样品槽底部，待样品加完后，即可开始电泳。

4.6　电泳

电泳时可选用稳电压、稳电流或稳功率的模式。稳电压模式的缺点是随着时间的推移，电流越来越小。稳电流模式则随着电泳的进行，电压越来越高，胶会生热，过热的胶会使蛋白变性，亚基解离，甚至玻璃板炸裂。

为保持同工酶的活性，本实验要将电泳槽放置低温处，最好在4 ℃左右。

将直流稳压电泳仪的正极与下槽连接，负极与上槽连接(方向切勿接错)，打开电泳仪开关，开始时将电压调至90 V。待样品进入分离胶时，将电压调至130～150 V。当蓝色溴酚蓝染料迁移至距离胶板下缘0.2～0.3 cm时，将电压调回到零，关闭电源。倒掉电极液，取下胶板，用取胶铲轻轻将一块玻璃板撬开移去，在胶板一端切除一角作为标记，将胶板移至大培养皿中固定、染色。

4.7　染色

取1.5 mL联苯胺母液，加入27.9 mL H_2O混匀后倒入盛有凝胶条的培养皿，从凝胶旁边加入0.6 mL 3% H_2O_2。此时可以看到胶条上出现蓝色或棕褐色条带，即过氧化物酶带，约5 min后用自来水冲洗，这时蓝色带也慢慢变成棕褐色。

4.8　记录并计算

记录酶谱，并计算各同工酶的相对迁移率(酶的迁移率/溴酚蓝的迁移率)。

5　注意事项

(1) 制备凝胶应选用高纯度的试剂，否则会影响凝胶聚合与电泳效果。

Acr与Bis是制备凝胶的关键试剂，如含有丙烯酸或其他杂质，则造成凝胶聚合时间延长，聚合不均匀或不聚合，应将它们分别纯化后方能使用。

Acr与Bis均为神经毒剂，对皮肤有刺激作用，实验表明对小鼠的半致死剂量为170 mg/kg，操作时应戴手套及口罩，纯化应在通风橱中进行。

Acr与Bis的贮液在保存过程中，由于水解作用而形成丙烯酸和NH_3，虽然溶液放在棕色试剂瓶中，4 ℃贮存能部分防止水解，但也只能贮存1～2个月。

(2) 所用器材均应严格地清洗。

(3) 安装电泳槽和有长玻璃、短玻璃板胶框时，位置要端正，均匀用力旋紧固定螺丝，以免缓冲液渗漏。样品槽模板梳齿应平整光滑。

（4）灌凝胶时不能有气泡，以免影响电泳时电流的通过。

（5）凝胶完全聚合后，必须放置 10 min 左右，使其充分“老化”后，才能轻轻取出样品槽模板，切勿破坏加样凹槽底部的平整，以免电泳后条带扭曲。

（6）为防止电泳后条带拖尾，样品中盐离子强度应尽量低，含盐量高的样品可用透析法或滤胶过滤法脱盐。

（7）在不连续电泳体系中，预电泳只能在分离胶聚合后进行，洗净胶面后才能制备浓缩胶。浓缩胶制备后，不能进行预电泳，以充分利用浓缩胶的浓缩效应。

（8）电泳时，电泳仪与电泳槽间正、负极不能接错，以免样品向反方向泳动，电泳时应选用合适的电流、电压，过高或过低均可影响电泳效果。

（9）为保持同工酶的活性，所有相关操作要在低温环境下进行。

6 结果分析

比较校园内不同植物叶片的同工酶谱，简单分析它们之间可能的亲缘关系。

7 思考题

（1）简述聚丙烯酰胺凝胶聚合的原理。如何调节凝胶的孔径大小？

（2）为什么样品会在浓缩胶中被压缩成很窄而且高度浓缩的起始区带？

（3）电泳加样时要在样品中加入含有少许溴酚蓝的 40% 蔗糖溶液，请问加入蔗糖及溴酚蓝各有何用途？

（4）上、下槽电极缓冲液在电泳结束后，能否混合存放？为什么？

（5）根据整个实验过程的体会，请总结如何做好聚丙烯酰胺垂直板电泳，哪些是关键步骤。

参考文献

[1] 莽克强，徐乃正，方荣祥，等．聚丙烯酰胺凝胶电泳[M]．北京：科学出版社，1975．

[2] 张龙翔，张庭芳，李令媛，等．生物化学实验方法和技术[M]．北京：人民教育出版社，1981．

[3] 萧能赓，余瑞元，袁明秀，等．生物化学实验原理和方法[M]．2 版．北京：北京大学出版社，2005．

[4] Shi Q, Jackowski G. One－dimensional polyacrylamide gel electrophoresis. In Gel electrophoresis of proteins：A practical approach[M]. 3rd edition. NewYork：IRL Press/Oxford University Press，1998．

[5] Simpson R J．蛋白质与蛋白质组学实验指南[M]．何大澄，译．北京：化学工业出版社，2003．

[6] Ornstein L. Disc electrophoresis I：Background and theory [J]. Ann. N. Y. Acad. Sci.，1964，121：321-349．

[7] Raymond S, Weintraub L S. Acrylamide gel as a supporting medium for zone electrophoresis [J]. Science，1959，130(3377)：711-713．

[8] Laemmli U K. Cleavage of structural proteins during the assembly of the head of bacteriophage T4 [J]. Nature，1970，227(5259)：680-685．

[9] Weber K, Osborn M. The reliability of molecular weight determinations by dodecyl sulfate-polyacrylamide gel electrophoresis [J]. J. Biol. Chem.，1969，244(16)：4406-4412．

实验 10　SDS-聚丙烯酰胺凝胶电泳法测定蛋白质的分子量

1　实验目的

(1) 掌握 SDS-聚丙烯酰胺凝胶电泳法的基本原理。

(2) 掌握应用 SDS-聚丙烯酰胺凝胶电泳法测定蛋白质分子量的基本操作。

(3) 掌握考马斯亮蓝染色技术。

2　实验原理

2.1　聚丙烯酰胺凝胶电泳(PAGE)原理

聚丙烯酰胺凝胶电泳(PAGE)原理见本书实验 9。

利用 PAGE 作为电泳支持介质具有以下优点：

(1) 兼具电泳分离和分子筛效应，分辨率高。其分辨率优于醋酸纤维素膜电泳和琼脂糖电泳。

(2) 样品在其中不易扩散，灵敏度高，可达 ng 级。

(3) 几乎无吸附和电渗，重复性好。

(4) 化学性能稳定，凝胶随 pH 和温度变化小，不与被分离物反应。

(5) 在一定浓度范围内，凝胶透明度高，机械性能好，可通过扫描进行定量。

(6) 凝胶孔径可通过单体和交联剂的浓度进行调节。

2.2　聚丙烯酰胺凝胶的聚合原理及凝胶孔径的选择

具体见本书实验 9。

2.3 SDS聚丙烯酰胺凝胶电泳(SDS-PAGE)

2.3.1 SDS-PAGE测定蛋白质分子量的原理

蛋白质在PAGE中电泳时,其迁移率主要取决于它所带净电荷和分子量大小两个因素。如果要用PAGE测定蛋白质分子量,必须消除蛋白质的电荷效应所引起的电泳速度差异,使蛋白质分子在电场中泳动速率只与其分子量相关。

SDS-PAGE(十二烷基硫酸钠-聚丙烯酰胺凝胶电泳),主要用于测定蛋白质亚基分子量,是1967年由Shapiro等建立的,1969年由Weber和Osborn进一步完善。

SDS-PAGE中引入了SDS和还原剂,如β-巯基乙醇(β-mercaptoethanal)和二硫苏糖醇(dithiothreitol, DTT)。SDS是一种阴离子去污剂,它能断裂分子内和分子间的氢键,破坏蛋白质的二级和三级结构,使蛋白质折叠变性,多聚体解聚为亚基(图10.1)。还原剂能断开链内和链间的二硫键,使蛋白质以单链形式存在。解聚后的氨基酸侧链与SDS充分结合形成蛋白质-SDS复合物,其形状为长椭圆棒状,短轴的长度都一样,约为18 Å,而长轴长度与蛋白质分子量成正比。在一定条件下,1 g蛋白质约能结合1.4 g SDS,由于SDS的硫酸根带负电,使各种蛋白质的SDS复合物都带上相同密度的负电荷,大大超过蛋白质分子原有的电荷,因而屏蔽了不同种类蛋白质分子之间原有的电荷差异,从而使蛋白质分子的电泳迁移率主要取决于它的分子量,而与所带电荷和形状无关,这样便能直接从电泳迁移率计算出蛋白质的分子量。在分子量15~200 kD范围内,多肽链的迁移取决于自身分子量,由于SDS-蛋白复合物在SDS-PAGE中的电泳迁移率与多肽链长度的对数值成比例(图10.2),因此测出同样条件下待测蛋白质的电泳迁移率,即可从标准曲线上查出其分子量,其误差约为实际分子量值的10%(图10.3)。

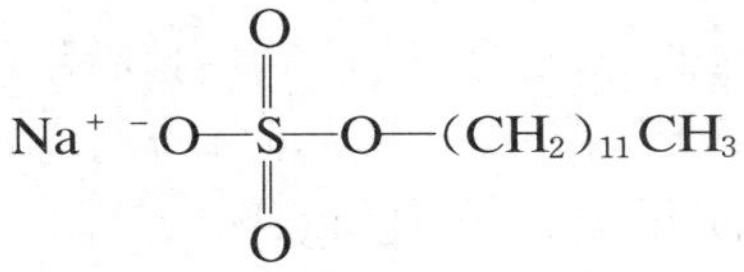

$$Na^+\ {}^-O-\overset{\overset{\displaystyle O}{\|}}{\underset{\underset{\displaystyle O}{\|}}{S}}-O-(CH_2)_{11}CH_3$$

图10.1 SDS化学结构式

2.3.2 影响实验结果的因素

(1) 样品处理。样品处理的要求是使蛋白质完全变性、二硫键全部还原并与SDS充分结合。SDS与蛋白质结合的好坏是影响实验结果的关键之一,影响它们结合的主要因素有4个:

① 蛋白质的二硫键是否完全被还原。只有在蛋白质分子内的二硫键被彻底还原的情况下,SDS才能定量地结合到蛋白质分子上去,并使之具有相同的构象,所以样品处理时需加β-巯基乙醇或二硫苏糖醇。

② 样品处理液中SDS单体的浓度。为了保证蛋白质与SDS的充分结合,溶液中SDS的总量要比蛋白质高3~4倍,甚至10倍以上。

③ 样品处理液的离子强度。应保持较低的离子强度,这样才能保证SDS有较高的单体浓度,与蛋白质充分结合。若样品的离子强度太高,需先透析或凝胶过滤除盐。

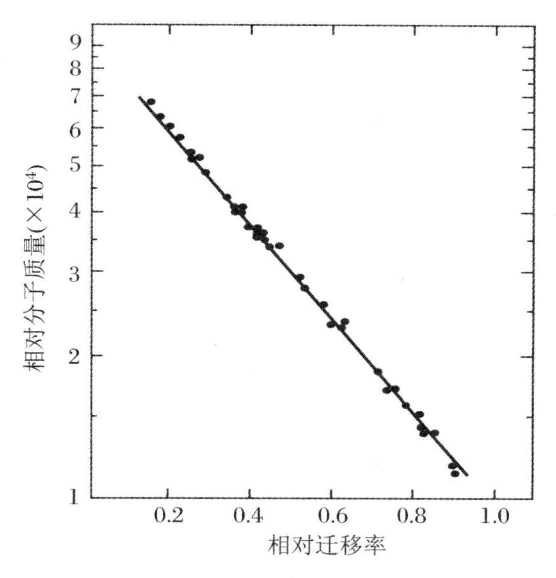

图 10.2　蛋白质标准曲线图

注:37 种多肽链的相对分子质量,范围为 11～70 kD。

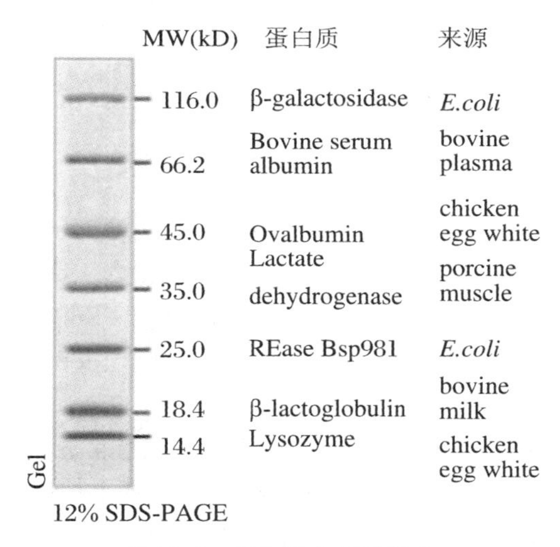

图 10.3　蛋白质分子量标准

④ 样品中的蛋白质浓度需适当。浓度过高,易造成拖尾,甚至影响蛋白质迁移率与分子量对数的线性关系;浓度太低则不易检测。通常根据样品含有的蛋白质种类多少及所使用的检测方法确定蛋白质浓度,如用考马斯亮蓝染色,每种蛋白的浓度应为 20～30 μg/mL;若用银染,则只需 0.3～0.5 μg/mL。

(2) 凝胶浓度的选择

选择一定的凝胶浓度,即选择合适的凝胶孔径,使待分离物质的泳动速率差异最大,以得到最佳分离效果。通常根据被分离蛋白质的分子量范围选择凝胶浓度(表 10.1)。

表 10.1　凝胶浓度与蛋白质分子量测定的关系

凝胶浓度 $T\%(C=2.6\%)$	分子量范围 (kD)	凝胶浓度 $T\%(C=5\%)$	分子量范围 (kD)
5%	25～200	5%	60～170
10%	10～70	10%	20～100
15%	<50	15%	10～50
20%	<40	20%	5～40

通常需根据经验和摸索实验条件来确定最佳凝胶浓度，对于未知样品，一般选用 12.5% 的凝胶来试验，大部分蛋白质在此凝胶浓度可以得到满意结果。

(3) 缓冲系统的选择。缓冲液的选择对蛋白条带的分辨率和电泳速度都有影响。在 SDS 电泳系统中需要使用样品缓冲液、凝胶缓冲液以及电极缓冲液。通常采用低离子强度，特别是样品缓冲液，其离子强度一般为凝胶缓冲液的 1/10，这有利于浓缩蛋白质并使条带变窄，但 SDS 的含量应高于凝胶缓冲液。

目前使用最多的是 Laemmli 的 Tris-Gly 系统，广泛地用于蛋白质亚基分子量以及纯度的测定。

2.4　考马斯亮蓝染色原理

在蛋白质染色方法中，目前仍以考马斯亮蓝染色最为常用。因为它既克服了氨基染色灵敏度不高的限制，又比银染简便、易操作。

考马斯亮蓝最初用于羊毛衫的染色，它的命名是为纪念 1896 年被英国占领的阿散提部落首府 Kumasie(Coomassie)。染色最早由 Fazekas 等在 1963 年用于醋酸纤维素膜电泳，并认为同样可用于纸电泳、琼脂糖电泳和淀粉凝胶电泳。1965 年，Meyer 等将此方法应用于聚丙烯酰胺凝胶电泳。

考马斯亮蓝是一种氨基三苯甲烷染料(图 10.4)，通过范德华力与 NH_3^+ 的静电引力，与蛋白质形成紧密而非共价结合的复合物。R-250 即三苯基甲烷，红蓝色，每个分子含有两个 SO_3H 基团，偏酸性，与氨基黑一样结合到蛋白质的碱性基团上。G-250 即二甲花青亮蓝，呈蓝绿色，是一种甲基取代的三苯基甲烷。使用时，考马斯亮蓝在甲醇-冰醋酸-水(50 : 10 : 40, V/V)混合液中的浓度通常为 0.05%～0.1%，而且应该在加冰醋酸和水之前将它们先溶于甲醇。

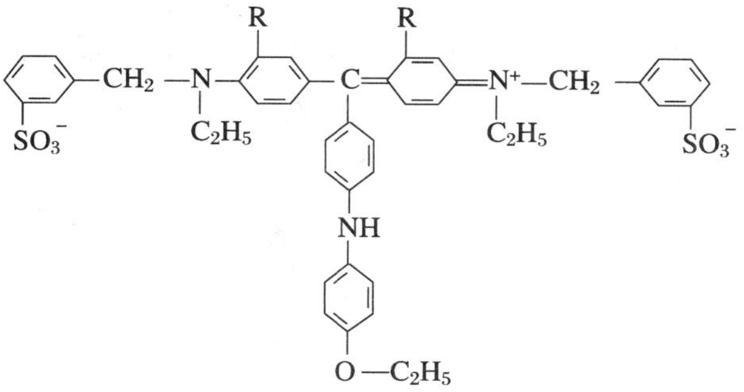

其中：R=H时，为R-250（R指红蓝色）

$R=CH_3$时，为G-250（R指蓝绿色）

图 10.4　考马斯亮蓝结构式

考马斯亮蓝染色可以达到 0.2～0.5 μg(200～500 ng)，最低可检出 0.1 μg 蛋白。另外，通过考染条带的深浅粗细，可以大致判断该条带有多少蛋白。例如下图为一学生测定的某一纯化蛋白的 SDS-PAGE 的结果图(图 10.5)，可估测该蛋白的分子量为 18 kD。

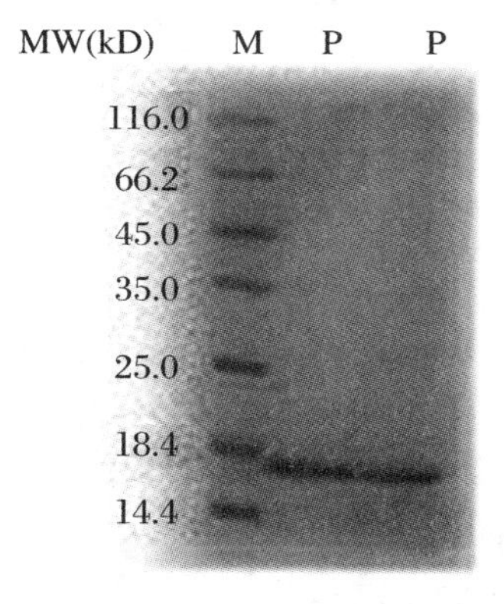

图 10.5　SDS-PAGE 结果图

注：M 为 Marker；P 为某一纯化的蛋白质。

2.5　银染

银染是使聚丙烯酰胺凝胶中蛋白质显色的一种方法，由于其灵敏度比考马斯亮蓝染色高将近 100 倍，最低可以检出 2 ng 蛋白，故而常用于检测微量蛋白质的电泳条带。目前银染的准确染色机制还不是特别清楚，大致原理是银离子在碱性 pH 环境下被还原成金属银，沉淀在蛋白质的表面而显色。

2.6　梯度 SDS-PAGE 原理

1968 年，Margolis 等人以 PAGE 为支持物，制备成孔径梯度，或称为梯度凝胶。对于分离宽分子量范围的蛋白质，梯度 SDS-PAGE 凝胶可提供最佳分析方法，产生更清晰的蛋白质点。线性梯度凝胶制备(类似于本书实验 11 中的图 11.2 的 IPG 灌胶示意图)，应预先配置低浓度胶(5%～8%)储液置于贮液瓶中，高浓度胶(15%～20%)储液置于混合瓶中，在梯度混合器及蠕动泵作用下，从下至上灌胶，聚合后，则形成从下至上，凝胶浓度由高到低的线性梯度。下图为梯度 SDS-PAGE 分离家蚕血浆(5 龄 5 天)混合蛋白的结果图(图 10.6)。

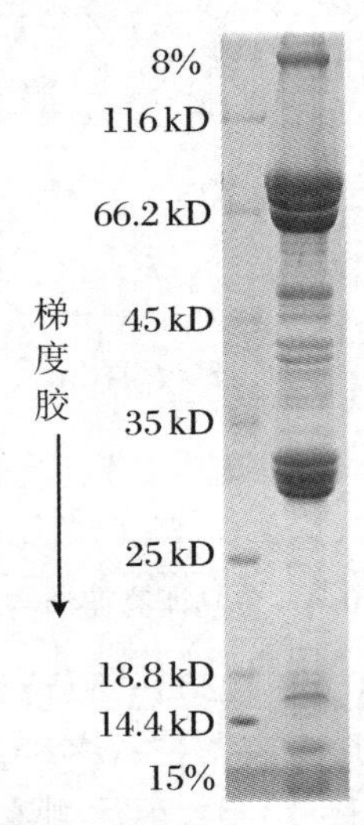

图 10.6　SDS-梯度聚丙稀酰胺梯度凝胶电泳(8%～15%)分离家蚕血浆(5 龄 5 天)银染结果图

3　不连续 SDS-PAGE 的试验操作

3.1　配置贮备溶液

(1) 30%丙烯酰胺凝胶贮液(100 mL)：30 g 丙烯酰胺，0.8 g N, N′-甲叉双丙烯酰胺，溶于 ddH_2O，定容至 100 mL，过滤后于棕色瓶 4 ℃保存。

(2) 10×Tris-Gly 电极缓冲液储备液：250 mmol/L Tris，2 mol/L Gly，1% SDS(3 g Tris + 15 g Gly + 10 mL 10% SDS，定容至 100 mL)。

(3) 6×SDS 样品缓冲液：1.6 mL 0.24 mmol/L Tris-HCl pH = 6.8，7.5 g 87%甘油(或β-巯基乙醇 1 mL)，12 mL 10% SDS，2 mL 0.15% 溴酚蓝，0.9 g DTT，加 ddH_2O 定容至 20 mL，每管 1 mL 分装，－20 ℃保存。

(4) 4×分离胶缓冲液：1.5 mol/L Tris-HCl pH = 8.8。

(5) 4×浓缩胶缓冲液：1 mol/L Tris-HCl pH = 6.8。

(6) 标准分子量蛋白质(6 组分，14.4～97.4 kD)：公司购买。

(7) 固定染色液(可以不用)：250 mL 95%乙醇，50 mL 冰醋酸，200 mL ddH_2O，0.58 g 考马斯亮蓝 R-250。

(8) 脱色液：250 mL 95%乙醇，50 mL 冰醋酸，400 mL ddH_2O。

(9) 10% SDS，TEMED，10% AP。

3.2　安装垂直板电泳槽

依照不同厂家要求安装，并用蒸馏水试漏，确保电泳槽不漏水之后，开始胶的配制。注意，分离胶和浓缩胶配制好后须立即灌胶。

3.3　胶制备

3.3.1　分离胶制备

根据拟分离的蛋白质的可能分子量大小，选用一定凝胶浓度，配制分离胶（本实验选用 12.5%胶浓度）（表 10.2），充分缓慢混匀，不要产生气泡，用移液器立即注入至垂直平板电泳槽中，距梳齿下沿大约 0.3 cm 处，停止灌胶，并用移液器加入 ddH_2O 以隔绝空气，促进聚合，并使胶面平整。静置 10～15 min，观察其完全凝聚后，倾去 ddH_2O，用滤纸轻轻吸干水分，但不要碰触胶面。

表 10.2　不同浓度分离胶的配制

试剂	凝胶终浓度				
	5%	7.5%	10%	12.5%	15%
30%丙烯酰胺凝胶贮液（mL）	1.61	2.42	3.22	4.03	4.84
4×分离胶缓冲液（mL）	2.5	2.5	2.5	2.5	2.5
10% SDS（mL）	0.1	0.1	0.1	0.1	0.1
ddH_2O（mL）	5.74	4.93	4.13	3.32	2.51
10% AP（μL）	50	50	50	50	50
TEMED（μL）	3.3	3.3	3.3	3.3	3.3
总体积（mL）	10	10	10	10	10

3.3.2　浓缩胶制备

确认分离胶聚合后，配制浓缩胶（表 10.3），灌入电泳槽内分离胶的上面至满，插入梳子，插入梳子时不要引入气泡，静置 10 min 后待其完全凝聚后，取出梳子，修整加样槽，胶即可用。

表 10.3　5%浓度浓缩胶的配制

试剂	凝胶终浓度	
	5%（6 mL）	5%（12 mL）
30%丙烯酰胺凝胶贮液（mL）	0.33	0.7
4×浓缩胶缓冲液（mL）	0.25	0.5
10% SDS（mL）	0.02	0.04
ddH_2O（mL）	1.4	2.7
10% AP（μL）	20	40
TEMED（μL）	2	4
总体积（mL）	2	4

3.4 上样与电泳

样品处理：蛋白样品加入一定体积的样品缓冲液混合后，在沸水浴(或者恒温金属浴加热器)中加热3～5 min，使SDS与蛋白质充分结合，以使蛋白质完全变性和解聚，并形成棒状结构。

将电泳槽与电泳仪连接好，上槽接负极，下槽接正极。上、下槽中加满电极缓冲液(1×Tris-Gly缓冲液)。用移液枪对准梳孔加样，每孔加10～15 μL样品。

电泳条件：样品在浓缩胶时，恒压90 V，待样品进入分离胶，恒压130 V，电泳2～3 h，直至溴酚蓝前沿距下端约0.2 cm处，关闭电泳仪。

注意：电泳开始后，不要用手接触电极或电极缓冲液。

3.5 凝胶板剥离、考马斯亮蓝R-250染色与脱色

小心撬开玻璃板，将凝胶浸入考马斯亮蓝染色液，室温下染色1 h，或60 ℃ 水浴染色10 min，或100 ℃水浴染色2～3 min。然后用脱色液脱色，更换脱色液3～4次，直至背景呈无色为止，即可观察电泳结果并拍照。

3.6 实验结果处理

3.6.1 电泳迁移率的计算

各蛋白质样品相对迁移率的计算方法如下：

$$\text{相对迁移率}=\frac{\text{蛋白质迁移距离}}{\text{溴酚蓝迁移距离}}\times 100\%$$

3.6.2 标准曲线的制作

以各标准蛋白的相对迁移率为横坐标，分子量的对数为纵坐标绘制标准曲线。

3.6.3 待测蛋白质分子量的计算

根据待测蛋白质的相对迁移率，可以直接从标准曲线上查出该蛋白质的分子量。

附：电泳中常出现的一些现象。

(1) “︶”条带呈笑脸状：凝胶不均匀冷却，中间冷却不好。

(2) “︵”条带呈皱眉状：可能是由于装置不合适，如凝胶和玻璃挡板底部有气泡，或者两边聚合不完全。

(3) 拖尾：样品溶解不好。

(4) 纹理(纵向条纹)：样品中含有不溶性颗粒。

(5) 条带偏斜：电极不平衡或者加样位置偏斜，条带两边扩散：加样量过多。

丙烯酰胺为有毒化学物，配置时应小心操作，进行必要的防护。注意事项如下：

(1) 操作时应穿专用实验服，佩戴两层口罩及手套。

(2) 称量时小心操作，避免试剂粉末飞溅。

(3) 操作桌面铺报纸，尽量避免丙烯酰胺接触实验室常用仪器。

(4) 配置器皿为专用器皿，不得混用。

(5) 接触过丙烯酰胺的手套等物品应及时清理，不得污染实验室其他设施。

(6) 配置好的丙烯酰胺可于 4 ℃长期保存，使用时恢复至室温且无沉淀，若出现沉淀应及时更换。

4　结果分析

根据 SDS-PAGE 结果，判断所测蛋白质的纯度，并估测其分子量大小。

5　思考题

(1) 在不连续 SDS-PAGE 实验中，当分离胶加完后，需在其上加一层水，为什么？

(2) SDS-PAGE 电泳实验中，电极缓冲液中的甘氨酸有什么作用？

(3) SDS-PAGE 实验中，样品液为何在加样前需在沸水中加热 3 min？

参考文献

[1] 莽克强，徐乃正，方荣祥，等.聚丙烯酰胺凝胶电泳[M].北京：科学出版社，1975.

[2] 张龙翔，张庭芳，李令媛.生物化学实验方法和技术[M].北京：人民教育出版社，1981.

[3] 萧能慿，余瑞元，袁明秀，等.生物化学实验原理和方法[M].2 版.北京：北京大学出版社，2005.

[4] Richard J S. Proteins and Proteomics: A Laboratory Manual [M]. New York: Cold Spring Harbor Laboratory Press, 2003.

[5] Fazekas de St Groth S, Webster R G, Dotyner A. Two new staining procedures for quantitative estimation of proteins on electrophoretic strips[J]. Biochim. Biophys. Acta., 1963,71: 377-391.

[6] Margolis J, Kenrick K G. Polyacrylamide gel electrophoresis in a continuous molecular sieve gradient[J]. Analytical Biochemistry, 1968,25(1):347-362.

[7] Meyer T S, Lamberts B L. Use of Coomassie brilliant blue R-250 for the electrophoresis of microgram quantities of parotid saliva proteins on acrylamide gel strips [J]. Biochim. Biophys. Acta., 1965,107(1): 144-145.

[8] Shapiro A L, Viñuela E, Maizel J V. Molecular weight estimation of polypeptide chains by electrophoresis in SDS-polyacrylamide gels[J]. Biochem. Biophys. Res. Commun., 1967,28(5): 815-820.

[9] Wong C, Sridhara S, Bardwell J C A, et al. Heating greatly speeds Coomassie blue staining and destaining [J]. BioTechniques, 2000,28(3): 426-428,430,432.

实验 11　等电聚焦电泳

1　实验目的

（1）掌握等电聚焦电泳的实验原理。
（2）熟悉等电聚焦电泳的操作技术。

2　实验原理

等电聚焦电泳(isoelectric focusing electrophoresis，IEF)是 20 世纪 60 年代中期问世的一种利用有 pH 梯度的介质分离等电点不同的蛋白质的电泳技术。即在一定抗对流介质（如凝胶）中加入两性电解质载体，直流电通过时便形成一个由阳极到阴极的 pH 逐步上升的梯度，这种梯度称为载体两性电解质 pH 梯度(carrier ampholyte pH gradient)，若将缓冲基团变为凝胶介质的一部分，形成的 pH 梯度称为固相 pH 梯度（immobilized pH gradient，IPG）。两性化合物在此电泳过程中就被浓集在与其等电点相等的 pH 区域，从而使不同化合物能按其各自等电点得到分离。从分辨率看，采用固相 pH 梯度介质的效果较好。

鉴于等电聚焦电泳法有浓缩效应、分辨率高和费时少等特点，它在蛋白质的等电点测定、纯度分析以及制备电泳纯样品等方面已得到较广泛的应用，但对于在等电点时发生沉淀或变性的样品却不适用。

2.1　凝胶 pH 梯度的形成

早期的 IEF 方法用的是载体两性电解质 pH 梯度聚丙烯酰胺胶(Klose，1975；O'Farrell，1975)。pH 梯度的建立是在水平板或电泳管正负极间引入等电点彼此接近的一系列两性电解质的混合物，在正极端引入酸液，如硫酸、磷酸或醋酸等，在负极端引入碱液，如氢氧化钠、氨水等。电泳开始前两性电解质的混合物 pH 为一均值，即各段介质中的 pH 相等，用 pH0 表示。当电流通过时，混合物中 pH 最低的分子，带负电荷最多，pI1 为其等电点，向正极移动速度最快，当移动到正极附近的酸液界面时，pH 突然下降，甚至接近或稍低于 pI1，这一分子不再向前移动而停留在此区域内。由于两性电解质具有一定的缓冲能力，使其周围一定的区域内介质的 pH 保持在它的等电点范围。pH 稍高的第二种两性电解质，其等电点为 pI2，也移向正极，由于 pI2＞pI1，因此定位于第一种两性电解质之后，这样，经过一定时间后，具有不同等电点的两性电解质按各自的等电点依次排列，彼此互相衔接，形成一个平滑稳定的由正极向负极逐渐上升的 pH 梯度(图 11.1)。

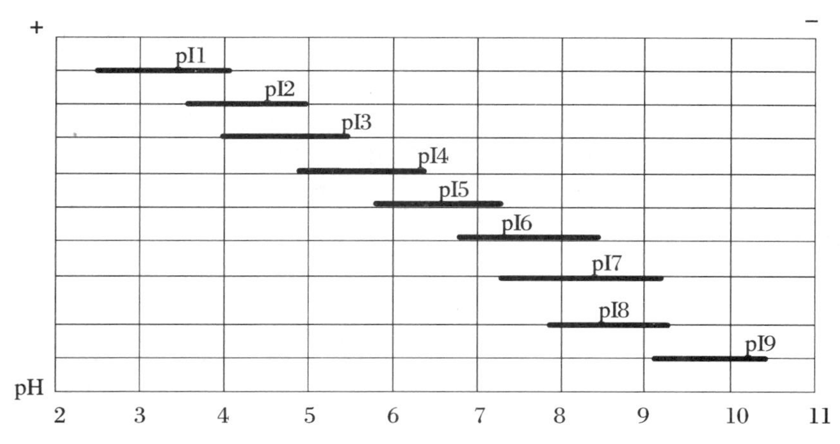

图 11.1　凝胶 pH 梯度示意图(pI*n* 为不同等电点的两性电解质载体)

两性电解质必备的条件：

(1) 可溶性要好。为了保证等电聚焦过程中 pH 梯度的形成和蛋白样品的迁移，载体两性电解质必须具有很好的溶解性能。

(2) 紫外吸收低，不发荧光。由于制备分离时，检测蛋白质的方法通常是测量 280 nm 的吸光度，因此要求载体两性电解质在 280 nm 的吸光度尽可能低。

(3) 等电点处必须有足够的缓冲能力。以便能控制 pH 梯度，而不致被样品蛋白质或其他两性物质的缓冲能力改变 pH 梯度的进程。

(4) 等电点处必须有良好的电导和相同的电导系数。以便使一定的电流通过，而且要求具备不同 pH 的载体有相同的电导系数，使整个体系中的电导均匀，如果局部电导过小，就会产生极大的电位降，从而其他部分电压就会太小，以致不能保持梯度，也不能使应聚焦的成分进行电迁移，达到聚焦。

(5) 分子量要小。便于与被分离的高分子物质用透析或凝胶过滤法分开。

(6) 化学组成应不同于被分离物质，不干扰测定。

(7) 无毒、无生物学效应。载体两性电解质对哺乳动物的组织培养、酶活性测定、免疫检测或注射到小白鼠或大鼠中都没有影响。

(8) 应不与分离物质反应或使之变性。

总的来说，当一个两性电解质的等电点介于两个很近的 pK_a 值之间时，它在等电点的解离度大，缓冲能力强，而且电导系数高，这就是好的载体两性电解质。

载体两性电解质是一些具有相近等电点的分子量为 600～900 Da 的多氨基多羟基两性化合物的混合物。

理想的载体两性电解质的合成：用具有几个 pH 很相近的多乙烯多胺(如五乙烯六胺)为原料，与不饱和酸(如丙烯酸)发生加合反应，加合反应优先加在 α、β 饱和酸的 β 碳原子上，调节胺和酸的比例可以加上一个或多个羧基，这种合成方法与一般有机合成不同，有机合成一般要求合成的产物越纯越好，而这里要求合成的产物越复杂越好，要有多异构物和同系物，以保证很多具有不同而又互相接近的 pK_a 值和 pI 值，从而得到平滑的 pH 梯度。

pH 梯度制作利用的两性电解质，是脂肪和多羧类的同系物，它们具有相近但不同的 pK_a 值和 pI 值。在外电场作用下，自然形成 pH 梯度。

载体两性电解质商品由于生产厂家不同，合成方式各异，而有不同的商品名称，如 LKB 公司的 Ampholine，Serva 公司的 Servalyte 和 Pharmacia 公司的 Pharmalyte。

两性电解质载体是 IEF-PAGE 中最关键的试剂，直接影响 pH 梯度的形成，以及蛋白质的聚焦，其终浓度一般为 1%～2%。在测定未知蛋白时，可先采用 pH = 3～10 的载体，经初步测定后改用较窄的 pH 范围以提高分辨率，在 pH = 7 以上或以下时，因缺少中性载体，在聚焦过程中载体与电极之间在 pH = 7 部位就会形成纯水区带，纯水的电导极低，必须避免此现象。凡使用离开中性的 pH 范围的载体时应加入相当于 40% 载体量的 pH = 3～10 的载体（表 11.1）。

表 11.1　配制不同 pH 范围等电聚焦凝胶的载体两性电解质的配方

pH 范围	载体两性电解质 pH 范围	凝胶中的百分比
3.5～10	3.5～10	2.4%
4～6	3.5～10	0.4%
	4～6	2%
6～9	3.5～10	0.4%
	6～8	1%
	7～9	1%
9～11	3.5～10	0.4%
	9～11	2%

两性电解质的使用存在以下几个局限：① 两性电解质为分子混合物，不同生产批次之间存在差异，影响重复性；② 两性电解质产生的 pH 梯度不稳定，会向阴极漂移；③ 软的丙烯酰胺管胶易伸长或断裂，引起分离结果的变化。

1982 年，Bjellqvist 等人介绍了一种用于 IEF 的固相 pH 梯度（IPG）的生产方法。IPG 胶的材料为拥有 CH_2═CH—CO—NH—R 结构的 8 种丙烯酰胺衍生物系列，其中 R 包含羧基或叔氨基团，它们构成了分布在 pH = 3～10 不同值的缓冲体系，通过在灌胶时将丙烯酰胺部分和丙烯酰胺及亚甲基双丙烯酰胺单体一起共聚合形成聚丙烯酰胺凝胶。在进行 pH 梯度的形成和灌制、调配酸性溶液时，将其比重加大，故一开始它会沉在下面，随着碱性溶液加入，pH 慢慢提高，整片凝胶便产生 pH 梯度（图 11.2）。通过这种方式生成的 IPG 不会发生电渗透作用，因而可以进行特别稳定的 IEF 分离，达到真正的平衡状态。

IPG 较载体两性电解质优越性：

（1）丙烯酰胺液性质稳定，可避免不同生产批次之间存在差异，重复性好。

（2）pH 梯度是共价固定于凝胶内，pH 梯度稳定，解决了阴极漂移问题。

（3）凝胶条灌制于塑料支持物上，可防止其拉伸或断裂，操作简单。

（4）具有很好的负载蛋白质的能力。

（5）分辨率高，为 0.001 pH，而载体两性电解质分辨率为 0.01 pH。

2.2　等电聚焦分离蛋白质的过程

蛋白质属于一种两性电解质，在不同的 pH 环境中所带的正负电荷不同。若在某种特定的 pH 环境中其净电荷为零，此时的 pH 为该蛋白质的等电点，即在电场下不泳动。例

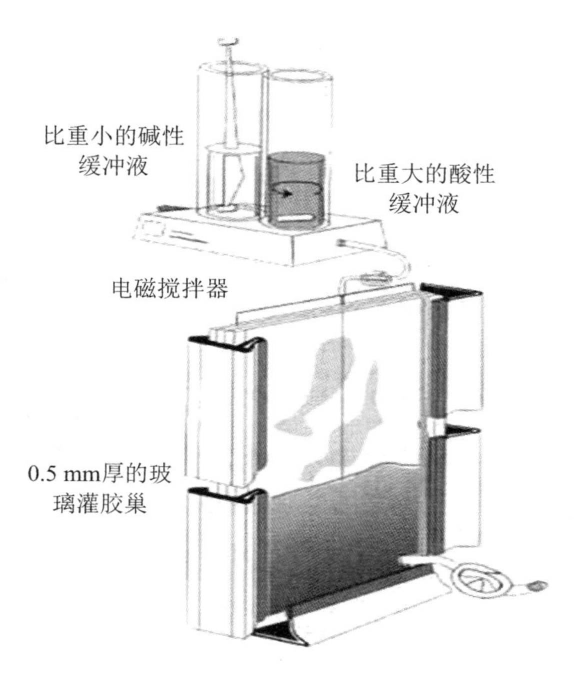

图 11.2　IPG 灌胶示意图

如，当一个等电点为 pI_A 的蛋白质放置于从正极向负极逐渐递增的稳定平滑 pH 梯度支持物的阴极端时，因为处在碱性环境中带负电荷，故在电场作用下向正极移动，当泳动到 pH 等于其 pI_A 的区域时，泳动将停止。如果将此蛋白质放在阳极端，则带正电荷，向负极移动，其最后也会泳动到与其等电点相等的 pH 区域。因此，无论把蛋白质放在支持物的哪个位置上，在电场作用下都会聚焦在 $pH = pI_A$ 的地方，这种行为叫聚焦作用（图 11.3）。同理，如将等电点分别为 pI_A，pI_B……的蛋白质混合物置于 pH 梯度支持物中，在电场作用下经过适当时间的电泳，其各组分将分别聚焦在支持物中 pH 等于各自等电点的区域，形成一条一条的蛋白质区带。

样品加在稳定平滑 pH 梯度支持物的任何一个位置上，聚焦后的位置是一定的蛋白质在等电聚焦电泳中的分离仅仅决定于其等电点，这是一个“稳态”过程，一旦达到等电点的位置，蛋白质就会停止迁移。达到稳态后，如果它要向正极或负极任何一侧扩散，均会受到相应的 pH 制约，即若向负极扩散带负电，会受到阳极的影响，迫使其扩散后退回原位；若向正极扩散带正电，会受到阴极的影响，迫使其扩散后退回原位。因此，蛋白质能在等电点位置被聚焦成一条稳定的窄带。以下为管状等电聚焦的实验案例(图 11.4)。

3　试剂和仪器

(1) 丙烯酰胺贮液：36%丙烯酰胺，1.7%甲叉双丙烯酰胺。
(2) 等电聚焦凝胶缓冲液：9 mol/L 脲素，2.2% Triton×100，5.6 mmol/L CHAPS。
(3) 10%过硫酸铵(AP)溶液。
(4) 水饱和异丁醇溶液。

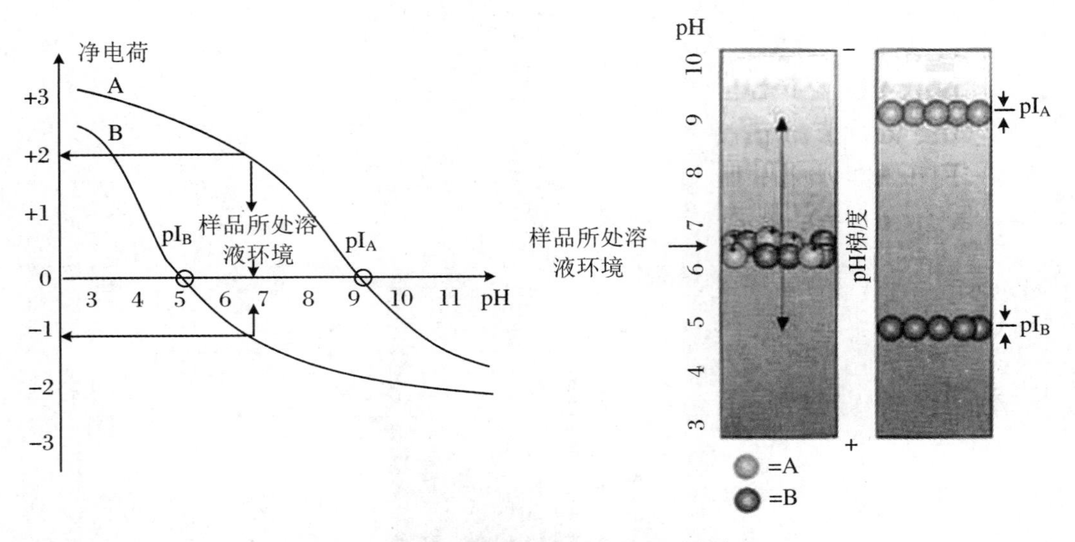

图 11.3　蛋白质等电聚焦电泳原理示意图

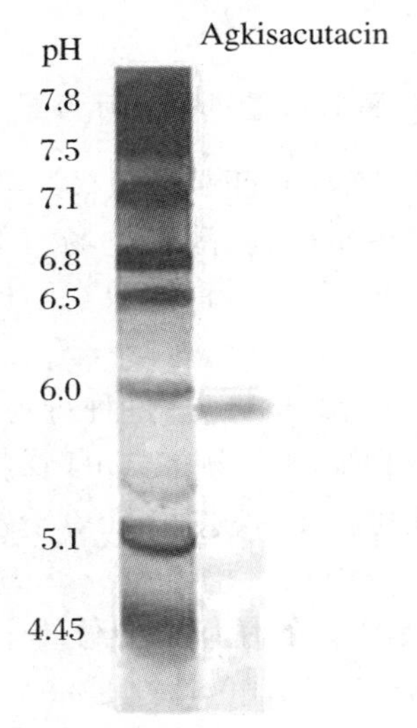

图 11.4　Agkisacutacin 蛋白的 IEF-PAGE 结果图，显示 Agkisacutacin 的 pI 为 5.8 左右

(5) 样品溶解液：2.37 mol/L 脲素，2% CHAPS，0.5% Ampholine。

(6) 10×阴极缓冲液(上槽)：0.5 mol/L NaOH，使用前需先脱气。

(7) 10×阳极缓冲液(下槽)：0.25 mol/L H_3PO_4，使用前配制。

(8) 固定液：10 g 三氯乙酸，3.5 g 磺基水杨酸，35 mL 95%乙醇，加 ddH_2O 至 100 mL。

(9) 脱色液：10 mL 95%乙醇，7.5 mL 冰醋酸，加 ddH_2O 至 100 mL。

注：IEF 过程中要严格要求所有试剂的质量，一般用电泳级的或更好的质量。

(10) 高电压电泳仪电源(支持 5000 V、500 mA 和 400 W 的输出)，垂直玻璃管电泳槽(图 11.5)。

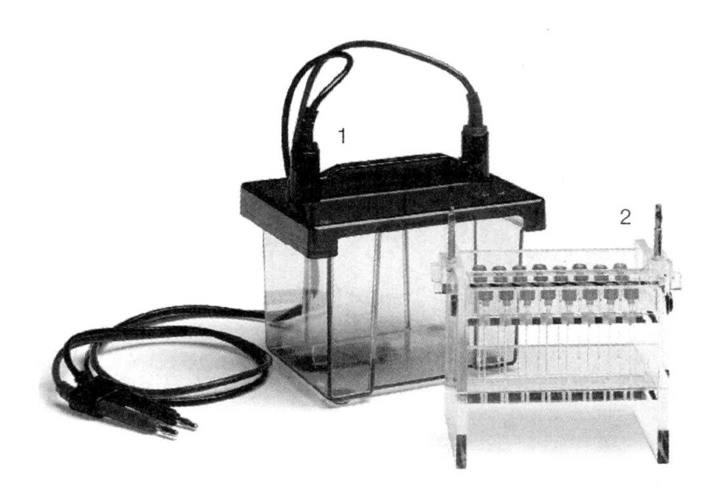

图 11.5　BioRad 垂直玻璃管电泳槽组件

注:1. 缓冲液槽和带有电源线的盖子;2. 管式电泳槽模块。

4　等电聚焦实验操作

(1) 等电聚焦电泳一般在直径 1 mm,长 18～24 cm 的垂直玻璃管中进行。首先按表 11.2 的配方将各贮液混合后,灌入电泳管中。

表 11.2　各贮液的剂量

试剂	剂量
丙烯酰胺贮液	0.24 mL
等电聚焦缓冲液	1.76 mL
10% AP	14 μL
Ampholine	120 μL

室温中静置约 1 h 让其聚合完全,用 ddH_2O 冲洗两遍并用吸水纸吸净。

(2) 将电泳装置安装好,各电泳管中加 30～100 μg 蛋白质样品(上样前最好先确定样品蛋白质浓度),上面覆盖 5～10 μL 样品溶解液。上槽中加入阴极液,下槽中加入阳极液。接通循环水冷却装置。接通电泳电源开始等电聚焦电泳,电泳电压依次为 500 V 30 min;1000 V 30 min;1600 V 18 h。

(3) 固定并染色:取出凝胶,用蒸馏水漂洗一次,浸泡在考马斯亮蓝 R-250 溶液中染色 1 h。

(4) 脱色:倾出染色液(回收),加入少量的脱色液脱色,直至背景清楚。

(5) 量取标准蛋白的相对迁移率,绘制等电点标准曲线,计算未知蛋白等电点。

5 结果分析

根据 IEF 图谱，判断待测蛋白质的纯度并计算其等电点。

6 思考题

比较生物实验中常用的变性剂的特点，IEF 样品处理中为什么不能加入 SDS?

参 考 文 献

[1] 莽克强，徐乃正，方荣祥，等.聚丙烯酰胺凝胶电泳[M].北京：科学出版社，1975.
[2] 张龙翔，张庭芳，李令媛.生物化学实验方法和技术[M].北京：人民教育出版社，1981.
[3] 萧能慂，余瑞元，袁明秀，等.生物化学实验原理和方法[M].2 版.北京：北京大学出版社，2005.
[4] Bio-Rad Laboratories, Inc.生命科学产品目录，2010，150-158.
[5] Bjellqvist B, Ek K, Righetti P G, et al. Isoelectric focusing in immobilized pH gradients: Principle, methodology and some applications [J]. J. Biochem. Biophys. Methods., 1982, 6(4): 317-339.
[6] Klose J. Protein mapping by combined isoelectric focusing and electrophoresis of mouse tissues. A novel approach to testing for induced point mutations in mammals [J]. Humangenetik, 1975, 26(3): 231-243.
[7] Li W F, Chen L, Li X M, et al. A C-type lectin-like protein from Agkistrodon acutus venom binds to both platelet glycoprotein Ib and coagulation factor IX/factor X [J]. Biochem. Biophys. Res. Commun., 2005, 332(3): 904-912.
[8] O'Farrell P H. High-resolution two-dimensional electrophoresis of proteins[J]. J. Biol. Chem., 1975, 250(10): 4007-4021.
[9] Richard J. S, Proteins and proteomics: a laboratory manual [M]. New York: Cold Spring Harbor Laboratory Press, 2003.

实验 12　双 向 电 泳

1　实验目的

（1）了解双向电泳技术在蛋白质组学中的应用。

（2）掌握双向电泳的实验原理和操作技术。

（3）掌握蛋白质银染技术。

2　实验原理

2.1　双向电泳简介

双向电泳技术（two-dimensional electrophoresis，2D-PAGE）是 1975 年由 O′Farrell P H 和 Klose J 发明的，是分辨率极高的蛋白质分离方法，广泛应用于分析从组织、细胞或其他生物样品中提取的复杂蛋白质混合样品。它的第一相是等电聚焦电泳，根据等电点的不同来分离蛋白质；第二相是 SDS-聚丙烯酰胺凝胶电泳，根据分子量的不同来分离蛋白质。双向电泳图谱上不同的点代表不同的蛋白质，一块胶最多可分离几千种蛋白质，而且可以根据其在图谱上的位置估算出蛋白质的分子量、等电点以及含量。

双向电泳的第一相等电聚焦一般在 1000～8000 V 的高压下进行，通常使用载体两性电解质（Ampholine，Ampholite 或 Pharmalyte）为支持物的垂直管状电泳，或使用固相化 pH 梯度（IPG）胶条，后者的重复性和分辨率都要优于前者，而且使用极其方便。

德国女科学家 Görg A（被英国电泳学会授予“双向电泳皇后”称号）所做的一张小鼠肝脏的 2D-PAGE 电泳图，图中每一个点都代表一个特定的蛋白质（图 12.1）。

2.2　双向电泳与蛋白质组学

双向电泳的分离效果一直为大家所公认，但直到最近几年，随着蛋白质组学的兴起及其他相关技术的发展，这一技术才得到最充分的应用。蛋白质组（proteome）的概念是澳大利亚学者 Williams 和 Wilkins 等在 1994 年提出的，指的是基因组编码的全部蛋白质，理论上它的数目应该等于基因组内编码蛋白质的基因的数目。蛋白质组学（proteomics）即是对蛋白质组进行研究的一门科学。但是同一生物的不同细胞在不同时间，其基因表达是不同的，因而蛋白质组是动态的。因此 Cordwell 和 Humphery Smith 提出了功能蛋白质组

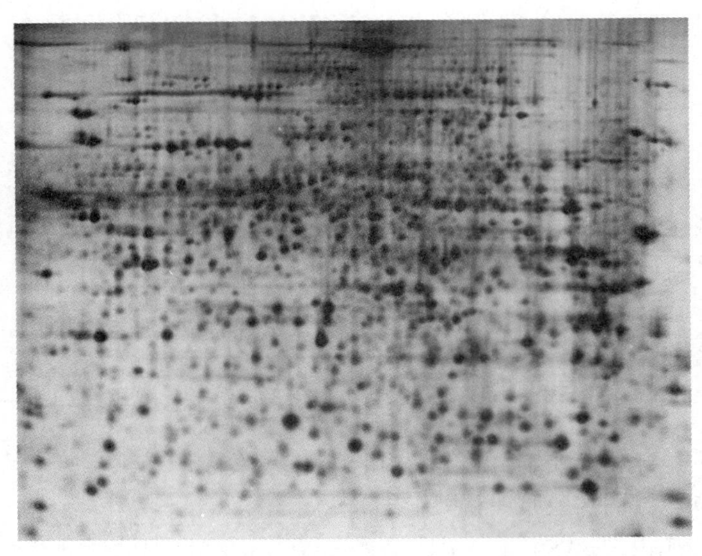

图 12.1　小鼠肝脏的双向电泳图

(functional proteome)的概念,指的是在特定时间、特定环境和实验条件下基因组活跃表达的蛋白质,重点研究某一群体蛋白质的功能,如与重要疾病相关的蛋白质组学,应答调节图谱等。随着包括人类基因组在内的许多物种的基因组测序工作的完成,人们面对的则是基因组的功能问题。在蛋白质组的水平上解释生命现象的本质及活动规律成了生命科学的一个研究重点。因为基因组是固定不变的,只从基因组 DNA 序列不能回答某基因的表达时间、表达量、蛋白质翻译后加工和修饰的情况,以及它们的亚细胞分布等,这些问题只能在蛋白质组的研究中才能找到答案。因此,在目前技术水平下,功能蛋白质组的研究极具实践意义。蛋白质组研究的数据与基因组数据的整合,在后基因组学(post-genome)研究——基因组功能研究上发挥着重要作用。

当今蛋白质组研究的蓬勃发展,主要归功于以下技术的突破:

(1) 20 世纪 80 年代固相化 pH 梯度(IPG)的发明和完善,改善了双向凝胶电泳的分辨率和重复性。

(2) 20 世纪 80 年代后期电喷雾质谱(ESI-MS)和基质辅助的激光解吸飞行时间质谱(MALDI-TOF-MS)的应用,使高通量蛋白质鉴定分析成为可能。

(3) 蛋白质双向电泳图谱的数字化和分析软件的问世,方便了图谱的比较和数据库的建立。

(4) 基因组数据库的建立,可以根据 DNA 序列迅速确定 2-D 分离的蛋白质的氨基酸顺序。

蛋白质组学的研究方法包括以下几个步骤:

(1) 细胞或组织样品的处理。

(2) 双向电泳分离。

(3) 双向电泳图谱的扫描和计算机软件分析。

(4) 图谱上蛋白质斑点的切割、水解等处理。

(5) 质谱分析蛋白质的肽谱指纹或部分序列测定。

(6) 蛋白质相关数据库搜索以鉴定蛋白质。

双向电泳的其他应用还包括细胞分化的分析、疾病标志的检测、癌症研究及微量蛋白纯化等。

2.3　蛋白样品制备

样品处理是影响双向电泳结果的最重要因素。样品处理的一般原则是要求蛋白质完全变性，二硫键全部还原，多聚体完全解聚，均匀分散于样品溶解液中。样品中的蛋白种类可达到 10 万种以上，目前双向电泳一般只能分辨到 1000～3000 个蛋白质点(spot)。在制备中丢失的蛋白是永远不可能在后面的实验中弥补回来的，因此有效的样品制备决定了 2D-PAGE的成功与否。样品制备需遵循以下原则：应使所有待分析的蛋白样品全部处于溶解状态(包括多数疏水性蛋白)；最小限度地减少蛋白水解和其他形式的蛋白降解；防止样品在聚焦时发生蛋白的聚集和沉淀；完全去除样品中的核酸和某些干扰蛋白；尽量去除起干扰作用的高丰度或无关蛋白，从而保证待研究蛋白的可检测性。

样品制备流程：破碎→沉淀蛋白→去除杂质。

2.3.1　破碎

将组织、细胞破碎的方法主要有冻融法、渗透法、去污剂法、酶裂解法、超声波法、高压法、液氮研磨法、机械匀浆法和玻璃珠破碎法等。对于细菌细胞，可以采用冻融法，利用液氮一次或者多次反复冻融来裂解细胞；血细胞和组织培养细胞的破碎可采用渗透法；植物组织、细菌和真菌细胞多采用酶裂解法；破碎过程中须在低温(冰浴或者液氮)环境下操作，且裂解液中应含有蛋白酶抑制剂(表 12.1)。

表 12.1　常用蛋白酶抑制剂

蛋白酶抑制剂	使用浓度	有效抑制的酶
PMSF (Pheylmethylsulfonyl fluoride)	1 mmol/L	不可逆抑制丝氨酸水解酶和一些半胱氨酸水解酶
AEBSF 丝氨酸抑制剂	4 mmol/L	抑制活性与 PMSF 相近，但它更易溶于水而且毒性低
EDTA EGTA	1 mmol/L	通过螯合蛋白酶维持活性所必需的金属离子而抑制金属蛋白酶
TLCK；TPCK	0.1～0.5 mmol/L	不可逆的抑制丝氨酸和半胱氨酸的蛋白酶
苄脒(benzamidine)	1～3 mmol/L	抑制丝氨酸蛋白酶
亮肽素(leupeptin)	2～20 μg/mL	抑制多种丝氨酸和半胱氨酸蛋白酶
抑肽素(pepstatin)	2～20 μg/mL	抑制天冬氨酸蛋白酶
抑肽酶(aprotinin)	2～20 μg/mL	抑制许多丝氨酸蛋白酶
苯丁抑制素(bestatin)	2～20 μg/mL	特异性靶向氨肽酶的金属蛋白酶抑制剂

2.3.2　沉淀蛋白

常见的蛋白沉淀方法如表 12.2 所示。

表 12.2　常用的蛋白沉淀方法

沉淀方法	操作	问题
三氯醋酸(TCA)沉淀法	在蛋白溶液中加入 TCA,使其终浓度为 10%～20%,冰浴 30 min	被沉淀的蛋白难再溶解,并且长时间将样品置于这种低 pH 溶液中会引起蛋白降解和修饰
	用含 20 mmol/L DTT 或 0.07% β-巯基乙醇的 10% TCA 溶液沉淀 45 min 以上,离心收集,再用 20 mmol/L DTT 或 0.07% β-巯基乙醇清洗,空气(冷冻)干燥	
硫酸铵沉淀法	在蛋白终浓度＞1 mg/mL 并含有 EDTA 的缓冲液(＞50 mmol/L)时,将硫酸铵加至饱和,搅拌 10～30 min,离心分离	不能得到全部蛋白,并且残留的硫酸铵和核酸会影响等电聚焦
丙酮沉淀法	在蛋白溶液中加入 3 倍体积的预冷丙酮,20 ℃沉淀 2 h,离心收集蛋白	
醋酸铵沉淀法	用醋酸铵的甲醇溶液沉淀,再用酚抽提,0.1 mol/L甲醇清洗,再用丙酮清洗	步骤繁琐

2.3.3　去除杂质

为避免影响双向电泳的结果,需要去除样品中的核酸、多糖、去污剂和代谢物等非蛋白质杂质(表 12.3)。

表 12.3　蛋白质样品中去除不同杂质的方法

清除的对象	对电泳的影响	解决的方法
核酸(DNA, RNA)	增加样品黏度、与蛋白质形成复合物后会出现假象迁移和条纹	用适量纯的不含蛋白酶的核酸内切酶进行降解
多糖	带负电的多糖会与蛋白形成复合物,导致拖尾并影响聚焦	利用超离心和高 pH,高离子强度和 TCA 等沉淀法
SDS 去污剂	SDS 能与蛋白形成带负电的复合物,对等电聚焦影响大,需要清除	用含载体两性电解质或两性离子去污剂(CHAPS、Triton X-100 或 NP-40)的溶胀液稀释,或者丙酮沉淀法
盐离子和外源带电小分子	样品中的盐会增加凝胶条的电导,从而影响蛋白质聚焦。带电小分子会引起水的流动,使胶条的一端肿胀而另一端变干,导致两端的酸性、碱性蛋白无法聚焦,造成拖尾或丢失	透析法、凝胶过滤去除盐成分 TCA 沉淀法清除小分子

样品溶解液一般含有 8 mol/L 脲素和另一种或几种非离子型表面活性剂(如 Triton X-100,CHAPS 等),目的是使蛋白变性和溶解。另外,还要加 DTT 还原二硫键。尽量不用离子型表面剂 SDS。尿素溶液不可加热至 37 ℃以上,高温会使尿素降解,对蛋白产生修饰

作用。样品溶解后应置于 - 80 ℃冰箱中保存,避免反复冻融。

根据样品来源和实验目的的不同,样品处理方法需通过实验摸索才能找到各自最佳处理方法。如我们可以对亚细胞结构预先分离纯化,然后对感兴趣的细胞器进行双向电泳分析,也可以对细胞内可溶蛋白与膜蛋白进行分步提取后再进行双向电泳等。

2.4 银染色法原理

聚丙烯酰胺的银染首先由 Switzer 等提出,比考马斯亮蓝 R-250 灵敏 100 倍,但因存在背景高、重复性低和银镜等问题,后来又有诸多改进,Rabilloud 等人于 1994 年报道了 100 多种不同的银染方法,归纳起来为 5 个基本步骤:固定,敏化,银染注入,显影,终止和图像保存。但是至今银染原理还是不清楚,推测可能与摄影过程中 Ag^+ 的还原相似,也可能是 Ag^+ 对蛋白质中的氨基酸具有较高的亲和力,从而使蛋白质染成黑色谱带。

本实验以大肠杆菌裂解液为实验材料,以管状等点聚集电泳为第一向,SDS-PAGE 平板电泳为第二向,学习 2D-PAGE 的操作方法。

3 试剂和仪器

(1) 大肠杆菌裂解液配方:

① 抽提液:20 mmol/L Tris-HCl pH 8.0,8 mol/L 脲素,40 g/L CHAPS,0.065% SDS,1 mmol/L $MgCl_2$。保存于 - 80 ℃冰箱中。

② Benzonase (Serratia marcescens 重组核酸内切酶,250 U/μL,Sigma)。

③ Na_2EDTA,200 mmol/L。

④ DTT 1.2 mol/L。

⑤ PMSF(苯甲基硫酰氟) 100 mmol/L(溶于异丙醇),4 ℃可储存 1 个月。

(2) 等电聚焦电泳所需贮液配方:见本书实验 11。

(3) 第二相 SDS-PAGE 贮液配方:

① 平衡(SDS-电极)缓冲液:0.375 mol/L Tris-HCl pH = 8.8,3.0 % SDS,50 mmol/L DTT。

② 0.01%溴酚兰, 5~10 mL 一份分装,保存于 - 80 ℃冰箱中。

③ AP(10%):现用现配。

④ 30%丙烯酰胺凝胶贮液(100 mL):30 g 丙烯酰胺,0.8 g N,N′-甲叉双丙烯酰胺,溶于 ddH_2O,定容至 100 mL。过滤后置于棕色瓶 4 ℃环境中保存。

⑤ 10×Tris-Gly 电极缓冲液储备液:250 mmol/L Tris,2 mol/L Gly,1% SDS(3 g Tris + 15 g Gly + 10 mL 10% SDS,定容至 100 mL)。

⑥ 4×凝胶缓冲液:1.5 mol/L Tris-HCl,pH = 8.8。

⑦ SDS (10%)。

⑧ TEMED。

⑨ 琼脂糖封口溶液:1.5 g 琼脂糖,0.01 g 溴酚兰,100 mL SDS 电极缓冲液。

⑩ 水饱和异丁醇。

(4) 银染试剂:

① 固定液:5%冰醋酸,30%乙醇, 配 500 mL。

② 增敏液:1 mL 10%硫代硫酸钠，500 mL ddH_2O,室温下可保存1周。

③ 银染液:0.3 mL 37%甲醛,5 mL 1 mol/L 硝酸银，400 mL ddH_2O。

④ 显影液:15 g 无水碳酸钾,125 μL 37%甲醛,63 μL 10%硫代硫酸钠,500 mL ddH_2O。室温保存,每周新鲜配制。

⑤ 终止液:20 g Tris，10 mL 冰醋酸，500 mL ddH_2O。

(5) 研钵,石英砂,烧杯,试管,玻璃棒,量筒,双向电泳槽一套(包括圆盘电泳槽和垂直板状电泳槽等),高压电泳仪(600～1500 V)。

4 实验操作

4.1 大肠杆菌裂解液的制备

E. coli 裂解液中含大量核酸,在 2D-PAGE 前须除去核酸。本方法用超声波处理包含脲素和 CHAPS 的细菌提取液,当脲素存在时,核酸酶 Benzonase 具有活性,且依赖于 Mg^{2+},处理后需加入 EDTA 以抑制金属蛋白酶活性。

(1) 取处于对数生长期的大肠杆菌,12000 g,4 ℃离心 5 min,取沉淀,确定细胞重量。

(2) 用预冷抽提液重悬沉淀(10 mL 抽提液/g 细胞),每 10 mL 抽提液加 2 μL Benzonase 和 100 μL PMSF,上下颠倒混匀。超声波处理细胞,重复多次直到细胞悬液清澈。

(3) 每 10 mL 提取液中加 0.5 mL 1.2 mol/L DTT,100 μL 200 mmol/L Na_2EDTA,混匀。20 000 g,4 ℃ 离心 15 min。

(4) 测定上清液中蛋白质浓度,对于第一相 IEF,蛋白质浓度应调节至 5～10 mg/mL。

4.2 第一相等电聚胶电泳

(1) IPG 胶条的等电聚焦电泳需购买商品 IPG 胶条和配套电泳仪,可以参考供应商提供的操作手册进行实验。

(2) 使用载体两性电解质进行等电聚焦电泳,等电聚焦实验操作参见本书实验 11。

4.3 第二相 SDS-PAGE 电泳

4.3.1 SDS 平板凝胶的制备

本实验采用的是均一 SDS 平板凝胶的方法,均一凝胶是具有完全相同的 $T\%$ 和 $C\%$。根据实验要求,按表 10.2 配制所需体积和浓度的 SDS 聚丙烯酰胺凝胶,灌入垂直平板电泳槽中。上层覆盖 1～3 mm 的水饱和异丁醇,静置 1 h 等其完全凝聚后倾去异丁醇,用电极缓冲液冲洗 2 遍。

4.3.2 平衡与上样

将等电聚焦后的胶条取出,放入平衡液中振荡平衡约 5 min 后,在滤纸上吸去水分,用塑料薄片小心将其推入 SDS 凝胶槽中,注意中间不要有气泡,用 60 ℃的琼脂糖封口液将其固定。

4.3.3 电泳

将电泳槽安装好，上、下槽中注满 SDS 电极缓冲液，打开电源开始电泳。条件为：150 V，电泳时间为 3～5 h，待溴酚蓝迁移至凝胶底部后取出，停止电泳，取出银染。

4.4 银染

(1) 把胶浸入固定液中 30 min，重复 3 次，或过夜后换一次固定液。

(2) 用 ddH_2O 漂洗 10 min，重复 3 次。

(3) 在增敏液中浸泡 1 min。

(4) 用 ddH_2O 漂洗 1 min，重复 2 次。

(5) 在银染液中浸泡 30 min 至 1 h。

(6) 用 ddH_2O 漂洗 15 s。

(7) 用显影液显色约 10 min，直至斑点清晰可见。

(8) 用终止液浸泡 30～60 min。

(9) 用 ddH_2O 漂洗 1～2 次。

(10) 用 10%甘油，10%冰醋酸，50%乙醇的水溶液浸泡保存。或夹于两片玻璃纸之间干燥保存。

5 结果分析

比较自己和他人的 E. coli 裂解液的 2D-PAGE 结果，分析实验成败的可能原因。

6 思考题

为什么说在 2D-PAGE 实验中，样品的前处理至关重要？请问样品前处理中要注意哪些关键问题？

参 考 文 献

[1] 莽克强，徐乃正，方荣祥，等. 聚丙烯酰胺凝胶电泳[M]. 北京：科学出版社，1975.

[2] 张龙翔，张庭芳，李令媛. 生物化学实验方法和技术[M]. 北京：人民教育出版社，1981.

[3] 萧能赓，余瑞元，袁明秀，等. 生物化学实验原理和方法[M]. 2 版. 北京：北京大学出版社，2005.

[4] Simpson R J. 蛋白质与蛋白质组学实验指南[M]. 何大澄，译. 北京：化学工业出版社，2003.

[5] Görg A, Obermaier C, Boguth G, et al. The current state of two-dimensional electrophoresis with immobilized pH gradients [J]. Electrophoresis, 2000,21(6):1037-1053.

[6] O'Farrell P H. High resolution two-dimensional electrophoresis of proteins[J]. J. Biol. Chem., 1975,250(10): 4007-4021.

[7] Switzer R C, Merril C R, Shifrin S. A highly sensitive silver stain for detecting proteins and pep-

tides in polyacrylamide gels [J]. Anal. Biochem., 1979,98(1): 231-237.

[8] Rabilloud T, Vuillard L, Gilly C, et al. Silver staining of proteins in polyacrylamide gels: a general overview [J]. Cell Mol. Biol., 1994,40(1): 57-75.

[9] Sinha P, Poland J, Schnolzer M, et al. A new silver staining apparatus and procedure for matrix-assisted laser desorption/ionization-time of flight analysis of proteins after two-dimensional electrophoresis [J]. Proteomics, 2001,1(7): 835-840.

实验13　酶联免疫吸附测定法

1　目的要求

（1）学习酶联免疫吸附测定的实验原理和操作技术。

（2）掌握抗体效价测定及酶联免疫测定仪的使用。

2　基本原理

酶联免疫吸附测定（enzyme-linked immunosorbent assay，ELISA）是在免疫酶技术（immunoenzymatic techniques）的基础上发展起来的一种新型的免疫测定技术，兼有灵敏度高和特异性强两方面的优点。

ELISA过程包括固相载体吸附抗体（抗原），又称为包被，加入无关蛋白进行封闭，加入待测抗原（抗体），再与相应的酶标记抗体（抗原）进行抗体抗原的特异免疫反应，生成抗体（抗原）-待测抗原（抗体）-酶标记抗体（抗原）的复合物，最后再与该酶的底物反应生成有色产物，可根据加入底物的颜色反应来判定是否有免疫反应的存在，而且颜色反应的深浅是与样本中相应抗原或抗体的量成正比例的（图13.1）。因此，可以按底物显色的程度显示实验结果，即可借助于光吸收率计算抗原（抗体）的量。在上述过程中，酶促反应只进行一次，而抗体－抗原免疫反应可进行一次或数次，因此，实验时可根据需要自行设计实验方案进行不同的免疫反应。

ELISA历史回顾：20世纪60年代初期，Averameas及Ram等在不破坏酶的催化活性及免疫球蛋白的免疫活性和蛋白质结构的前提下，利用特殊的交联剂研制出辣根过氧化物酶-人血清白蛋白及酸性磷酸酯酶-抗体，统称为酶标记物或酶结合物，用于抗原或抗体的示踪、定位或定量测定，建立了免疫酶技术。1971年，瑞典的Engvall和荷兰的Van Weeman等人使抗体与溴化氰激活的纤维素结合或使抗体吸附于聚苯乙烯试管上制成固相免疫吸附剂（固相载体），再与免疫酶技术结合，建立了ELISA，用于检测抗体或抗原。1974年，Voller等用聚苯乙烯微量反应板作为免疫吸附剂吸附抗体（抗原），再与相应的酶标记物结合，使ELISA操作更方便，易重复，灵敏度可高达ng（10^{-9} g）至pg（10^{-12} g），而且所需仪器设备简单，因而成为生物化学、临床医学检验的常规测定之一，检测抗体、抗原或半抗原，如乙型肝炎表面抗原（HbsAg）等，尤其是在单克隆抗体技术中，为筛选阳性杂交瘤细胞株提供了简便、快速的检测手段。

酶结合物是酶与抗体或抗原、半抗原在交联剂作用下联结的产物，是ELISA成败的关

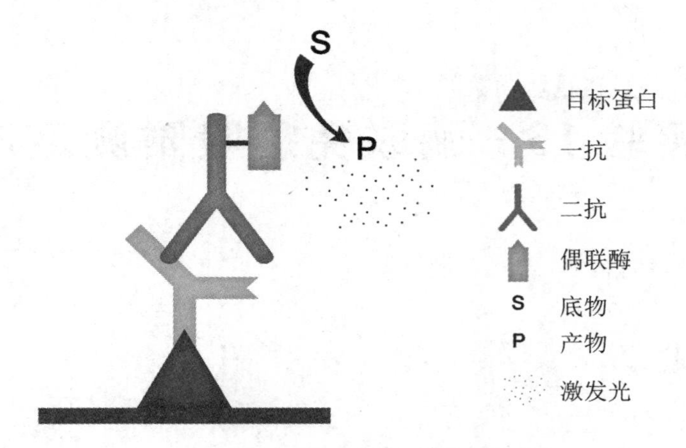

图 13.1 ELISA 原理示意图

注:二抗与特异性一抗结合后,其偶联的酶催化底物变成有色产物。

键试剂。它不仅具有抗体抗原特异的免疫学反应,还具有酶促反应,因而显示出生物放大作用。制备酶结合物必须符合高纯度、高活性、单价性 3 个条件。酶应具有性能稳定、经济易得、底物无色、产物显色,并有特定的光吸收峰,便于检测的特点(表 13.1)。

表 13.1 免疫技术常用的酶及其底物

酶	底物	显色反应	测定波长(nm)
辣根过氧化物酶	邻苯二胺(OPD)	橘红色	492*
	3,3′,5,5′-四甲替联苯胺 (TMB)	黄色	460*
	5-氨基水杨酸 (5-AS)	棕色	449
	邻联苯甲胺 (OT)	蓝色	425
	2,2′-连胺基-2 (3-乙基-并噻唑啉磺酸-6) 铵盐 (ABTS)	蓝绿色	642
碱性磷酸酯酶	4-硝基酚磷酸盐(PNP)	黄色	400
	萘酚-AS-Mx 磷酸盐 + 重氮盐	红色	500
葡萄糖氧化酶	ABTS + HRP + 葡萄糖	黄色	405,420
	葡萄糖 + 甲硫酚嗪 + 噻唑兰	深蓝色	
β-D-半乳糖苷酶	甲基伞酮基半乳糖苷(4MuG)	荧光	360,450
	硝基酚半乳糖苷(ONPG)	黄色	420

注:* 终止剂为 2 mol/L H_2SO_4。

其中,辣根过氧化物酶(HRP)是制备酶结合物最常用的酶,它广泛存在于动、植物组织中,在辣根中含量最高。HRP 是一种糖蛋白,其表面有 8 条碳水化合物链,构成 HRP 的外壳,约占 HRP 重量的 18%。不同来源的 HRP 分子量不完全相同,一般在 4×10^4 Da 左右,但其催化活性完全相同,可催化下列反应:

$$AH_2 + H_2O_2 \xrightarrow{HRP} A + 2H_2O$$

AH_2为无色底物,供氢体,如 OPD,TMB,5-AS,OT,ABTS,A 为有色产物。由于酶催化的是氧化还原反应,在呈色后须立刻测定,否则空气中的氧化作用使颜色加深,无法准确地定量。

ELISA 现已成功地应用于多种病原微生物所引起的传染病、寄生虫病及非传染病等方面的免疫诊断,也已应用于大分子抗原或小分子抗原的定量测定。ELISA 不仅适用于临床标本的检查,而且由于一天之内可以检查几百甚至上千份标本,因此,也适合于血清流行病学调查。本法不仅可以用来测定抗体,而且也可用于测定体液中的抗原。

ELISA 测定法可大致分为 4 种类型:

(1) 直接型:多用此法检测抗原。将抗原吸附在载体表面,加酶标抗体,形成抗原-抗体复合物,最后加入底物产生有色产物,终止反应,测光吸收 *OD* 值,计算抗原量。用此法测定时,由于各种抗原分子量悬殊较大,吸附能力不同,应用时受到一定限制。

(2) 间接型:常用于定量测定体液中的抗体(图 13.2)。将抗原吸附于固相载体表面,加抗体,形成抗原-抗体复合物,加酶标第一抗抗体,最后加入底物生成有色产物,终止反应,测光吸收 *OD* 值,计算第一抗体量。酶标第二抗体是用第一抗体免疫另一种动物,将抗体纯化再与酶交联而成的。此法的优点是只需制备一种酶标抗体,便可用于多种抗原抗体系统中抗体的检测。

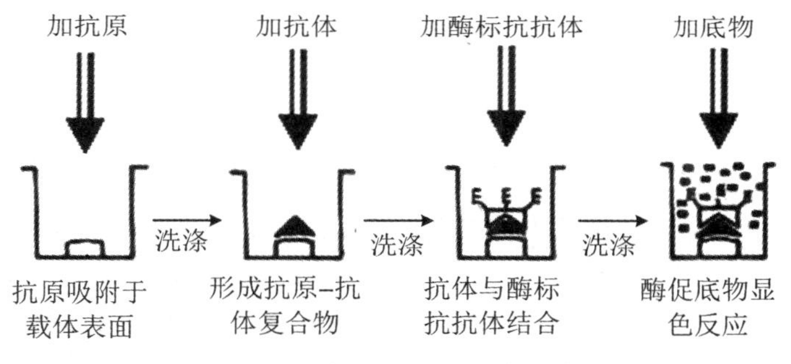

图 13.2　间接型 ELISA 原理示意图

(3) 双抗体夹心型:此法主要用于定量检测抗原(图 13.3)。将抗原免疫第一种动物获得的抗体 A 附于固相表面;加入抗原,形成抗原-抗体复合物;加抗原免疫第二种动物获得的抗体 B 形成抗体-抗原-抗体复合物;加酶标抗抗体(第二种动物抗体的抗体);最后加入底物生成有色产物。终止反应后测光吸收 *OD* 值,计算待测抗原量。值得指出的是抗体 A 和抗体 B 一定不是同一种属的。

(4) 固相抗体竞争型:用此法检测抗原。操作时先将过量特异性抗体包被于聚苯乙烯微量反应板的两个凹孔表面,洗涤后在凹孔(1)中加入一定量酶标记抗原,在另一凹孔(2)中加入一定量酶标记抗原及待测抗原混合液,两孔中的抗原均竞争性地与固相抗体结合,由于固相抗体结合位点有限,因此当待测抗原多时,酶标抗原与固相抗体结合量少,酶含量低则底物显色浅。因此,显色后,用孔(1)的光吸收值减去孔(2)的光吸收值即可计算未知抗原的量,即未知抗原量 = $A(1) - A(2)$。在实验中还可利用待测抗原含量高与底物显色浅的反比关系制备标准曲线。其做法是将未标记的一定量标准抗原进行一系列稀释,分别再与相同量的酶标记抗原混合,然后加至固相抗体中,最后加底物显色,测定光吸收 *OD* 值。以未标记标准抗原浓度为横坐标,结合的酶活性为纵坐标绘制标准曲线用于待测抗原定量。

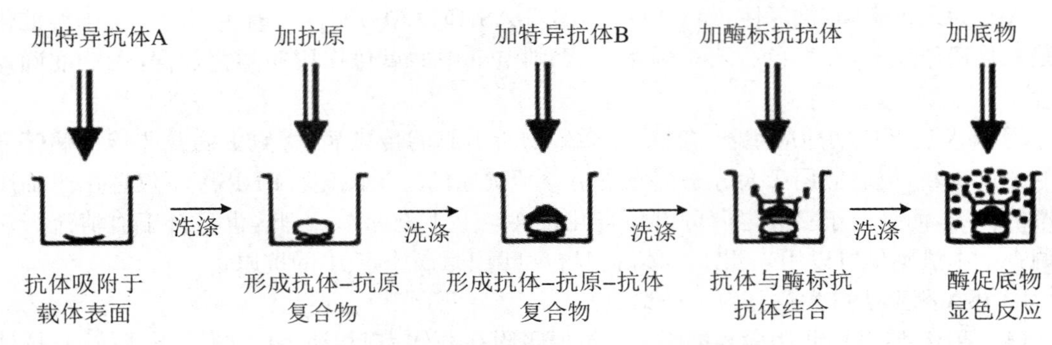

图 13.3 双抗体夹心型 ELISA 原理示意图

本实验用聚苯乙烯微量反应板为固相载体，包被抗原，用间接型 ELISA 为例，测定抗体量(效价)。测定时先将过量抗原包被于固相载体表面，然后用无关蛋白封闭，再加入不同稀释度的抗体作为第一抗体与抗原结合，再加入酶标第二抗体，最后加入底物生成有色产物，终止反应，测光吸收 *OD* 值，计算第一抗体的效价(ELISA titer，ET)。注意在每一步反应中均应充分洗涤，以除去残留物，减少非特异性吸附。为使结果重复应固定洗涤次数及放置时间，切忌振荡或相互污染。

3 试剂和仪器

(1) 抗血清的制备：

① 动物的选择：选择年龄在 6 个月以上，体重 3 kg 的健康家兔 2 只。

② 抗原乳剂(特定蛋白乳剂)的制备：取电泳纯的蛋白制品(浓度为 1 mg/mL)1 mL，加入等体积完全佐剂，按照配制佐剂的研磨法，在无菌条件下，制成乳白色黏稠的油包水乳剂。制成的乳剂是否为油包水乳剂直接影响到免疫的效果，因此必须进行鉴定，将制得的佐剂抗原乳剂滴于冷水表面，第一滴即应保持完整而不分散，否则，须重新制备。

③ 免疫方法：皮内多点注射 2 mL 抗原-福氏完全佐剂乳剂进行初次免疫。20 天后于皮下多点注射抗原-不完全佐剂乳剂(总量 2 mL)进行加强免疫，10 天后初步测出效价，再进行一次加强免疫，即从耳缘静脉注射抗原 0.1～0.2 mL，1 周后放血。

④ 放血：采用颈动脉放血的方法，将兔血收集于 200 mL 离心管内。

⑤ 抗血清的收集：待收集于离心管内的血液凝固后，用干净平头玻棒沿管壁剥离血块，置室温下 2 h 后，再放在 4 ℃环境中过夜，随着血液凝块的收缩，血清即析出，再用离心办法使血清完全析出。用滴管吸出血清，加少量 0.02% NaN_3 防腐，分装小瓶，封存于 − 40 ℃环境中备用。

⑥ 待测抗体：收集免疫后的血清为待测抗体，未经免疫的血清为阴性对照。

(2) 包被液(coating solution)：0.05 mol/L pH = 9.6 碳酸盐缓冲液(0.159 g Na_2CO_3，0.294 g $NaHCO_3$，加 ddH_2O 溶解后定容至 100 mL)。

(3) 洗涤及稀释液(wash solution，TPBS)：0.01 mol/L pH = 7.4 PBS，0.05% Tween-20 (8 g NaCl，0.2 g KH_2PO_4，2.9 g $Na_2HPO_4 \cdot 12H_2O$，0.2 g KCl，0.5 mL Tween-20，加 ddH_2O 溶解，定容至 1000 mL)。

(4) 封闭溶液(blocking solution):取上述稀释液配制成2%无关蛋白或者配制成2%脱脂奶粉。封闭液在临用前根据用量配制。

(5) 酶标记抗体(secondary antibody solution):HRP-羊抗兔 IgG 等,用时按说明书要求稀释即可。

(6) 底物溶液(substrate solution):本实验采用不致癌的 TMB 配制贮液及应用液。

① 0.1 mol/L pH=6.0 磷酸盐缓冲液:1.09 g $Na_2HPO_4 \cdot 2H_2O$, 6.05 g $NaH_2PO_4 \cdot H_2O$,ddH_2O 溶解后定容至 500 mL,4 ℃环境中贮存备用。

② TMB 贮液:60 mg TMB ,溶于 10 mL 二甲基亚砜(dimethylsulfoxide,DMSO)中,4 ℃环境中贮存。

③ TMB 应用液:临用前取 0.1 mol/L pH = 6.0 磷酸盐缓冲液 10 mL,TMB 贮液 100 μL,30% H_2O_2 15 μL 混匀。

(7) 终止液(stop solution):2 mol/L H_2SO_4。

(8) 聚苯乙烯微量反应板(96 孔),微量移液器,封口膜(parafilm),小烧杯,试管,37 ℃恒温箱,酶联免疫测定仪(图 13.4),滤纸。

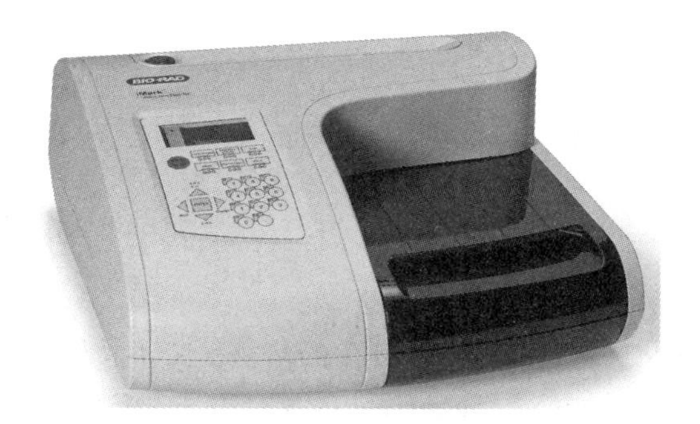

图 13.4　BioRad 366iMark 酶标仪

4　实验操作

4.1　包被特异性抗原

固体抗原(某一特定蛋白质)用包被液稀释至 100 μg/mL,每凹孔加 100 μL,加盖置 4 ℃环境中过夜,或 37 ℃恒温箱孵育 2 h。倾去凹孔内液体,用滴管取洗涤液加满于每孔中,静置 3 min 后倾去,重复 3 次,将反应板扣放在滤纸上,以除净液体。

4.2　封闭

每孔中加满封闭液,加盖或用封口膜封板,置于 37 ℃恒温箱孵育 1 h,倾去孔内液体,按上法洗涤 3 次。

4.3 加待测血清(内含抗体)、阴性血清(无抗体)及稀释液

待测血清按倍比法用稀释液稀释(1∶1000、1∶5000等),阴性血清也稀释成1∶1000,取不同稀释度的待测血清、阴性血清及稀释液各100 μL加至相应的凹孔中,加盖或封板,置于37 ℃恒温箱1~2 h,使抗体与固相抗原进行特异性结合,反复洗涤3次。

4.4 加酶标抗体

按说明书要求用稀释液稀释HRP-抗体(抗抗体),每孔加100 μL,封板后置于37 ℃恒温箱孵育1 h,按上法至少洗涤5次,最后用蒸馏水洗涤2次,扣在滤纸上吸干水分。

4.5 显色

每孔加入TMB应用液100 μL、反应板置于室温暗处5~30 min。当显示蓝色时应及时终止反应。

4.6 终止反应

每孔加入50 μL 2 mol/L H_2SO_4。反应孔内溶液由蓝变黄,稳定3~5 min,即可比色测定。

4.7 检测

用酶联免疫测定仪检测。以加入稀释液孔的溶液为空白,测各孔$OD_{450\ nm}$值,计算阳性血清与阴性血清A值之比(positive/negative,P/N),当$P/N \geqslant 2.1$时为阳性,$1.5 \leqslant P/N < 2.1$为可疑,$P/N < 1.5$为阴性。

目测法。于白色背景上,直接用肉眼观察结果,反应孔内颜色越深,阳性程度越强,阴性反应为无色或极浅,依据所呈现颜色的深浅,以"+""-"号表示。以较阴性对照深色的最高稀释度作为抗体效价。

5 结果分析

根据实验结果,计算待测抗体的效价(ET)。

6 思考题

(1) 简述ELISA测定原理及其影响因素。

(2) ELISA经常被用作研究蛋白质相互作用的一种方法,请设计相应的实验方案。

参 考 文 献

[1] 萧能庆,余瑞元,袁明秀,等.生物化学实验原理和方法[M].2 版.北京:北京大学出版社,2005.

[2] Perlmann H, Perlmann P. Cell biology: a laboratory handbook[M]. San Diego, CA: Academic Press, 2006:533-538.

[3] Harlow E, Lane D. Antibodies: a laboratory manual [M]. New York: Cold Spring Harbor Laboratory Press, 1988:553-612.

实验 14　蛋白质免疫印迹技术

1　实验目的

(1) 掌握蛋白质免疫印迹技术的实验原理。

(2) 掌握干(湿)转移槽的使用和蛋白质免疫印迹的基本操作。

2　实验原理

蛋白质免疫印迹技术(Western blot)是由 Towbin 等在 1979 年首次实施并完成的。Western blotting 是分子生物学、生物化学和免疫遗传学中常用的一种实验方法,其基本原理是通过电泳区分待测样品不同的组分,再在电流的作用下,使蛋白质从凝胶转移至固相载体(膜)上,通过特异性试剂(抗体)作为探针,对靶物质进行检测,通过分析着色的位置和着色深度获得特定蛋白质在所分析的细胞或组织中的表达情况的信息。Western blotting 结合了凝胶电泳的高分辨率和固相免疫测定的特异性等多种特点,可检测到低至 1～5 ng(最低可到 10～100 pg)中等大小的靶蛋白。

Western blot 实验包括 5 个步骤:

转膜→封闭→孵育第一抗体(简称一抗)→孵育第二抗体(简称二抗)→显色。

2.1　转膜

将 SDS-PAGE 上的蛋白质转移到膜上。

2.1.1　转移膜的选择

印迹实验中常用的固相材料有硝酸纤维素膜(nitrocellulose filter membrane,NC 膜)、聚偏二氟乙烯膜(poly vinylidene fluoride membrane,PVDF 膜)和尼龙膜(nylon membrane)等。尼龙膜价格便宜,韧性强,但由于其难以染色,很少被用于蛋白质转移,而多用于核酸转移。NC 膜和 PVDF 膜多用于蛋白质印迹。本实验选用 PVDF 膜,因其具有更好的蛋白吸附性、物理强度和化学兼容性。在实验前,应根据转移物质的特性(分子量大小)选择适合的 PVDF 膜,比如 Millipore 有两种规格:Immobilon-P(0.45 μm 孔径)用于大多数的免疫印迹,特别适用于蛋白质分子量大于 20 kD 时;Immobilon-P^{SQ}(0.2 μm 孔径),有更高的蛋白吸附率,主要用于分子量小于 20 kD 的蛋白质。

2.1.2　转移设备

将蛋白质从凝胶转移到膜上的设备有半干法和湿法两种。

(1) 半干法转移：将装有凝胶、膜和滤纸的“三明治”的凝胶夹层组合放在吸有转印缓冲液的滤纸之间(图 14.1)，通过滤纸上吸附的缓冲液传导电流，起到转移的效果。因为电流直接作用在膜、胶上，所以其转移条件比较严酷，但是其转移时间短，效率高。

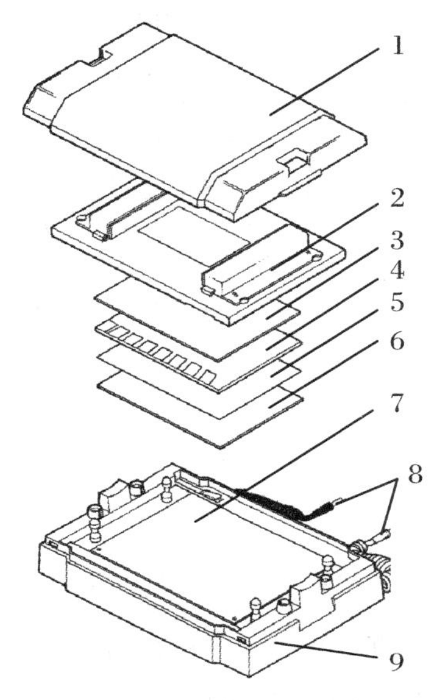

图 14.1　半干电转移槽示意图

注：1. 安全盖；2. 负电极装置；3. 滤纸；4. 凝胶；5. 膜；6. 滤纸；7. 正电极装置；8. 电缆；9. 底座。

实验条件的选择：用半干法转移蛋白质，电流为 0.5～2 mA/cm^2，建议使用电流为 0.8 mA/cm^2，在此电流下，发热很少。缺点是因为缓冲液的损耗，使用时间不能超过 2 h。在具体实验操作中，按照目的蛋白分子量大小、胶浓度，选择转移时间，具体可以适当调整(表 14.1)。

表 14.1　转移蛋白分子量大小、胶浓度与转移时间关系

目的蛋白分子量大小(kD)	胶浓度	转移时间(h)
80～140	8%	1.5～2
25～80	10%	1.5
15～40	12%	0.75
<20	15%	0.5

(2) 湿法转移：又称为槽式转移，在转移槽内，将“三明治”的凝胶夹层卡在一个盒子内(图 14.2)，垂直悬浮在缓冲液中，电极板与盒子平行放置。该设备需要利用高电场强度将蛋白质分子从凝胶转移至膜上，因此还需要冷却设备以避免仪器过热。湿法转移的优点是可以对蛋白质进行有效转移，转移时间可延长以获得更完全的转移，且可以同时转移几块胶的蛋白质。

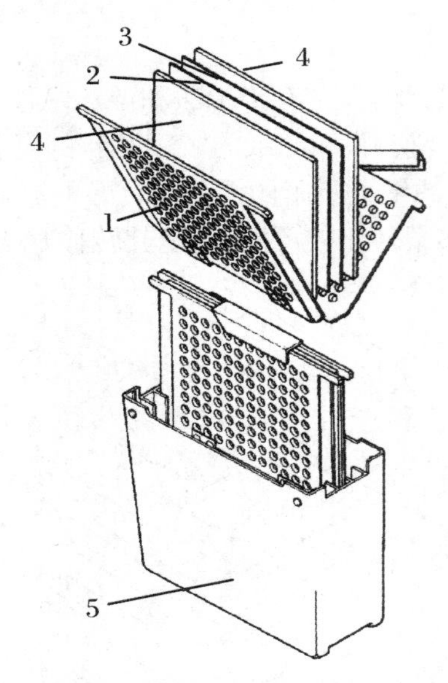

图 14.2 湿法转移槽示意图

注:1. 转印夹;2. PVDF 膜;3. 凝胶;4. 滤纸和衬垫(于膜两侧);5. 缓冲液槽。

2.1.3 膜上蛋白质的染色

和膜相结合的总蛋白的染色方法检测,有可逆的和不可逆的两类染液选择。不可逆的染液,如考马斯亮兰 R-250、印度墨水(India ink)、氨基黑 10 B(amido black 10 B)等,染色后膜就不能用于进一步的分析。可逆的染料有丽春红 S 染色液(ponceau-s red)、Fastgreen FC、CPTS 等,这类染料染色后,色素可以被洗掉,膜可以用于进一步的分析。

本实验采用丽春红 S 染色,因为丽春红 S 对微量蛋白质不敏感,所以只能染大量蛋白质。这种染色是可逆的,能用水完全去除。染色时,将薄膜漂在丽春红 S 中快速染色,直至蛋白质分子量标准(marker)显现时取出,用软铅笔记录下蛋白质及 marker 的位置。转膜的效果可以通过观察所使用的预染 marker 的染色情况,通常分子量最大的 1~2 条带较难全部转到膜上。

2.2 封闭

封闭是为了使后续加入的抗体仅仅只能跟特异的蛋白质结合而不是和膜结合。常用的封闭液有 bovine serum albumin(BSA),脱脂奶粉(non-fat milk),casein,gelatin,tween-20 等,我们一般用脱脂奶粉。在转移结束前配好 5%的脱脂奶粉(TBST 溶解),转移结束后将膜放入脱脂奶粉中封闭(一定要放在干净的容器里,避免污染,而且要完全覆盖膜)。

2.3 孵育一抗

用被检测蛋白质制备的兔(鼠)抗血清,目标蛋白特异性的抗体。

2.4　孵育二抗

特异性酶标记的羊抗兔(鼠)IgG,第二抗体对于第一抗体是特异性结合的,作为指示剂使用。

2.5　显色

酶标记蛋白质区带,产生可见的、不溶解状态的颜色反应。

本实验采用的增强化学发光(enhanced chemiluminecence,ECL)法,ECL 底物含有 H_2O_2 和鲁米诺(luminol),在辣根过氧化物酶(HRP)的作用下,发出荧光。结果可以通过 X 光片压片和其他显影技术展现。

鲁米诺,又名发光氨,化学名称为 3-氨基邻苯二甲酰肼,其结构式见图 14.3。其是一类化学发光剂,常温下是一种黄色晶体或者米黄色粉末,是一种比较稳定的人工合成的有机化合物,常用作免疫测定中的标记物。

注意:鲁米诺溶液为强酸性,对眼睛、皮肤、呼吸道有一定刺激作用。

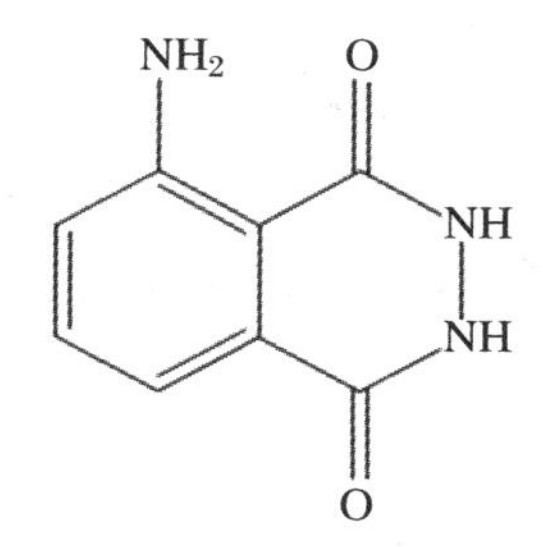

图 14.3　鲁米诺结构式

常用的底物还有 DAB(3,3-二氨基联苯胺)法,DAB 和 HRP 反应产生棕色的不溶终产物。这种棕色沉淀不溶于酒精和其他有机溶剂,对于必须使用传统复染和封固介质的免疫组化染色应用特别理想。

对于碱性磷酸酶(AP)标记的二抗可以选用 BCIP 和 NBT 显色,它们在 AP 作用下反应可生成一种不溶性黑紫色沉淀的强信号。

下图是 Western blottting 的实验案例,从图中可清晰地看出 RbcL(RuBisCO 大亚基)在其不同分子伴侣调控模式下表达量的不同(图 14.4)。

3　试剂和仪器

(1) 提取缓冲液:10 mmol/L Tris,pH=8.0, 0.001% PMSF。

(2) SDS-PAGE 贮液:见本书实验 10。

(3) 转移缓冲液(pH = 8.3):48 mmol/L Tris,39 mmol/L Gly,0.037% SDS, 20% MeOH,定容至 1000 mL。

(4) TBST(pH = 7.4):10 mmol/L Tris,100 mmol/L NaCl,0.2% Tween-20,定容至 1000 mL。

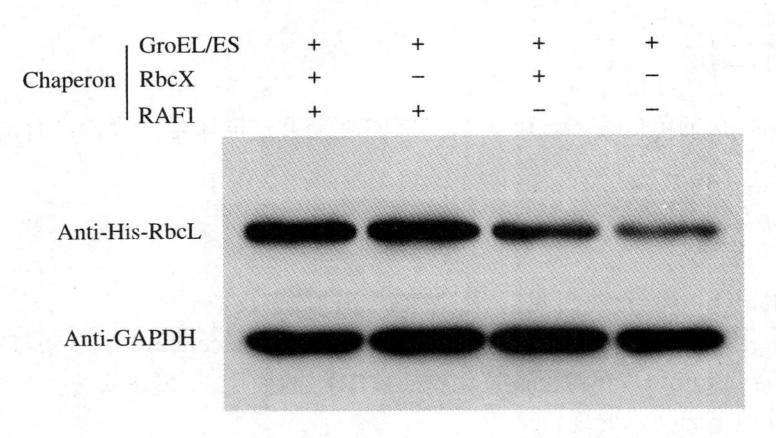

图 14.4　Western blotting 分析 RbcL 在不同调控模式下的表达情况

注：GAPDH 为内参，RAF1，RbcX，GroEL/ES 为 RbcL 的 chaperon。

(5) 考马斯亮蓝 R-250 染色液：40% MeOH，10% HAc，0.1% BBR（Brilliant Blue R）。

(6) 脱色液：30% MeOH，7.5% HAc。

(7) 10×丽春红染液：2 g 丽春红，30 g 磺基水杨酸，30 g 三氯醋酸，定容至 100 mL。

(8) 鲁米诺(luminol)。

(9) 半干转移槽(或槽式转移槽)，电泳仪，PVDF 膜，滤纸，X 光片，曝光夹。

4　实验步骤

4.1　目的蛋白(抗原)的选择和制备

4.1.1　样品的制备

组织/细胞的处理方法：组织洗涤或者离心收集细胞后，加入 3 倍体积预冷的提取缓冲液，超声波破碎(180 W，6 min，0 ℃)，5000 r/min，离心 5 min，取上清液。加入 5% β-巯基乙醇，5%溴酚蓝，煮沸 10 min，分装后于 −20 ℃环境中保存，用时取出，直接溶解上样。

4.1.2　蛋白浓度的估算(电泳估算法)

样品倍比稀释，SDS-PAGE 电泳，同时与定量标记物对照，可以估算样品大概浓度。

4.2　SDS-聚丙烯酰胺凝胶电泳(SDS-PAGE)

4.2.1　做胶前的准备

(1) 检查是否有足够的、干净的夹条、梳子和制胶架。

(2) 按将要检测的目的蛋白的分子量大小，计算出胶的浓度，并算出分离胶各组分的用量。

4.2.2　制胶、电泳(见本书实验 10 SDS-PAGE 实验)

上层胶用 60～80 V 电压，当样品泳动至分离胶时，用 120 V 电压。一般电泳时间在 1.5～2 h。通常电泳时溴酚蓝到达胶的底端处附近即可停止电泳，或者可以根据预染蛋白质分子量标准的电泳情况，预计目的蛋白已经被适当分离后即可停止电泳(用作 Western blotting 的电泳凝胶部分，无需考马斯亮蓝染色)。

4.3　转移(实验中取胶和膜时需带手套)

4.3.1　半干转移

(1) 滤纸和膜的准备(在电泳结束前 20 min 开始准备工作)：

① 检查是否有足够的转移缓冲液，如没有，需立即配制；

② 检查是否有合适大小的滤纸和膜；

③ 将膜泡入甲醇中，1～2 min 后转入转移缓冲液中；

④ 将合适的靠胶滤纸和靠膜滤纸分别泡入转移缓冲液中。

(2) 转移：

① 在半干电转移槽上铺好下层滤纸，一般用三层(图 14.1)；

② 将膜铺在靠膜滤纸上，注意膜和滤纸间不要有气泡，再倒一些转移缓冲液到膜上，保持膜的湿润；

③ 将电泳胶剥出，去掉浓缩胶，小心地移到膜上；

④ 再铺三张滤纸覆盖在胶上，倒上一些转移缓冲液，用玻棒赶走气泡；

⑤ 联通电转移仪，根据需要选定合适的电流和时间。

转移过程中要随时观察电压的变化，如有异常应及时调整。

(3) 注意事项及常遇到的问题：

① 滤纸、胶、膜之间的大小，要求保持一致，可以滤纸≥膜≥胶；

② 滤纸、胶、膜之间千万不能有气泡，气泡会造成短路；

③ 因为膜的疏水性，膜必须首先在甲醇中完全浸湿，而且在以后的操作中，膜也必须随时保持湿润；

④ 转移时间一般为 20～40 min(1～2 mA/cm^2)，可根据分子量大小调整转移时间和电流大小。

4.3.2　湿法转移

(1) 用转移缓冲液洗涤凝胶和膜，将膜铺在凝胶上，用玻棒在凝胶上来回滚动去除所有的气泡。

(2) 在凝胶/滤膜外再包三层滤纸(预先用转移缓冲液浸湿)，将凝胶夹在中间，保持湿润和没有气泡。

(3) 将滤纸/凝胶/薄膜/滤纸按照要求放入电泳装置中，凝胶面向阴极。

(4) 将上述装置放入缓冲液槽中，并灌满转移缓冲液以淹没凝胶。

(5) 接通电源开始电泳转移。使用 Bio-Rad 的标准湿式转膜装置时，可以设定转膜电流为 250～300 mA,转膜时间为 60～120 min。也可以用 15～20 mA 转膜过夜。在转膜过程中,特别是高电流快速转膜时,通常会有非常严重的发热现象,最好把转膜槽放置在冰浴中进行转膜。

(6) 转移结束后,取出薄膜和凝胶。

4.4 转移效果鉴定

4.4.1 染胶鉴定

用考马斯亮蓝染色,经脱色液脱色后,观察胶上是否还有蛋白来反映转移的效果。

4.4.2 染膜鉴定

将薄膜漂在丽春红染液中快速染色,直至分子量标准显现时取出,转膜的效果可以通过观察所使用的预染蛋白质分子量标准的染色情况确定,通常分子量最大的 1～2 条带较难全部转到膜上。记录下标准蛋白和样品的位置,剪出目的条带,并做标记,自此以后保持正面朝上。

4.5 封闭

(1) 4 ℃,5%的脱脂奶粉(TBST 溶解)封闭过夜,或室温封闭 1 h。

(2) 用 TBST 快速洗 3 次,把脱脂奶粉尽快洗掉。

4.6 孵育一抗

(1) 先将需要检测的抗体准备好,并依照抗体效价决定稀释度。

(2) 用 TBST 按要求稀释好一抗。注意:如需高比例稀释,最好采用梯度稀释。

(3) 将膜放置于稀释好的抗体溶液中孵育。一般采用室温孵育 2 h,可根据抗体量和膜上抗原量适当延长或缩短时间。

(4) 用 TBST 洗 3 次,每次 5 min。洗涤是为了洗去一抗与抗原的非特异性结合,洗涤的效果直接影响结果背景的深浅。

4.7 孵育二抗

本实验采用 HRP 标记的二抗,稀释比例为 1∶1000(依照二抗效价而定),室温孵育 45 min。二抗的稀释比例不能太低,否则容易导致非特异性的结合。

注意二抗的选择有多种,要根据一抗来选择抗兔、抗鼠或者抗羊的二抗,以及根据后面的显色条件来选择 HRP、AP 或者 GOD(葡萄糖氧化酶)酶标的二抗或者标志其他的探针(如核素等)。

用 TBST 快速洗 3 次,每次 5 min。洗涤是为了洗去二抗的非特异性结合,洗涤的效果直接影响结果背景的深浅,所以洗涤一定要干净。

4.8　显色(HCL 化学发光法)

(1) 将两种显色底物溶液 A 和溶液 B 按 1∶1 等体积混合(一般各 1 mL/膜)。

溶液 A 的主要成分为鲁米诺(luminol)及特制的发光增强剂，溶液 B 的主要成分为 H_2O_2 及特殊稳定剂。

(2) 将混合物覆盖在膜表面，1～2 min 后摇晃使溶液均匀覆盖在膜上，放置在暗处。

(3) 在化学发光检测器上，调整分辨率和曝光时间，进行显影。

注意：荧光在一段时间后会越来越弱，需尽快显影。

5　结果分析

根据实验获得 SDS-PAGE 电泳图谱和 Western blot 图谱，比较两者对某一检测蛋白的灵敏度。

6　思考题

(1) Western blot 实验中为什么要用 TPST 反复洗涤?

(2) Western blot 实验中，封闭的目的是什么?

(3) 比较 Western blot 和 ELISA 两种方法的异同和各自优势。

参 考 文 献

[1]　Simpson R J. 蛋白质与蛋白质组学实验指南[M]. 何大澄，译. 北京：化学工业出版社，2003.

[2]　Towbin H, Staehelin T, Gordon J. Electrophoretic transfer of proteins from polyacrylamide gels to nitrocellulose sheets: Procedures and some applications[J]. Proc. Natl. Acad. Sci., 1979, 76(9): 4350-4354.

[3]　Xia L Y, Jiang Y L, Kang W W, et al. Molecular basis for the assembly of RuBisCO assisted by the chaperone Raf1[J]. Nature Plants, 2020, 6(6): 708-717.

实验 15　交联法鉴定蛋白质的聚集特性

1　实验目的

(1) 学习交联法的基本原理。
(2) 掌握交联法鉴定蛋白质聚集特性的实验技术。

2　实验原理

生物大分子除以单体形式执行简单的生物学功能外，更多的时候是以相互作用复合物的模式应对复杂多变的体内外环境变化。生物大分子间的相互作用因其功能所需可分为强、弱两大类。其中强相互作用多存在于稳固的功能复合物中，这一类复合物在生理过程中作为整体发挥作用并很少有解体的需要；弱相互作用则多出现于调控过程及生理过程中间态中，这类复合物维持时间一般较短，完成相应生理任务后随即解离。在生化性质鉴定中，生物大分子间的强相互作用可被分子筛及非变性电泳方法准确测定，而弱相互作用复合体则由于承受不住以上两种方法产生的拉扯力道而得不到鉴定。化学交联方法通过在天然复合物中相邻的亚基之间引入共价桥，大大加强了弱相互作用复合物的稳定性，逐渐成为复合物(特别是弱相互作用复合物)四级结构信息鉴定的重要手段。

交联剂是一类小分子化合物，分子量一般在 200～600 Da 范围，具有 2 个或者更多的针对特殊基团(氨基、巯基等)的反应末端，可以和 2 个或者更多的分子分别偶联从而使这些分子结合在一起。在生命科学研究中，巧妙地运用交联剂可以使很多工作取得突破。交联剂已经被广泛地应用于细胞膜结构研究，蛋白质结构研究，蛋白质间相互作用研究，生物导弹研究，载体蛋白与半抗原的连接，蛋白质或其他分子的固相化，抗体的标记，标记转移，蛋白质与核酸的连接等方面。选择交联剂时要综合考虑反应指向、间臂长度、水溶性、透膜性、可否切断和可否碘化等因素。

在过去的 20 多年里，化学交联剂种类增长十分迅速，出现了大量具有不同臂长、不同反应活性的化学交联剂，大致可分为胺类交联剂、巯基交联剂和光敏交联剂三种类型。其中胺类交联剂通过产生稳定的酰胺或亚酰胺键完成连接，巯基交联剂通过生成二硫桥稳定复合物，光敏反应交联剂则在紫外光的诱导作用下与靶向分子发生反应。

根据两臂的结合特性，交联剂又可分为同型双功能(homobifunctional)和异型双功能(heterobifunctional)两类。同型双功能交联剂有至少两个相同的活性基团，异型双功能交联剂则有两个或更多个不同的活性基团。一些常用交联剂及其应用可见其特性(表 15.1)。

表 15.1　常用交联剂及其应用

分类	试剂	与其反应基团	反应条件	可被切割试剂	膜通透性	水溶性	应用*
NHS-ester 同型双功能交联剂	DSP	—NH_2	pH＝7～9，反应液中无还原试剂及—NH_2	thiols	√		1，2，3
	DSS	—NH_2			√		1，2,3,4,5
	BS3	—NH_2					2,3,4,5,9
	DST	—NH_2		periodate	√	√	1,2,3
	EGS	—NH_2		hydroxylamine	√		1,2,3
	Sulfo-EGS	—NH_2		hydroxylamine		√	2,3,9
NHS-ester maleimide 异型双功能交联剂	SMCC	—NH_2，—SH	pH＝7～7.5 反应液中无 amines，thiols 及还原试剂		√		4,5,9,10
	Sulfo-SMCC	—NH_2，—SH				√	4,5,10
	SMPB	—NH_2，—SH			√		4,5,10
NHS-ester pyridyl disulfide 异型双功能交联剂	SPDP	—NH_2，—SH	pH＝7～8，反应液中无—SH 及—NH_2	thiols	√		1,5,6
Carbodiimides	EDC	—NH_2，—COOH	pH＝4.5～5，反应液中无—NH_2 及 acetate			√	2,4,5,7,8,10
	DCC	—NH_2，—COOH			√		4,7
phenyl azides 光敏交联剂	ANB-NOS	—NH_2，non－selection	pH＝6.5～7.5，反应液中无还原试剂及—NH_2		√		1,3

* 应用：1. 膜结构研究；2. 亚单位交联；3. 受体-配体关系确认；4. 固相固定；5. 蛋白-酶结合；6. 免疫毒素制备；7. 多肽合成；8. 组织固定；9. 细胞表面交联；10. 半抗原-载体结合。

本次实验中所用的交联剂辛二酸二琥珀酰亚胺酯(disuccinimidyl suberate，DSS)属于不能切断的膜通透性胺类交联剂，可通过蛋白质表面赖氨酸侧链末端及蛋白质 N 端的氨基将两个肽链连接起来。分子量为 368.3386 Da，分子式为 $C_{16}H_{20}N_2O_8$(图 15.1)。

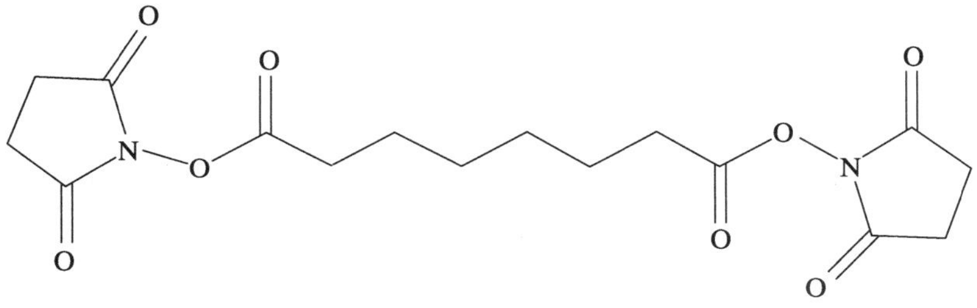

图 15.1　辛二酸二琥珀酰亚胺酯

实验所选用的样品为无蛋白酶牛血清白蛋白，它在溶液中可能以单体、二聚体及少量四聚体形式存在，交联后在SDS-PAGE电泳中条带直观可见，便于学生观察蛋白质的聚集特性。

3 试剂和仪器

（1）无蛋白酶牛血清白蛋白。

（2）交联缓冲液（conjugation buffer）：pH 8.0，50 mmol/L Na_3PO_4，0.4 mol/L NaCl，10%甘油。

（3）淬灭缓冲液（quenching buffer）：1 mol/L Tris-HCl，pH 7.5。

（4）二甲基亚砜（DMSO）、DSS（Sigma）。

（5）夹心式垂直板电泳槽，直流稳压电源（电压为300～600 V，电流为50～100 mA）。

4 实验步骤

（1）配制含有1 mg/mL蛋白样品的交联缓冲液。

（2）交联剂溶液的配制：使用前新鲜配制50 mmol/L DSS（DSS溶于DMSO）。

（3）按交联剂摩尔数：蛋白样品摩尔数=20∶1的用量计算，把交联剂加到含有蛋白样品的交联缓冲液中，总体积50 μL。

（4）反应混合物室温下孵育30 min。

（5）加入淬灭缓冲液终止反应，使Tris-HCl终浓度为50 mmol/L。

（6）淬灭反应在室温下进行15 min。

（7）配制8%的SDS-PAGE电泳胶。

（8）把反应产物上样进行电泳。

（9）对电泳胶进行考马斯亮蓝染色。

（10）对电泳胶进行脱色。

（11）根据电泳胶上的蛋白质条带，观察牛血清白蛋白的聚集情况。

5 思考题

除交联法外，还有哪些实验技术可用来检测生物分子-分子间的相互作用？各有何优势？

参考文献

[1] Ian M R. Protein analysis and purification[M]. 2nd Ed. New York: Birkhäuser Boston, 2005.
[2] John M W. Protein protocols handbook[M]. New York: Humana Press, 2002.

[3] Mattson G, Conklin E, Desai S, et al. A practical approach to cross linking[J]. Molecular Biology Reports, 1993, 17(3): 167-183.

[4] Huang B X, Kim H Y. Probing three-dimensional structure of bovine serum albumin by chemical cross-linking and mass spectrometry[J]. J. Am. Soc. Mass. Spectrom. 2004, 15(8): 1237-1247.

实验 16　肌动蛋白的体外聚合和共沉降

1　实验目的

（1）掌握肌动蛋白体外聚合的基本原理。
（2）掌握肌动蛋白共沉降实验的基本操作。

2　实验原理

运动是生命细胞的基本特征之一。细胞运动和肌肉收缩均由许多不同的蛋白质分子所组成的细胞骨架和肌丝来完成。参与细胞运动和肌肉收缩的蛋白质体系属于微管蛋白-动力蛋白/驱动蛋白（tubulin-dynein/kinesin system）和肌动蛋白-肌球蛋白体系（actin-myosin system）。

肌动蛋白（actin）是真核细胞内最保守、含量最丰富的蛋白质之一，是真核细胞中主要的细胞骨架和运动系统的重要成分，能聚合成丝，形成纤维性肌动蛋白（f-actin，微丝），为 ATP 驱动的肌球蛋白提供运动轨道、传递张力和维持细胞形状。肌动蛋白是单一多肽链的球状蛋白质，生物体中包含 7 个肌动蛋白基因，编码不同的肌动蛋白同工蛋白质。肌动蛋白与肌球蛋白相互作用产生张力，促成肌肉收缩、胞质分裂和胞质流动。细胞接收细胞外信号，肌动蛋白可发生聚合或解聚。

肌动蛋白一般以球形肌动蛋白（G-actin）和纤维性肌动蛋白两种形式存在。G-actin 的一级序列通常由 375 个氨基酸残基组成，分子量约为 43 kD。溶液中，在 Mg^{2+}、K^{+}、Na^{+} 及 ATP 诱导下 G-actin 能自聚合形成高分子量、右手双螺旋结构的 f-actin。

鬼笔环肽（phalloidin）是从一种毒性菇类中分离的剧毒生物碱，它同细胞松弛素的作用相反，只与聚合的微丝结合，而不与肌动蛋白单体分子结合。它同聚合的微丝结合后，抑制了微丝的解体，因而破坏了微丝的聚合和解聚的动态平衡。肌动蛋白聚合在经过成核期进入生长期之后，肌动蛋白体外自装配由于微丝解聚合过程被抑制而受到干预，正常的聚合-解聚合动态平衡受到破坏，导致自装配向聚合单方向进行，使溶液中的游离肌动蛋白和寡聚体浓度很低，此时几乎所有的肌动蛋白均聚合为微丝，微丝的总长度接近最大，单根微丝相对较长，彼此之间的相互作用较易发生，因而容易形成大范围的交联网络结构，在显微镜下可见（图 16.1）。

肌动蛋白具有多种结合位点，可与不同的肌动蛋白结合蛋白相结合，以完成多种细胞功能。细胞中的肌动蛋白结合蛋白控制着肌动蛋白丝的装配与拆卸，调节肌动蛋白丝的长度、

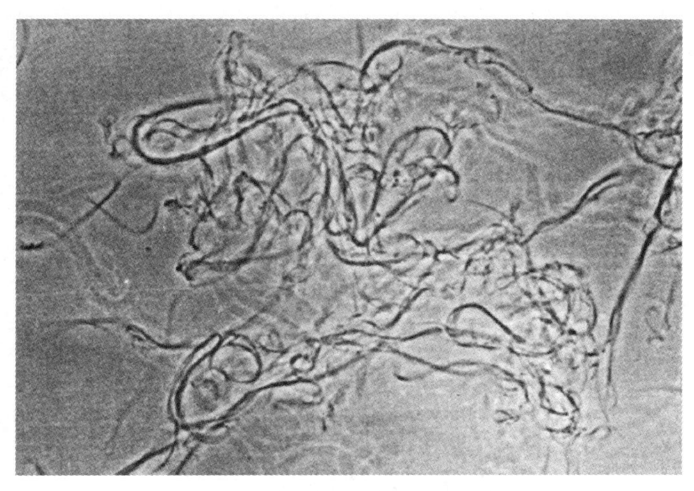

图 16.1　体外聚合的肌动蛋白微丝

极性、稳定性和三维结构，并将肌动蛋白丝与细胞浆和细胞膜的其他成分相连接，从而完成多种细胞功能。

肌动蛋白共沉降实验可以通过高速离心把微丝离心下来，对离心后的上清液和沉淀进行电泳分析，可以确定测试蛋白与肌动蛋白的结合情况，如果测试蛋白在上清液和沉淀中同时存在，表明该测试蛋白可以和肌动蛋白发生相互作用，上清液中的测试蛋白没有和肌动蛋白结合的残留蛋白；如果测试蛋白仅在上清液中存在，表明该测试蛋白不能和肌动蛋白发生相互作用，如果对样品进行精确定量，还可以进一步评估该测试蛋白和肌动蛋白结合的分子比例（图 16.2）。

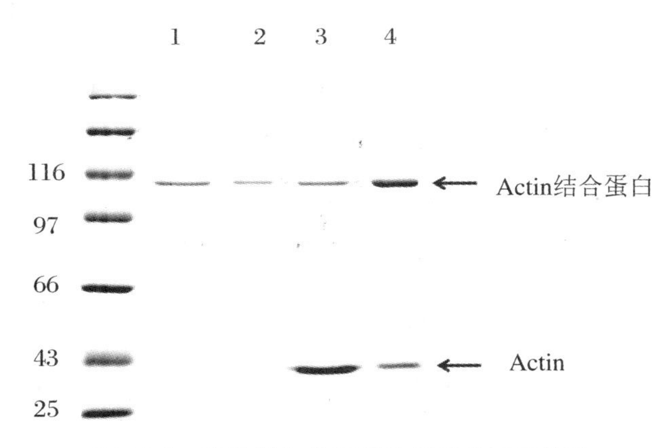

图 16.2　肌动蛋白共沉降的 SDS-PAGE 结果

注：1，2. 肌动蛋白结合蛋白样品；3，4. 肌动蛋白结合蛋白与肌动蛋白孵育后离心的沉淀和上清液样品。

3　试剂和仪器

（1）肌动蛋白单体溶液（见所附实验：肌动蛋白的纯化）。

（2）体外纯化的肌动蛋白结合蛋白（如 Ezrin）。

(3) Tris-HCl,$MgCl_2$,KCl,DTT,ATP,偶联有荧光素的鬼笔环肽,SDS样品缓冲液。

(4) 生物荧光显微镜,高速冷冻离心机,烧杯,蛋白电泳仪,盖玻片,载玻片。

4 实验步骤

(1) 在透析过的肌动蛋白单体溶液中加入$MgCl_2$、KCl、DTT、ATP至终浓度分别为1 mmol/L、1 mmol/L、0.1 mmol/L和1 mmol/L,37 ℃聚合20 min。

(2) 在聚合好的微丝体系中加入偶联有荧光素的鬼笔环肽,37 ℃放置30 min形成稳定的复合物,取50 μL溶液滴在载玻片上,盖上盖玻片后在荧光显微镜下观察。

(3) 在聚合好的微丝体系中加入肌动蛋白结合蛋白,37 ℃环境中放置30 min形成稳定的复合物。

(4) 把复合物于4 ℃环境中,90000 r/min超高速离心5 min,把沉淀和上清液分开。

(5) 在沉淀和上清液中分别加入SDS样品缓冲液,煮样后进行电泳分析,可以在沉淀的泳道中看到肌动蛋白结合蛋白的条带。

5 注意事项

(1) 所有使用的溶剂和新鲜配制的溶液均需通过直径0.22 μm的滤膜过滤去除颗粒。

(2) 聚合好的微丝溶液有些黏稠,分离沉淀时要注意。

(3) 微丝聚合需要一定的条件,改变离子浓度或者加入聚合抑制剂均可以起到抑制聚合的作用,结合显微镜和电泳分析可以观察到相应的结果。

6 思考题

简述细胞质骨架的组成及功能。

参 考 文 献

[1] Pardee J D, Spudich J A. Purification of muscle actin [J]. Methods in Enzymology, 1982(85): 164-181.

[2] Yao X B, Cheng L, Forte J G. Biochemical characterization of ezrin-actin interaction[J]. The Journal of Biological Chemistry, 1996, 271(12):7224-7229.

[3] Bretscher A. Smooth muscle caldesmon. Rapid purification and f-actin cross-linking properties[J]. The Journal of Biological Chemistry, 1984, 259(20):12873-12880.

附：肌动蛋白的制备

1　实验材料

新西兰大白兔。

2　试剂和仪器

（1）1 mol/L KCl（0.15 mol/L NaH_2PO_4，pH 6.5），1 mol/L NaH_2PO_4，1 mol/L $MgCl_2$，1 mol/L $NaHCO_3$，1 mol/L EDTA，100 mmol/L ATP，ddH_2O，丙酮。

（2）缓冲液 A：2 mmol/L Tris-HCl（pH 8.0），0.2 mmol/L Na_2ATP，0.5 mmol/L β-巯基乙醇，0.2 mmol/L $CaCl_2$，0.005% NaN_3，pH 8.0，25 ℃。

（3）缓冲液 B：缓冲液 A 中加入 0.6 mmol/L KCl，2 mmol/L $MgCl_2$，pH 8.0，25 ℃。

（4）高速冷冻离心机，天平，玻璃匀浆器，解剖刀剪，烧杯，量筒，离心管，高速离心管，铝箔，透析夹，棉布，手术刀片，绞肉机，蒸发皿，透析袋（直径 2 cm）20000 MWCO。

3　制备方法

（1）颈部脱臼处死新西兰大白兔，完全放血之后，快速切开后腿，取出大约 250 g 肌肉，冰上预冷后，用 4 ℃预冷的 ddH_2O 洗尽残留的血液，4 ℃预冷的绞肉机切碎肌肉。

（2）将绞碎的肌肉迅速放入 1 L 冰浴的 0.1 mol/L KCl 溶液中，搅拌 10 min，用四层预处理过的棉布过滤（棉布在水里煮沸 20 min，干燥后，4 ℃预冷）。

（3）将过滤后的残留物转入 2 L 4 ℃ 预冷的 0.05 mol/L $NaHCO_3$ 中，4 ℃搅拌 10 min，用四层预处理过的棉布过滤（这一步处理时间过长会把肌动蛋白抽提出来）。

（4）将过滤后的残留物转入 1 L 4 ℃预冷的 1 mmol/L EDTA（pH 7.0）中，4 ℃搅拌 10 min。

（5）将过滤后的残留物转入 2 L 4 ℃预冷的 ddH_2O 中，4 ℃搅拌 5 min，过滤后用同样的方法再处理一次。

（6）将过滤后的残留物转入 1 L 预冷的丙酮中，20～25 ℃搅拌 10 min，过滤后用同样的方法处理 4 次。

（7）过滤后的残留物放在蒸发皿中干燥过夜，所得的丙酮粉末可以在 −20 ℃环境中稳定保存几个月。

（8）每克丙酮粉末加入 15 mL 4 ℃ 预冷的缓冲液 A 中，4 ℃缓慢搅拌 3 h 抽提肌动蛋白单聚体。

(9) 用四层灭过菌的粗棉布过滤(如果需要可以 1000～11000×g 离心 20 min,取上清液)。

(10) 在残留物中加入 15 mL 4 ℃ 预冷的缓冲液 A,4 ℃继续搅拌 3 h 抽提肌动蛋白单聚体。

(11) 合并两次的滤液,4 ℃ 27000×g,离心 1 h(配平时精确到 0.01 g),用移液器小心吸取上清液,不要吸入离心管中变混浊的液体。

(12) 提高上清液中相应的离子浓度至 50 mmol/L KCl,2 mmol/L Mg^{2+},并加入 1 mmol/L ATP,4 ℃聚合 2 h,可以观察到溶液逐渐变得黏稠。

(13) 缓慢加入 KCl 至终浓度为 0.6 mol/L,4 ℃缓慢搅拌 0.5 h(KCl 浓度提高到 0.8 mol/L可以除去更多的原肌球蛋白,但会降低肌动蛋白的终产量)。

(14) 4 ℃ 80000×g,离心 3 h,倒去上清液,加入 150 mL 缓冲液 B(使用前加入 1 mmol/L ATP)温和匀浆,4 ℃ 80000×g,离心 3 h,用缓冲液 A 小心润洗沉淀。

(15) 加入 1 mL 4 ℃ 预冷的缓冲液 A,冰上放置 1 h,再加入 2 mL 4 ℃ 预冷的缓冲液 A,温和匀浆,用移液器转移所有的溶液至透析袋中。

(16) 缓冲液 A 1 L,4 ℃ 透析 3 天,每隔一天换一次透析液。

(17) 4 ℃ 80000×g 离心 3 h,收集上清液,即为肌动蛋白单体溶液。

4 注意事项

(1) 本实验也可以采用鸡的大腿和胸脯的肌肉来纯化肌动蛋白。

(2) 透析后可能出现的黏稠性物质是因为肌动蛋白和肌浆蛋白形成复合物,可以适当地延长透析时间,但会同时导致肌动蛋白水解。

参考文献

Pardee J D, Spudich J A. Purification of muscle actin [J]. Methods in Cell Biology, 1982,24: 271-289.

实验 17　用正交法测定几种因素对酶活力的影响

1　实验目的

(1) 初步学习如何采用正交法安排多因素多水平的实验。

(2) 掌握用正交法确定酶反应的最佳条件。

2　实验原理

正交设计是一种研究与处理多因素多水平实验的统计学方法。它是利用一套规格化的表格——正交表,科学合理地安排实验,达到大幅减少实验次数又不会降低实验可信度的目的。

它的特点是在全部处理组合中,仅挑选部分有代表性的处理组合(水平组合)进行实验,即用部分实验来代替全面实验,通过对部分实验结果的分析,了解全面实验的情况。如 4 个因素每因素 3 水平实验,全面实施需要 81($3^4=81$)个处理组合,而采用 $L_9(3^4)$的正交表,则只要实施 9 个处理组合。符合"以尽量少的实验,获得足够多的、有效的信息"的实验设计原则。当存在交互作用时,需要考虑有可能出现交互作用的混杂。

实验中各因素水平的选取原则是:宜选用 3 个水平,以方便实验结果的分析;水平通常取等间隔,特殊情况下取对数间隔。

可以看出,正交设计是安排多因素实验、寻求最优水平组合的一种高效率的实验设计方法,在生产实践和科学研究中对于因素多、周期长、有误差的一类实验问题,正交实验法的效果尤其显著。

本次实验内容和原理介绍均未考虑交互作用及其混杂。

2.1　正交表及其特点

以 $L_9(3^4)$正交表为例,$L_9(3^4)$表示用这张表设计实验,最多可安排 4 个因素,每个因素取 3 个水平(水平即在因素的允许变化范围内,要进行实验的"点",此范围通常是根据专业知识确定,如无资料可借鉴,应先加宽范围再逐步缩小),一共做 9 个实验。

正交表有以下两个特点:

(1) 每一列中,不同数字出现的次数相等,即每一因素的每一水平实验次数相等。

(2) 任意两列中，将同一横行的两个数字看成有序数对时，每一数对出现次数相等。

这里有 9 种数对：(1,1)，(1,2)，(1,3)，(2,1)，(2,2)，(2,3)，(3,1)，(3,2)，(3,3)，它们各出现一次。即每一因素的每一水平与另一因素的各水平碰到一次，也仅碰到一次，表明任何两因素的搭配是均衡的。因此，正交表安排的实验具有均衡分散和整齐可比的特性。

所谓均衡分散是指所选组合分布均匀，代表性强。

例如，3 个因素每因素 3 个水平的实验，全面实验需要 $3^3=27$ 次，如表 17.1 所示进行排列。

表 17.1　3 个因素每因素 3 水平实验正交表

		C_1	C_2	C_3
A_1	B_1	$A_1B_1C_1$	$A_1B_1C_2$	$A_1B_1C_3$
	B_2	$A_1B_2C_1$	$A_1B_2C_2$	$A_1B_2C_3$
	B_3	$A_1B_3C_1$	$A_1B_3C_2$	$A_1B_3C_3$
A_2	B_1	$A_2B_1C_1$	$A_2B_1C_2$	$A_2B_1C_3$
	B_2	$A_2B_2C_1$	$A_2B_2C_2$	$A_2B_2C_3$
	B_3	$A_2B_3C_1$	$A_2B_3C_2$	$A_2B_3C_3$
A_3	B_1	$A_3B_1C_1$	$A_3B_1C_2$	$A_3B_1C_3$
	B_2	$A_3B_2C_1$	$A_3B_2C_2$	$A_3B_2C_3$
	B_3	$A_3B_3C_1$	$A_3B_3C_2$	$A_3B_3C_3$

正交设计就是从全面实验(27 个水平组合)中挑选出有代表性的部分实验(9 个水平组合，下表中加底纹部分)进行实验。正交设计选择如表 17.2 中所示。

表 17.2　正交设计选择

		C_1	C_2	C_3
A_1	B_1	**$A_1B_1C_1$**	$A_1B_1C_2$	$A_1B_1C_3$
	B_2	$A_1B_2C_1$	**$A_1B_2C_2$**	$A_1B_2C_3$
	B_3	$A_1B_3C_1$	$A_1B_3C_2$	**$A_1B_3C_3$**
A_2	B_1	$A_2B_1C_1$	**$A_2B_1C_2$**	$A_2B_1C_3$
	B_2	$A_2B_2C_1$	$A_2B_2C_2$	**$A_2B_2C_3$**
	B_3	**$A_2B_3C_1$**	$A_2B_3C_2$	$A_2B_3C_3$
A_3	B_1	$A_3B_1C_1$	$A_3B_1C_2$	**$A_3B_1C_3$**
	B_2	**$A_3B_2C_1$**	$A_3B_2C_2$	$A_3B_2C_3$
	B_3	$A_3B_3C_1$	**$A_3B_3C_2$**	$A_3B_3C_3$

如果把上面的这个表格用立方体表示的话(图 17.1)，就比较直观了。把立方体划分成 27 个格点，一个格点代表一个实验点(水平组合)。画圈的 9 个格点与上表中涂色的水平组合相对应。

从图 17.1 中可以看出，所选取的 9 个实验点，在立方体的每个平面上有且仅有 3 个实

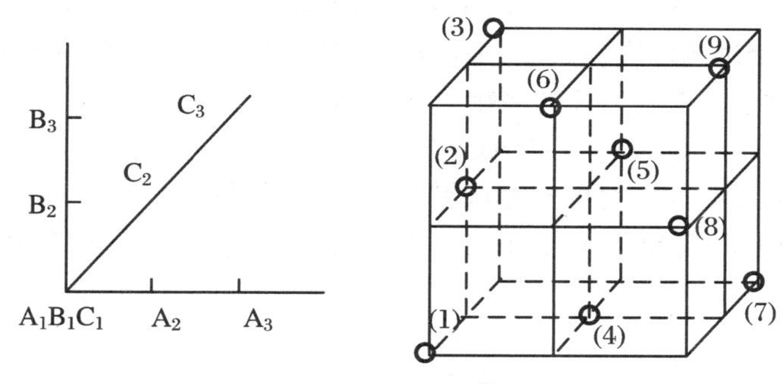

图 17.1　3 因素每因素 3 水平实验点的均衡分布图

验点，每两个平面的交线上有且仅有 1 个实验点。9 个实验点均衡地分布于整个立方体内，有很强的代表性，能够比较全面地反映全面实验的基本情况。

所谓整齐可比是指正交表任一因素任一水平下都均衡地包含了其他因素的各水平。如下式所示：

$$A_1\begin{cases}B_1C_1\\B_2C_2\\B_2C_2\end{cases}\quad A_2\begin{cases}B_1C_2\\B_2C_3\\B_2C_1\end{cases}\quad A_3\begin{cases}B_1C_3\\B_2C_1\\B_2C_2\end{cases}$$

因此，当比较 A_1，A_2，A_3 时，其余两因素的效应都彼此抵消。余下只有 A 效应和实验误差，三组的区别仅在于 A 的水平不同，因此这 3 个水平组合具有明显的可比性。在 B，C 因素时也同样。

常用正交表有 $L_4(2^3)$，$L_8(2^7)$，$L_9(3^4)$，$L_{27}(3^{13})$等。

2.2　正交实验的基本方法

(1) 确定因素数和水平数，如本实验考察 4 个因素（酶、底物、温度、pH），每个因素 3 个水平，如 pH = 3.6，4.6，5.6。

(2) 选择合适的正交表。

N_{min}（最少实验次数）=（水平数 − 1）× 因素数 + 1 + 交互作用自由度，然后选处理组合稍多于 N_{min} 的正交表。

本次实验选择了水平数均为 3 的 4 个因素，不考察各因素间的交互作用，也不涉及混合水平，故选用 $L_9(3^4)$表。

(3) 设计表头，列出实验方案。

2.3　结果分析

对于一般性实验，可用直观分析和极差分析，对要求精细的实验，则要用方差分析，它能给出误差的大小估计，对于有混合水平的正交实验，只能用方差分析（可参看相应统计学书籍）。

本次实验使用直观分析和极差分析。

2.4　正交法确定酶反应的最佳条件

酶反应受到多种因素的影响，如底物浓度、酶浓度、反应温度、反应体系的 pH、反应时间、激活剂和抑制剂等都能影响酶反应速度。这种多因素的实验可通过正交法来设计安排，计算和分析实验结果。这样就能通过较少的实验来确定酶反应的最佳条件。

本实验运用正交法测定底物浓度、酶浓度、反应温度、反应体系的 pH 这四个因素对蔗糖酶活性的影响，并求得在什么样的底物浓度、酶浓度、温度、pH 时酶的活性最大。

蔗糖酶(EC 3.2.1.48)又称“转化酶”，糖苷酶之一。催化水解蔗糖成为果糖和葡萄糖，按水解蔗糖的方式不同，蔗糖酶可分为从果糖末端切开蔗糖的 β-D-呋喃果糖苷酶和从葡萄糖末端切开蔗糖的 α-D-葡萄糖苷酶，前者存在于酵母中，后者存在于霉菌中，工业上多从酵母中提取。

3 试剂和仪器

(1) pH 为 3.6,4.6,5.6 的 0.2 mol/L 乙酸盐缓冲液，配方见附录 12。

(2) 蔗糖酶：3 mg 蔗糖酶溶于 10 mL 蒸馏水中。

(3) 5%(*W*/*V*)蔗糖(分析纯)溶液。

(4) 3,5-二硝基水杨酸(DNS)。

将 6.3 g 3,5-二硝基水杨酸溶于 262 mL 2 mol/L 的氢氧化钠溶液中。将此溶液与 500 mL 含有 182 g 酒石酸钾钠的热水混合。向该溶液中再加入 5 g 重蒸酚和 5 g 亚硫酸钠，充分搅拌使之溶解，待溶液冷却后，用水定容到 1000 mL。储存于棕色瓶中。

(5) 分光光度计，恒温水浴锅，试管，漏斗，移液器。

4 实验操作

4.1 确定实验因素和水平

本次实验取 4 个因素，即底物浓度[S]、酶浓度[E]、温度、pH，每个因素选 3 个水平(表 17.3)。

表 17.3 实验因素和水平

水平	[S](mL)	[E](mL)	温度(℃)	pH
1	0.2	1.0	40	5.6
2	0.8	0.2	60	3.6
3	0.5	0.6	50	4.6

4.2 表头设计

在所选的正交表上进行表头设计(表 17.4)。

表 17.4　表头设计

列号		A	B	C	D	水平组合
		1	2	3	4	
实验号	1	1	1	1	1	$A_1B_1C_1D_1$
	2	1	2	2	2	$A_1B_2C_2D_2$
	3	1	3	3	3	$A_1B_3C_3D_3$
	4	2	1	2	3	$A_2B_1C_2D_3$
	5	2	2	3	1	$A_2B_2C_3D_1$
	6	2	3	1	2	$A_2B_3C_1D_2$
	7	3	1	3	2	$A_3B_1C_3D_2$
	8	3	2	1	3	$A_3B_2C_1D_3$
	9	3	3	2	1	$A_3B_3C_3D_1$

4.3　实验安排

将本实验的 4 个因素依次放在 L_9 表的第 1,2,3,4 列,再将各列的水平数用该列因素相应的水平写出来,就得到相应的实验安排表(表 17.5)。

表 17.5　蔗糖酶实验安排表

试剂(mL)	实验号								
	1	6	8	3	5	7	2	4	9
5%蔗糖溶液[S](mL)	0.2	0.8	0.5	0.2	0.8	0.5	0.2	0.8	0.5
0.2 mol/L 乙酸盐缓冲液(mL)	pH=5.6 1.8	pH=3.6 1.6	pH=4.6 2.3	pH=4.6 2.2	pH=5.6 2.0	pH=3.6 1.5	pH=3.6 2.6	pH=4.6 1.2	pH=5.6 1.9
	40 ℃预热 5 min			50 ℃预热 5 min			60 ℃预热 5 min		
蔗糖酶液[E](mL)	1.0	0.6	0.2	0.6	0.2	1.0	0.2	1.0	0.6
	40 ℃反应 10 min			50 ℃反应 10 min			60 ℃反应 10 min		
DNS(mL)	1.0	1.0	1.0	1.0	1.0	1.0	1.0	1.0	1.0
	100 ℃水浴,5 min,然后立即用冷水冷却至室温								
蒸馏水(mL)	6.0	6.0	6.0	6.0	6.0	6.0	6.0	6.0	6.0
OD_{520}									

表 17.5 中实验号共 9 个,表示要做 9 次实验,每次实验的条件如每一纵行所示。如做第一个实验时[S]是 0.2 mL,[E]是 1.0 mL,温度是 40 ℃,pH 是 5.6。第二个实验[S]是 0.2 mL,[E]是 0.2 mL,温度是 60 ℃,pH 是 3.6,其余类推。

另取试管一支做非酶对照,即加 5%蔗糖溶液 0.5 mL,缓冲液 1.9 mL,先加 DNS 1.0 mL混匀室温放置 5 min 后再加入蔗糖酶液 0.6 mL 混匀,继续室温放置 10 min,100 ℃

水浴,5 min,立即用冷水冷却至室温,再补加蒸馏水 6 mL,混匀。

用非酶对照管溶液作为空白对照,在 520 nm 处测定各实验管的吸光度值(*OD* 值)。

本次实验无需知道产生显色反应的还原糖的绝对量,故不做标准曲线。

严格意义上讲,每管均应设置对照,这样才能更好地避免各因素水平的非特异性影响。另外,针对关键性实验应做平行实验,然后取平均值。

5　注意事项

(1) 试剂溶液取液要准确。

(2) 各反应管保温要一致,尤其是酶反应时间要用计时器精确控制。

(3) 加 DNS 后和测定 *OD* 值前,反应液都要混匀。

6　结果分析

与全面实验相比,正交实验的实验次数大大减少,因此实验数据的分析处理非常重要。

实验做好后,把 9 个数据填入实验结果栏内(表 17.6),按表中数据计算出各因素的一水平实验结果总和、二水平实验结果总和、三水平实验结果总和,再取平均值(各自被 3 除)。最后计算极差。极差是指这一列中 k 值中最大值与最小值的之差。

(1) 据 R 值的大小,排出因素显著性的顺序,并比较 k 值选出最优水平组合(即好的实验条件)。

(2) 以 OD_{520} 值(k_1, k_2, k_3)为纵坐标,因素的水平为横坐标做趋势图,以判断各因素的水平范围是否选偏。

(3) 讨论本次实验条件下,温度、pH、底物浓度和酶浓度对蔗糖酶活性的影响,找出何种条件下酶活力最高,给出一直观分析的结论。

表 17.6　蔗糖酶酶活力测定实验结果分析表

实验号	因素及水平				
	[S](mL)	[E](mL)	温度(℃)	pH	实验结果 OD_{520}
1	1　0.2	1　1.0	1　40	1　5.6	
2	1　0.2	2　0.2	2　60	2　3.6	
3	1　0.2	3　0.6	3　50	3　4.6	
4	2　0.5	1　1.0	2　60	3　4.6	
5	2　0.5	2　0.2	3　50	1　5.6	
6	2　0.5	3　0.6	1　40	2　3.6	
7	3　0.8	1　1.0	3　50	2　3.6	

续表

实验号	因素及水平				
	[S](mL)	[E](mL)	温度(℃)	pH	实验结果 OD_{520}
8	3　0.8	2　0.2	1　40	3　4.6	
9	3　0.8	3　0.6	2　60	1　5.6	
K_1(一水平实验结果总和)					
K_2(二水平实验结果总和)					
K_3(三水平实验结果总和)					
$k_1 = K_1/3$					
$k_2 = K_2/3$					
$k_3 = K_3/3$					
R(极差)					

7　思考题

正交法与一般方法相比有什么优点？什么情况下采用正交法？

参 考 文 献

[1]　郭纯孝.计算化学[M].北京:化学工业出版社,2004.
[2]　陈均辉,李俊,等.生物化学实验[M].5 版.北京:科学出版社,2014.

实验 18　酸性磷酸酯酶动力学性质的分析

1　实验目的

（1）了解并把握酶的性质鉴定操作中的关键因素、条件优化以及数据处理的原则。

（2）掌握酶活性测定的一般原则，对照反应管的正确设置，明确系统及操作误差的控制等。

2　实验原理

2.1　酸性磷酸脂酶催化的反应及底物鉴定方法

酸性磷酸酯酶存在于植物的种子、霉菌、肝脏和人体前列腺之中，能专一水解磷酸单酯键。本实验选用商品化的酸性磷酸酯酶，以磷酸苯二钠为底物测定其活力。反应式如下：

$$C_6H_5-O-P(=O)(ONa)-ONa + H_2O \rightleftharpoons C_6H_5-OH + Na_2HPO_4$$

因此可用 Folin 酚法测定产物酚或用定磷法测定无机磷含量来表示酶活力。1 个酶活力单位定义为在酶的最适反应条件下每分钟生成 1 μmol 产物所需要的酶量。

2.2　酶促反应的初速度及 K_m 和 V_{max} 的概念

要测定酶活力，首先要确定酶的反应时间。这不是任意规定的，应该在初速度范围内（也即反应速度与时间呈线性相关）进行选择。因此必须制作酶的反应进程曲线来找到线性相关的时间区间。所谓进程曲线是指酶促反应时间与产物生成量（或底物减少量）之间关系的曲线（图 18.1）。

根据酶与底物形成中间络合物的学说，可以得到一个表示酶反应速度与底物浓度之间相互关系的方程式：

$$E + S \underset{k_2}{\overset{k_1}{\rightleftharpoons}} ES \xrightarrow{k_3} E + P$$

$$K_m = \frac{k_2 + k_3}{k_1}$$

$$v = V_{max} \frac{[S]}{[S] + K_m}$$

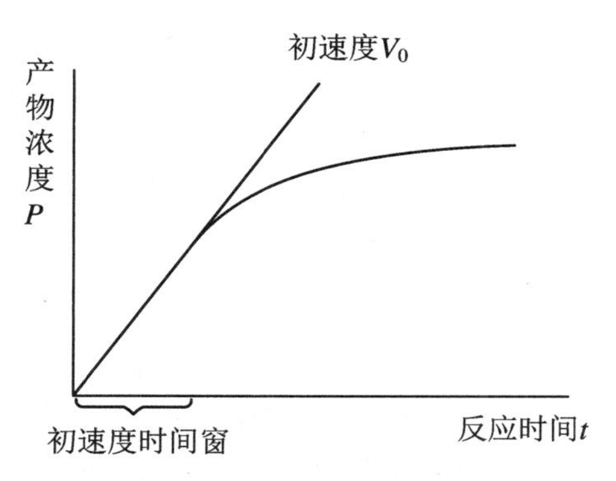

图 18.1　酶反应进程曲线示意图

显然，米氏常数 K_m等于反应速度达到最大反应速度一半时的底物浓度，米氏常数的单位就是浓度单位(mol/L 或 mmol/L)。

测定 K_m和 V_{max}特别是测定 K_m，是酶研究的基本内容之一。米氏常数 K_m是酶的一个基本的特性常数，它包含着酶与底物结合和解离的性质，可以反映酶与各底物的亲和力强弱。测定 K_m和 V_{max}，一般通过作图法求得。最常采用的是 Lineweaver-Burk 作图法。本法先将米氏方程转换成倒数形式，即：

$$\frac{1}{v} = \frac{1}{V_{max}} + \frac{K_m}{V_{max}} \cdot \frac{1}{[S]}$$

然后以$\frac{1}{v}$对$\frac{1}{[S]}$作图(图 18.2)，可得到一条直线。此直线在横轴上的截距为$-\frac{1}{K_m}$，在纵轴上的截距为$\frac{1}{V_{max}}$，由此可求得 K_m和 V_{max}。

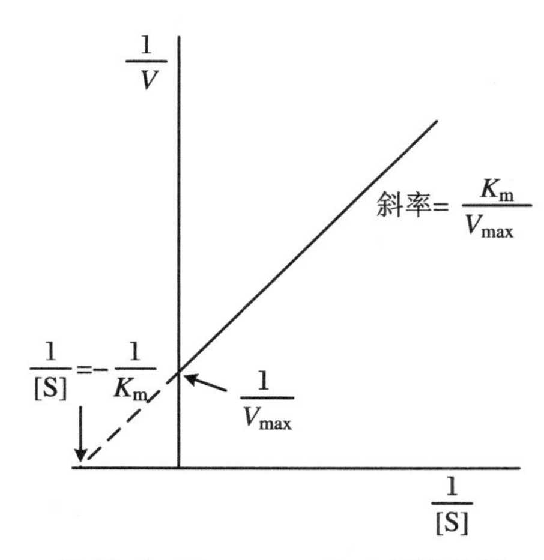

图 18.2　Lineweaver-Burk 双倒数图

为了制作双倒数曲线，求得 K_m和 V_{max}值，需要知道在酶促反应中所产的生产物的绝对值，而不能以光吸收的相对数值表示，所以需要用酚经显色后制作标准曲线，并在标准曲线上读取酶促反应后所测光吸收值的对应酚含量。

2.3　k_{cat}和 k_{cat}/K_m的意义

当[S]很大时，$V_{max} = k_{cat}[E]$。式中，k_{cat}表示当酶被底物饱和时每秒钟每个酶分子转换底物的分子数，这个常数称为转换数，单位为 s^{-1}（秒$^{-1}$）。k_{cat}数值越大，表示酶的催化效率越高。k_{cat}/K_m又称为专一性常数，常作为酶催化效率的参数，单位为 $M^{-1}\cdot s^{-1}$。

2.4　酶促反应的抑制剂与酶的结合特性及动力学特性

2.4.1　抑制剂与酶结合的可逆性

抑制剂是引起酶促反应速度降低的一类物质的统称。它与酶结合，引起酶活力下降。根据抑制剂与酶结合的特点可分为不可逆抑制剂和可逆抑制剂两种类型，不可逆抑制剂的动力学特征在于，抑制程度随抑制剂浓度及抑制剂与酶接触的时间增加而增大，最终抑制水平由抑制剂与酶的相对量所决定。可逆抑制剂与酶结合以解离平衡为基础，它的抑制程度由酶与抑制剂间的解离常数及抑制剂浓度决定，而与时间无关。

2.4.2　抑制剂与酶结合的竞争性

可逆抑制又可分为竞争性抑制、非竞争性抑制和反竞争性抑制。

(1) 竞争性抑制：加入抑制剂会改变表观 K_m值，但不影响 V_{max}值。

反应式为

$$\begin{array}{l} E + S \underset{k_2}{\overset{k_1}{\rightleftharpoons}} ES \xrightarrow{k_3} E + P \\ + \\ I \\ \Big\Updownarrow k_i \\ EI \end{array}$$

式中，K_i为抑制剂常数，$K_i=\dfrac{k_{i1}}{k_{i2}}$，为 EI 的解离常数。

竞争性抑制有其特有的双倒数图(图 18.3)。

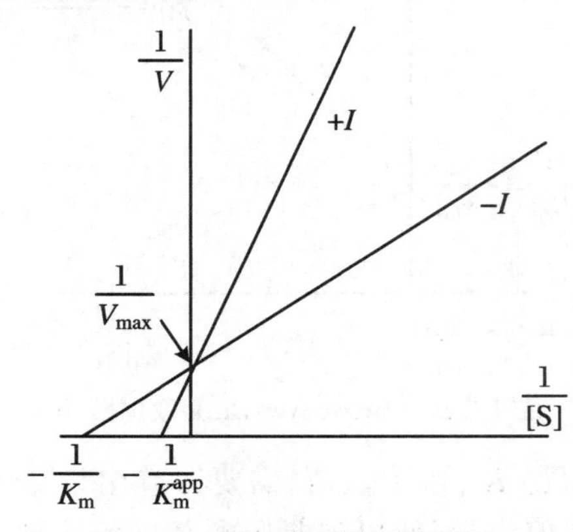

图 18.3　竞争性抑制双倒数图

双倒数公式：

$$\frac{1}{v}=\frac{1}{V_{max}}+\frac{K_m}{V_{max}}\left(1+\frac{[I]}{K_i}\right)\cdot\frac{1}{[S]}$$

(2) 非竞争性抑制：加入抑制剂不改变 K_m值，但会降低 V_{max}值。

反应式为

$$\begin{array}{ccc} E + S & \rightleftharpoons & ES \xrightarrow{k_3} E + P \\ + & & + \\ I & & I \\ \Updownarrow & & \Updownarrow k_i \\ EI + S & \underset{}{\overset{k_i}{\rightleftharpoons}} & EIS \end{array}$$

非竞争性抑制也有其特有的双倒数图(图 18.4)。

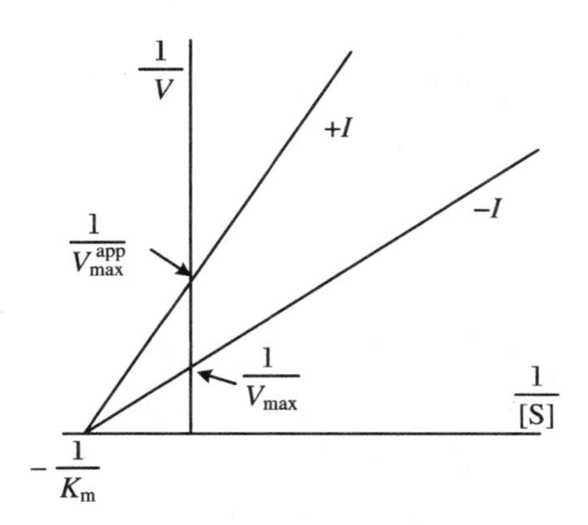

图 18.4　非竞争性抑制双倒数图

双倒数公式为

$$\frac{1}{v} = \frac{1}{V_{max}}\left(1 + \frac{[I]}{K_i}\right) + \frac{K_m}{V_{max}}\left(1 + \frac{[I]}{K_i}\right) \cdot \frac{1}{[S]}$$

(3) 反竞争性抑制:加入抑制剂会同时改变表观 K_m和 V_{max}值。

反应式为

$$\begin{array}{c} E + S \underset{k_2}{\overset{k_1}{\rightleftharpoons}} ES \xrightarrow{k_3} E + P \\ + \\ I \\ \Updownarrow k_i \\ EIS \end{array}$$

反竞争性抑制有其特有的双倒数图(图 18.5)。

双倒数公式为

$$\frac{1}{v} = \frac{1}{V_{max}}\left(1 + \frac{[I]}{K_i}\right) + \frac{K_m}{V_{max}} \cdot \frac{1}{[S]}$$

本实验通过氟化钠和磷酸二氢钾对酸性磷酸酯酶的抑制试验,先用 v-$[E]$作图法,判断这两种抑制剂是属于可逆抑制还是不可逆抑制类型。在确定它们都是可逆抑制剂以后,再用$\frac{1}{v}$-$\frac{1}{[S]}$作图法进一步判断它们是属于竞争性抑制剂、非竞争性抑制剂,还是反竞争制性抑制剂,并且计算出相应的抑制剂常数 K_i。

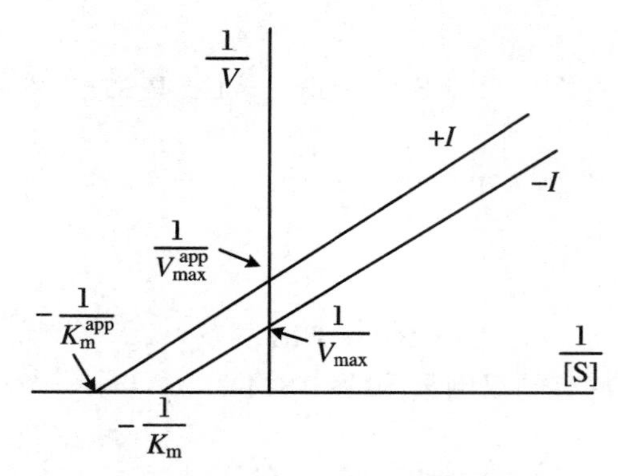

图 18.5　反竞争性抑制双倒数图

3　试剂与器材

(1) 50～100 μg/mL 酸性磷酸酯酶溶于 0.2 mol/L NaAc(pH = 5.6)。

(2) 5 mmol/L 磷酸苯二钠($Ph\text{-}PO_4Na_2$)溶于 0.2 mol/L NaAc(pH = 5.6)。

(3) 20 mmol/L 磷酸二氢钾 KH_2PO_4 溶于 0.2 mol/L NaAc(pH = 5.6)。

(4) 10 mmol/L NaF 溶于 0.2 mol/L NaAc(pH = 5.6)。

(5) Folin 酚乙试剂。

(6) 1 mol/L Na_2CO_3。

(7) 试剂配制后均置于 4 ℃环境中保存,使用前要预热。

(8) 分光光度计,恒温水浴,小试管,计时器,各种量程的移液器。

4　实验操作

4.1　进程曲线的制作和初速度的测定

取 12 支试管编号 0～11,其中 0 号管为空白,按表 18.1 中所示进行操作。

表 18.1　酶反应进程曲线实验设计

试剂	管号											
	1	2	3	4	5	6	7	8	9	10	11	0
5 mmol/L $Ph\text{-}PO_4Na_2$(mL)	各 0.5											
35 ℃预热 2 min												
酶液(35 ℃预热)(mL)	各 0.5,混匀											
35 ℃反应时间(min)	3	5	7	10	12	15	20	25	30	40	50	0
1 mol/L Na_2CO_3(mL)	各 2.0											

续表

试剂	管号											
	1	2	3	4	5	6	7	8	9	10	11	0
Folin 酚试剂(mL)	各 0.5,混匀											
35 ℃保温显色 10 min												
OD_{680}												

注意：

酶与底物溶液先分别在 35 ℃预热 2 min,加入底物溶液后摇匀并精确计时。加入 1 mol/L Na_2CO_3是为了终止反应。待所有酶反应都完成后,各管依序加入 Folin 酚溶液显色 10 min。读取 680 nm 处光吸收值。0 号管可改为先加入酶与反应终止液,充分混匀,底物在最后加入,不需温育。

以反应时间为横坐标,OD_{680}值为纵坐标绘制进程曲线,从进程曲线求出酸性磷酸酯酶反应的初速度时间范围(图 18.1)。

4.2　米氏常数(K_m)和最大反应速度(V_{max})的测定

4.2.1　酚标准曲线的制作

取试管 17 支,按照 1 至 8 的顺序编号(每号做平行两管),空白管为 0 号。按表 18.2 中所示进行操作。

表 18.2　酚标准曲线实验设计

试剂	管号								
	1	2	3	4	5	6	7	8	0
酚含量(μmol)	0.04	0.08	0.12	0.16	0.2	0.24	0.28	0.32	0
酚标准液 0.4 mmol/L(mL)	0.1	0.2	0.3	0.4	0.5	0.6	0.7	0.8	0
0.2 mol/L NaAc(mL)	0.9	0.8	0.7	0.6	0.5	0.4	0.3	0.2	1
1 mol/L Na_2CO_3(mL)	各 2								
Folin 酚试剂(mL)	各 0.5,混匀								
OD_{680}									

以酚量(μmol)为横坐标,OD_{680}为纵坐标绘制标准曲线。

4.2.2　底物浓度对酶促反应速度的影响——K_m和 V_{max}的测定

取 30 支试管按照 1 至 14 的顺序逐管重复两组编号,空白管为 0^1 和 0^2 号。具体操作按表 18.3 所示进行。酶、底物、缓冲液在反应前分别预热,在可能的条件下,每个时间点应做至少两组平行反应。所用酶量不宜过量,以 14 号管反应后 OD_{680}为 0.7～0.8 为好。严格意义上,应该每一个底物浓度做一个 0 号对照管,但反应管太多会造成混乱。取最高和最低的两个底物浓度做0号对照管，在底物中加入终止液后再加入酶，经显色后作为对照管，做两个底物浓度的对照反应，主要是鉴定底物浓度自身对 *OD* 值的影响。若无明显影响，则可只取 0^2 为对照管。若有明显影响，则需要考虑不同底物浓度都做对照反应管。

表 18.3　底物浓度对酶促反应速度的影响实验设计

试剂	管号															
	1	2	3	4	5	6	7	8	9	10	11	12	13	14	0^1	0^2
$Ph\text{-}PO_4Na_2$ (mmol/L)	0.2	0.3	0.5	0.8	1.2	1.5	2.5	0.2	0.3	0.5	0.8	1.2	1.5	2.5	0.2	2.5
$\frac{1}{[S]}$																
反应时间 (min)	10							15							0	0
5 mmol/L $Ph\text{-}PO_4Na_2$ (mL)	0.04	0.06	0.10	0.16	0.24	0.30	0.50	0.04	0.06	0.10	0.16	0.24	0.30	0.50	0.04	0.50
0.2 mmol/L NaAc pH=5.6 (mL)	0.46	0.44	0.40	0.34	0.26	0.20	0	0.46	0.44	0.40	0.34	0.26	0.20	0	0.46	0
酶液(mL)	各0.5，混匀								各0.5，混匀							
35 ℃精确反应相应时间																
各管分别加 2 mL 1 mmol/L Na_2CO_3 终止酶反应。加入 0.5 mL Folin 酚试剂，35 ℃保温显色 10 min																
OD_{680}																
相当于酚含量(μmol)																
v (μmol/min)																
$\frac{1}{v}$																

从酚标准曲线上查出各管 OD_{680} 相当于酚的含量，计算各种底物浓度下的初速度 v，取相应的倒数 $\frac{1}{v}$，填入表内。以 $\frac{1}{v}$ 为纵坐标，$\frac{1}{[S]}$ 为横坐标作图，求出 K_m 和 V_{max}（图18.2）。

4.3　氟化钠及磷酸盐对酶活性的抑制作用——抑制类型的判断和抑制剂常数 K_i 的测定

4.3.1　NaF 及 KH_2PO_4 抑制类型（可逆性）的判断，v-[E]曲线的制作

取31支试管，按照1至15的顺序编号（每号做平行两管），空白管为0号，按表18.4中所示进行操作。

NaF 及 KH_2PO_4 抑制类型(可逆与不可逆)的判断。

(1) 酶的浓度限制:取原酶液用 0.2 mol/L pH = 5.6 NaAc 缓冲液稀释,稀释倍数要求在 v-[S]曲线制作中的第 5 管的 OD_{680} 达到 0.7～0.8。

(2) 以酶浓度[E]为横坐标,OD_{680} 为纵坐标作图,由图形特征分析 NaF 与 KH_2PO_4 的抑制类型(图 18.6)。

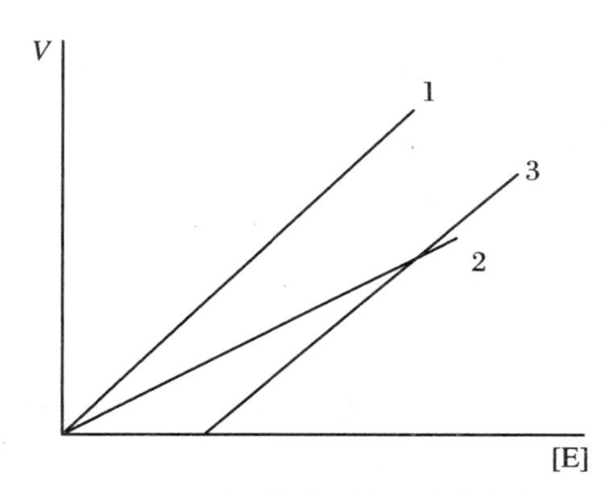

图 18.6　酶反应抑制剂可逆性判断

注:1. 无抑制剂;2. 有可逆抑制剂;3. 有不可逆抑制剂。

表 18.4　酶反应抑制剂可逆性判断实验设计

试剂	管号															
	1	2	3	4	5	6	7	8	9	10	11	12	13	14	15	0
酶的相对浓度	1	2	3	4	5	1	2	3	4	5	1	2	3	4	5	
抑制剂种类和终浓度	无抑制剂					1.0 mmol/L KH_2PO_4					0.3 mmol/L NaF					
酶液(mL)	0.1	0.2	0.3	0.4	0.5	0.1	0.2	0.3	0.4	0.5	0.1	0.2	0.3	0.4	0.5	0.1
10 mmol/L KH_2PO_4(mL)						各 0.1										
3 mmol/L NaF 溶液(mL)											各 0.1					
0.2 mol/L NaAc(mL)	0.5	0.4	0.3	0.2	0.1	0.4	0.3	0.2	0.1	0	0.4	0.3	0.2	0.1	0	0.5
5 mmol/L Ph-PO_4Na_2(mL)	各 0.4,混匀					各 0.4,混匀					各 0.4,混匀					0.4
35 ℃精确反应 15 min																
各管依次加入 2 mL 1 mol/L Na_2CO_3 和 0.5 mL Folin 酚试剂,混匀后 35 ℃保温显色 10 min																
OD_{680}																

注:0 号管的底物在酶和碳酸钠之后加入。

4.3.2 NaF 与 KH_2PO_4 的抑制类型(竞争性、非竞争性或反竞争性)的判断——$\frac{1}{v}$-$\frac{1}{[S]}$曲线的制作

取试管 37 支,按照 1 至 18 的顺序逐管重复 3 组编号,空白管为 0 号。按表 18.5 中所示进行操作。

(1) 酶的浓度限制:取原酶液用 0.2 mol/L pH = 5.6 乙酸盐缓冲液稀释,稀释倍数要求$\frac{1}{v}$-$\frac{1}{[S]}$曲线制作中的第 6 管的 OD_{680} 达到 0.7~0.8。

(2) 0 号管中加入 0.4 mL 的酶液,但要在 Na_2CO_3 后加入。

(3) 以$\frac{1}{[S]}$为横坐标,$\frac{1}{v}$为纵坐标作图,根据图形分析其抑制是属于竞争性抑制、非竞争性抑制还是反竞争性抑制,并计算相应的抑制剂常数 K_i。

表 18.5 酶反应抑制剂竞争性判断实验设计

组别	无抑制剂						1.0 mmol/L KH_2PO_4						0.3 mmol/L NaF						0
管号	1	2	3	4	5	6	7	8	9	10	11	12	13	14	15	16	17	18	
Ph-PO_4Na_2 终浓度(mmol/L)	0.50	0.70	1.00	1.25	1.65	2.50	0.50	0.70	1.00	1.25	1.65	2.50	0.50	0.70	1.00	1.25	1.65	2.50	0.50
5 mmol/L Ph-PO_4Na_2 (mL)	0.10	0.14	0.20	0.25	0.33	0.50	0.10	0.14	0.20	0.25	0.33	0.50	0.10	0.14	0.20	0.25	0.33	0.50	0.10
10 mmol/L KH_2PO_4 (mL)							各 0.1												
3 mmol/L NaF(mL)													各 0.1						
0.2 mmol/L NaAc pH = 5.6 (mL)	0.50	0.46	0.40	0.35	0.27	0.10	0.40	0.36	0.30	0.25	0.17	0	0.40	0.36	0.30	0.25	0.17	0	0.50
酶液(mL)	各 0.4						各 0.4						各 0.4						0.4
35 ℃精确反应 15 min																			
各管内依次加入 2 mL 1 mol Na_2CO_3 终止反应,再加入 0.5 mL Folin 酚试剂,混匀后 35 ℃显色 10 min																			
OD_{680}																			
相当于酚含量(μmol)																			
v (μmol/min)																			
$1/v$																			

5　注意事项

本实验的酶反应是定量实验，为了使实验数据准确反映酶的特性，必须保证每一个反应所得的数据都是真实的，也即要排除各种因素对数据准确性的干扰。

(1) 正确设置 0 号对照管反应。由于试剂的纯度、浓度都可能造成非酶反应导致的数值偏差，原则上对照管必须与所测反应管的各种物质组分完全一致，但酶反应在 0 时即被终止。以此管为 0 号对照，可以消除各种未知因素造成的数据误差。为了操作方便，一般采用颠倒顺序的方法准备 0 号管，如先加入酶和反应终止液，使酶彻底失活，最后加入底物，以确保酶不能与底物发生相互作用。

(2) 试剂的预热。温度对酶促反应的影响非常大，所以底物和酶都要分别进行预热，然后按照实验设计进行实验。注意酶液不可以反复预热。

(3) 精准控制酶反应时间。酶反应时间控制不准确会造成产物量的改变和数值的偏差。当只有一个反应管时，要准确控制反应时间非常容易，但当有数十个反应同时进行时就要对每一个反应管中何时开始反应(酶与底物接触)、何时终止反应(加入终止液)进行仔细设计，即本实验酶反应进程曲线的操作时间表(表 18.6)。

表 18.6　进程曲线制作和初速度测定中酶反应时间的操作时间表

时间	管号											
	11	10	9	8	7	6	5	4	3	2	1	0
酶反应时间(min)	50	40	30	25	20	15	12	10	7	5	3	0
加入酶的时间	0	30″	1′	1′30″	2′	2′30″	3′	3′30″	4′	4′30″	5′	6′15″
加入终止液的时间	50′	40′30″	31′	26′30″	22′	17′30″	15′	13′30″	11′	9′30″	8′	6′

(4) 仔细操作，设置平行反应，减少操作误差。定量实验，要求试剂取量要准确，用移液器取液、放液都不能过快，试剂应直接放到试管的底部，以减少操作误差，而不是加在管口，任其自行流下。另外，为了保证数据的准确、真实，防止偶然的失误产生数据的误导，每一个点都应设置 3 个平行反应，保证最终数据的真实可靠。

(5) 酶反应动力学参数测定时的参量设定。

时间：酶反应动力学参数的测定是一个比较微妙的实验，反应的时间应该是依据反应进程曲线中产物量线性增加的时间段来定。

底物用量：反应的底物量则要依据酶的 K_m 值来定，底物量过高或过低均会导致实验不能获得准确数值。依经验，底物量应在 $0.25K_m \sim 5K_m$ 的范围。

6 结果处理

实验数据的处理与作图可以使用作图软件(如 Origin)或 Excel 软件。

7 思考题

(1) 酶的 K_m 值反映了酶的什么特性?

(2) 酶反应的稳态意味着什么?

(3) 为什么酚标准曲线会弯曲?

(4) 根据实验过程,总结酶反应动力学研究要注意的事项以及如何从各个环节保证数据的准确性。

(5) 酶、抑制剂、底物加入顺序的改变对实验结果会有什么影响?

参 考 文 献

[1] 蔡武城,李碧羽,李玉民.生物化学实验技术教程[M].上海:复旦大学出版社,1983.

[2] 王镜岩,朱圣庚,徐长法.生物化学[M].3 版.北京:高等教育出版社,2002.

[3] 谢宁昌.生物化学实验多媒体教程[M].上海:华东理工大学出版社,2006.

实验 19　质粒 DNA 的提取

1　实验目的

学习并掌握提取质粒 DNA 的实验原理和常规操作。

2　实验原理

2.1　质粒

要把一个目的外源基因通过基因工程手段，送进细胞中去进行繁殖和表达，需要运载工具。携带外源基因进入受体细胞的这种工具称作为载体(vector)。载体的设计和应用是 DNA 体外重组的重要步骤。作为基因工程的载体必须具备下列条件：① 是一个复制子，载体有复制起点才能使与它结合的外源基因在受体细胞中复制繁殖；② 载体在受体细胞中能大量增殖，有高复制率才能使外源基因在受体细胞中大量扩增；③ 载体 DNA 链上有一到几个限制性内切酶的单一识别位点与切割位点，便于外源基因的插入；④ 载体具有选择性的遗传标记，如有抗氨苄青霉素基因(Amp^R)、抗卡那霉素基因(Kan^R)等，用以判断它是否已进入受体细胞，也可根据这些标记将受体细胞从其他细胞中分离筛选出来。质粒(plasmid)具备上述条件，是基因工程中常用的载体之一。

质粒是一种染色体外的稳定遗传因子，大小在 1～200 kb 范围，具有双链闭合环状结构的 DNA 分子，主要发现于细菌、放线菌和真菌细胞中。质粒具有自主复制和转录能力，能使子代细胞保持它们恒定的拷贝数，可表达它携带的遗传信息，可独立游离在细胞质内，也可以整合到细菌染色体上。质粒离开宿主细胞就不能存活，而它控制的许多生物学功能也可对宿主细胞的相应缺陷进行补偿。

2.2　质粒在细胞中的拷贝数

质粒在细胞内的复制，一般分为两种类型：严密控制型(stringent control)和松弛控制型(relaxed control)。前者只在细胞周期的一定阶段进行复制，染色体不复制时，它也不复制。每个细胞内只含有一个或几个质粒 DNA。后者在整个细胞周期中随时可以复制，在细胞里，它有许多拷贝，一般在 20 个以上。通常大的质粒如 F 因子等，拷贝数较少，复制受到严格控制。小的质粒，如 ColE Ⅰ质粒(含有产生大肠杆菌素 EⅠ基因)，拷贝数较多，复制不受严格控制。在使用蛋白质合成抑制剂氯霉素时,染色体 DNA 复制受阻,而松弛型 ColE Ⅰ 质粒继续复制 12～16 h,由原来 20 多个拷贝可扩增至 1000～3000 个拷贝,此时质粒 DNA 占总 DNA 的含量由原来的 2%增加到 40%～50%。实验室常用于基因工程的质粒如 pBR 322(图 19.1)、pUC 19 就是由 ColE Ⅰ 构建衍生的质粒,但它们不能用于表达外源基因。用于表达外源基因的质粒称为表达载体(expression vectors)(图 19.2),它们除具有前述克隆载体的特点外,还必须有转录及翻译的调控区、启动子和终止信号。在翻译启动子和终止信号之间建有多克隆位点,用于外源基因片段的插入。

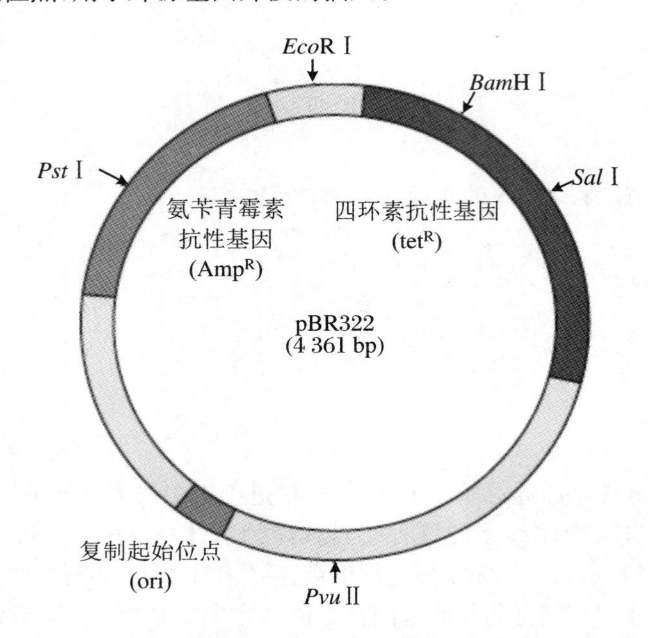

图 19.1　人工构建的大肠杆菌质粒 pBR 322(克隆载体)图谱

2.3　质粒提取的基本原理

分离质粒 DNA 的方法包括三个基本步骤:培养细菌使质粒扩增;收集和裂解细菌;分离和纯化质粒 DNA。采用溶菌酶可破坏菌体细胞壁,十二烷基硫酸钠(SDS)可促使细胞壁裂解,经溶菌酶和阴离子去污剂 SDS 处理后,变性的细菌染色体 DNA 缠绕附着在细胞壁碎片上,当以 pH＝4.8 的 NaAc 高盐溶液去调节其 pH 至中性时,变性的质粒 DNA 又恢复其原来的构型,保存在溶液中,而染色体 DNA 不能复性,随着细胞碎片等一起被沉淀。最后经乙醇沉淀、洗涤,可得到纯的质粒 DNA。

2.4　质粒的构象与电泳迁移率

质粒 DNA 的相对分子质量一般在 10^6～10^7 范围内,如质粒 pBR 322 的相对分子质量为 2.8×10^6,质粒 pUC 19 的相对分子质量为 1.7×10^6。在细胞内,共价闭环 DNA (covalently closed circular DNA,cccDNA)常以超螺旋形式存在。如果两条链中有一条链发生一处或多处断裂,分子就能解旋而消除链的张力,这种松弛型的分子叫作开环 DNA (open circular DNA,ocDNA);若两条链同时发生断裂,则 DNA 呈线型构型(linear DNA)。在电泳时,同

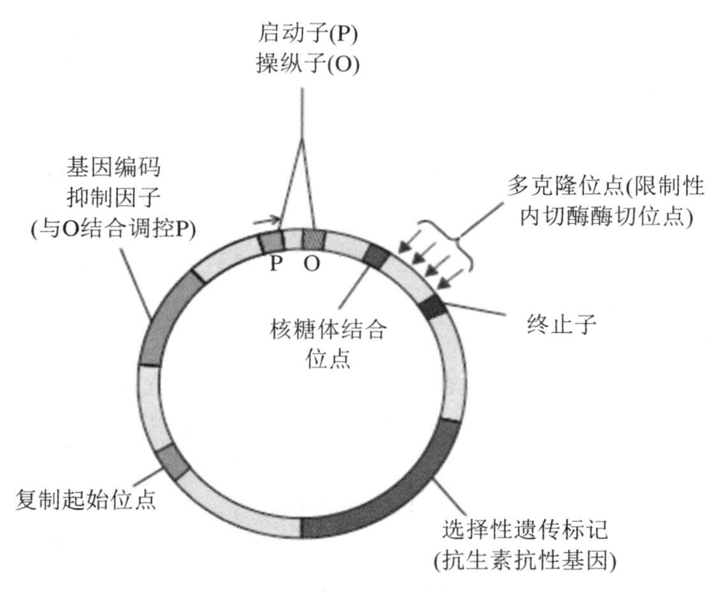

图 19.2　大肠杆菌典型的表达质粒图谱

一质粒如以 cccDNA 形式存在，它比开环和线状 DNA 的泳动速度快，而 ocDNA 电泳阻力最大，泳动速度最慢。因此在本实验中，自制质粒 DNA 在电泳凝胶中呈现 2～3 条电泳区带(图 19.3)。优质产品以超螺旋 DNA 为主体(图 19.3，质粒 2)，若提取过程中操作条件剧烈(如震荡、快速摇动等)则会导致超螺旋 DNA 条带减少或消失，而开环和线性条带会增加(图 19.3，质粒 1)。超螺旋 DNA 的减少是因为剧烈的提取条件，过多的断裂会降低质粒 DNA 的质量，进而影响随后基因操作，例如转化或转染的成功率。所以在提取 DNA 的操作过程中应避免强力吹打和振荡，要尽量轻柔。

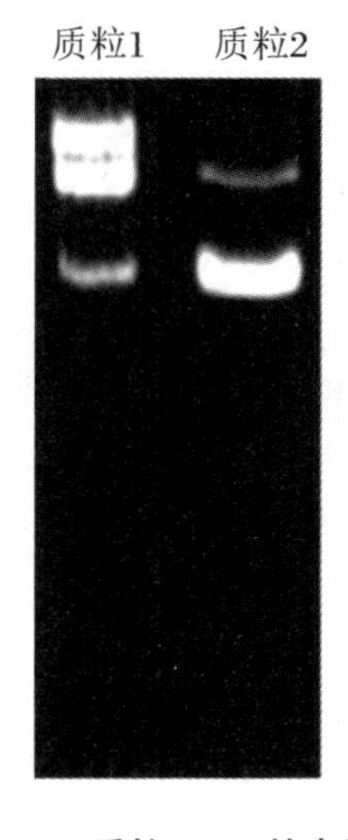

图 19.3　质粒 DNA 的电泳图谱

3 试剂和仪器

(1) Solution Ⅰ(GET 缓冲液):50 mmol/L 葡萄糖,10 mmol/L EDTA-Na_2,25 mmol/L Tris-HCl(pH 8.0)。灭菌后小量分装,置于 4 ℃环境中保存,可保溶液长期使用。

(2) Solution Ⅱ:0.2 mol/L NaOH, 1% SDS, 此溶液要新鲜配制。

(3) Solution Ⅲ(pH=4.8 KAc 溶液):60 mL 5 mol/L 乙酸钾,11.5 mL 冰醋酸,28.5 mL ddH_2O,置于 4 ℃环境中保存。该溶液 K^+ 浓度为 3 mol/L,Ac^- 浓度为 5 mol/L。

(4) 酚:氯仿(1:1,V/V)试剂:酚需在 160 ℃重蒸,加入抗氧化剂 8-羟基喹啉,使体积分数为 0.1%,并用 Tris-HCl 缓冲液平衡两次(饱和)。溶液中需加入适量上述缓冲液覆盖有机相,防止氧化,置于 4 ℃环境中保存。

(5) 酚:氯仿:异戊醇(25:24:1,V/V),4 ℃保存。

(6) TE 缓冲液(pH=8.0):10 mmol/L Tris-HCl,1 mmol/L EDTA-Na_2。

(7) 7.5 mol/L 醋酸铵(NH_4Ac,pH=7.5～8.0)。

(8) 70%乙醇,无水乙醇,异丙醇。

(9) LB(luria-bertani)培养基:蛋白胨(peptone)10 g/L,酵母提取物(yeast extract)5 g/L,NaCl 10 g/L,用 NaOH 调 pH 至 7.5(可忽略)。琼脂粉(Agar)(固体培养基时用)15 g/L。

(10) 含质粒的大肠杆菌 DH5α。

(11) 灭菌的 eppendorf 离心管(又称 EP 管),移液器枪头,10 μL,200 μL,1000 μL 微量移液器各 1 支,塑料离心管架(30 孔)1 个,常用玻璃仪器及滴管等,台式高速离心机(12500 r/min)。

4 操作步骤

4.1 培养细菌

将带有质粒的单菌落大肠杆菌接种在 LB 液体培养基中,加入适当的抗生素,37 ℃培养 12～18 h。

4.2 质粒 DNA 的提取

(1) 方法 1:

① 收集细菌:用牙签挑取平板培养基上的菌落,放入 1.5 mL EP 离心管中。或取液体培养菌液 1.5 mL 置于 EP 管中,12000 r/min,离心 20 s,去掉上清液。

去除 RNA:加入 150 μL Soulution Ⅰ(GET)缓冲液悬浮菌体,加入 2～5 μL RNaseA (10 mg/mL)。混匀,室温下放置 10 min。

② 溶菌:加入 200 μL 新配制的 Solution Ⅱ。加盖,颠倒 2～3 次,混匀至溶液变清亮,细菌胞壁破裂溶解,冰上放置 5 min 使菌充分溶解,释放出质粒。SDS-NaOH 能使细胞膜

裂解。

③ 沉淀蛋白质：加入150 μL冰冷的Solution Ⅲ。加盖后颠倒数次使充分混匀，冰上放置15 min，使蛋白充分沉淀。

④ 获取粗提质粒：用台式高速离心机，12000 r/min，离心7～10 min，上清液转移入另一干净的离心管中，KAc能沉淀SDS及SDS与蛋白质的复合物，细菌染色体DNA因能与蛋白质形成复合物而会同时被沉淀，质粒DNA则不会沉淀，离心后留在上清液中。在冰上放置15 min是为了使沉淀完全。如果上清液经离心后仍混浊，应再冷却并重新离心。

⑤ 去除残留蛋白质：向上清液中加入等体积饱和酚/氯仿（1∶1，V/V），振荡混匀，转速12000 r/min，离心5 min，这时残留的蛋白质将处于有机相与水相的分界处，将上清液转移至新的离心管中。用酚与氯仿的混合液除去蛋白，效果较单独使用酚或氯仿更好。应注意有机溶液会损伤皮肤，应戴手套操作。

⑥ 去除残留的酚：酚及有机溶剂会干扰后续质粒的酶解及其他酶反应，用酚∶氯仿∶异戊醇重复上述步骤，离心后取出水相到新的EP管。

⑦ 沉淀质粒DNA：向上清液加入2倍体积无水乙醇，混匀后－20 ℃放置10 min；12000 r/min，离心15 min，倒去上清乙醇溶液，把离心管倒扣在吸水纸上，吸干液体。用无水乙醇沉淀DNA要求溶液中有适当的盐浓度（常用乙酸钾）。

⑧ 去除EP管中的盐：加0.5 mL 70%乙醇，盖好后上下轻轻倒置数次（洗去多余的盐分），尽量不要扰动沉淀，12000 r/min，离心5 min，倒去上清液，把离心管倒扣在吸水纸上，吸干液体，或短暂离心后用移液枪吸出剩余液体。

⑨ 温箱或室温干燥，使乙醇完全挥发，不致干扰以后的酶反应，待用（可以在－20 ℃环境中保存）。或用30 μL灭菌的TE缓冲液或ddH_2O溶解后置于4 ℃环境中保存待用。

（2）方法2：

步骤① ～④同方法1。

⑤ 沉淀质粒：另取一个EP管，转入上清液，并加等体积异丙醇，混匀，室温放置5 min，12000 r/min，离心5 min，弃去上清液。

⑥ 去除杂蛋白：加入200 μL无菌ddH_2O溶解沉淀，加入1/2体积7.5 mol/L NH_4Ac，混匀后冰浴5 min，12000 r/min，离心5 min，取上清液到新的EP管。

后续步骤同方法1中⑦～⑨。

4.3　电泳鉴定所制备的质粒

琼脂糖凝胶电泳和结果观测，请参看本书实验20。

5　结果处理

本实验所制备的质粒量是比较少的，制备的过程中，仔细观察可以在EP管的底部看到极少量的半透明的乳白色沉淀，待干燥后肉眼就看不到了，所以干燥后要及时盖好EP管盖子，防止样品丢失及污染。溶解后的样品可以再稀释用微量紫外分光光度计进行定量，可用于测序、酶切，也可作为PCR的模板。

6 思考题

(1) 简述提取和纯化质粒的基本原理。

(2) 能否根据琼脂糖凝胶电泳的DNA分子量标准的迁移率来推断质粒分子的大小?

(3) 请问方法2中步骤⑥去除残余杂蛋白的原理是什么?

参考文献

[1] Green M R, Sambrook J.分子克隆实验指南[M].贺福初,译.4版.北京:科学出版社,2007.

[2] Teresa T, Shirley B, Eilene M. Lyons: biotechnology. protein to DNA, a laboratory project in molecular biology [M]. New York: McGraw Hill, 2001.

实验 20 质粒 DNA 的酶切与电泳鉴定

1 实验目的

(1) 了解限制性内切酶的特点和工作原理。
(2) 掌握单酶切和多酶切反应的条件设置。
(3) 掌握琼脂糖凝胶电泳的基本操作。

2 实验原理

2.1 限制性内切酶

限制性内切核酸酶(restriction endonuclease),也称限制性内切酶,简称内切酶,指用来识别特定的脱氧核苷酸序列,并对每条链中特定部位的两个脱氧核糖核苷酸之间的磷酸二酯键进行切割的一类酶。它是在细菌对噬菌体的限制和修饰现象中发现的,细菌细胞内同时存在一对酶,分别为限制性内切酶(限制作用)和 DNA 甲基化酶(修饰作用)。它们对 DNA 底物有相同的识别顺序,但生物功能却相反。由于细胞内存在 DNA 甲基化酶,它能在限制性内切酶所能识别的若干碱基上加上甲基,就避免了限制性内切酶对细胞自身 DNA 的切割破坏,而对感染的外来噬菌体 DNA,因无甲基化而被切割破坏。所以限制性内切酶是该细菌细胞的卫士,它与 DNA 甲基化酶一起构成了保护自己、抵抗外源(噬菌体、不相容细菌等)入侵 DNA 的防御机制。如果入侵的噬菌体 DNA 没有完全被限制性内切酶切割破坏,残留的噬菌体 DNA 在复制时,由于 DNA 甲基化酶的存在,同样地也在识别部位进行修饰——甲基化,限制性内切酶对这种复制后的噬菌体 DNA 就奈何不得,以致大量繁殖起来,该受体细胞会因此遭遇灭顶之灾。

2.1.1 限制性内切酶的命名与分类

(1) 限制内切酶的命名:以 *Eco*R Ⅰ 为例。
第一位:属名 *E*(大写);
第二、三位:来源种名的头两个字母小写 *co*;
第四位:菌株 R;
第五位:罗马字,从该细菌中分离出来的这一类酶的编号。
(2) 限制性内切酶的分类。

根据限制性内切酶的结构、辅因子的需求、酶切位点与作用方式，可将限制性内切酶分为三种类型：第一型（Type Ⅰ）、第二型（Type Ⅱ）及第三型（Type Ⅲ）。Type Ⅰ同时具有修饰（modification）及识别切割（restriction）的作用，通常其切割位点（cleavage site）距离识别位点（recognition site）可达数千个碱基之远。如 *Eco*B、*Eco*K。而 Type Ⅱ只具有识别切割的作用，修饰作用由甲基化酶进行。所识别的位置多为短的回文序列（palindrome sequence）；所剪切的碱基序列通常即为所识别的序列。如 *Eco*RⅠ、*Hin* dⅢ。Type Ⅲ与 TypeⅠ酶类似，同时具有修饰及识别切割的作用，可识别短的不对称序列，切割位与识别序列一般距 24～26 个碱基对。如 *Hin* f Ⅲ。其中 Type Ⅱ酶是遗传工程上实用性较高的限制酶，其特点是限制活性和修饰活性分开，大部分这类酶都以同二聚体的形式结合到 DNA 上，需辅助因子 Mg^{2+}，位点序列为反向重复的回文结构。Type Ⅱ内切酶在 DNA 中出现一个识别位点的切割频率与识别位点的碱基数有关：

4 bp 识别位点　每 $4^4 = 256$ bp 出现一次

6 bp 识别位点　每 $4^6 = 4096$ bp 出现一次

8 bp 识别位点　每 $4^8 = 65536$ bp 出现一次

限制性内切酶依据所识别序列及酶切后产生的末端单链序列可以分为同裂酶（isoschizomer）和同尾酶（isocaudamer）。同裂酶是指来源于不同物种，但能识别相同 DNA 序列，且切割方式相同的酶。如：*Bam*H Ⅰ：GGATCC，Bst Ⅰ GGATCC。同尾酶是指能切割产生相同末端的限制性内切酶，一般是指能产生相同黏性末端的限制酶。所有钝末端酶产生的末端均是相同的，但一般不把它作为同尾酶来研究。故名思义，同尾酶是不同的酶，它们只是切割 DNA 产生的末端相同，同尾酶之间的识别序列可以相同也可以不同，但基因工程中识别序列不同的同尾酶的应用性最大。如 *Bcl* Ⅰ：T GATC A，*Bgl* Ⅱ：A GATC T，*Mbo* Ⅰ：GATC，*Sau* 3：A GATC。

2.1.2 限制性内切酶的应用

限制性内切酶是基因工程重要的工具酶之一。譬如重组质粒的构建（图 20.1），将质粒和外源基因用限制性内切酶酶切，再经过退火和 DNA 连接酶封闭切口，便可获得携带外源基因的重组质粒，重组质粒通过转化或转染可以转移到另一个细胞中去，进而复制、转录和表达外源基因产物。这样通过基因工程即可获得所需目标蛋白质产物。

目前已发现的限制性内切酶有数百种。*Eco*R Ⅰ和 *Hin* d Ⅲ都属于Ⅱ型限制性内切酶，这类酶的特点是具有能够识别双链 DNA 分子上的特异核苷酸顺序的能力，能在这个特异性核苷酸序列内，切断 DNA 的双链，形成一定长度和顺序的 DNA 片段。*Eco*R Ⅰ和 *Hin* d Ⅲ的识别序列和切口是

*Eco*R Ⅰ：G↓AATTC

*Hin*d Ⅲ：A↓AGCTT

G，A 等核苷酸序列表示酶的识别序列，箭头表示酶切口。限制性内切酶对环状质粒 DNA 有几个切口，就能产生几个酶解片段，因此鉴定酶切后的片段在电泳凝胶中的区带数，就可以推断酶切口的数目，从片段的迁移率可以大致判断酶切片段大小的差别。

2.1.3 限制性内切酶酶切反应的条件

确定一个反应所需的酶量要考虑以下几个方面的因素：

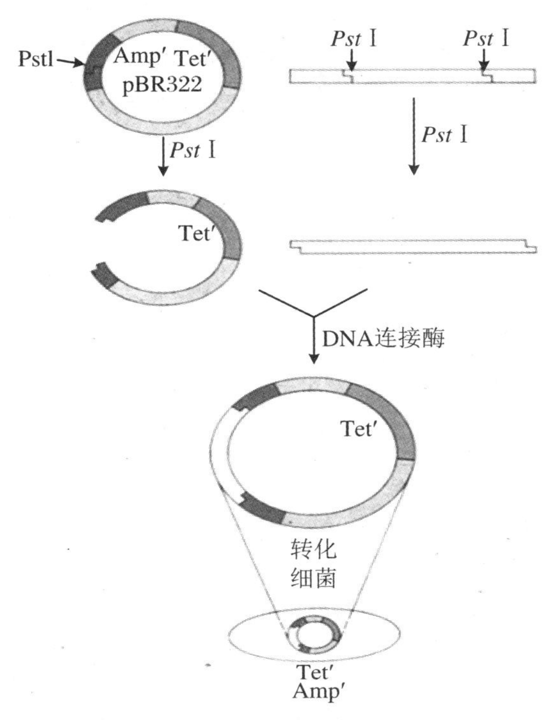

图 20.1　构建重组质粒示意图

(1) 酶活单位的定义。

(2) 目标 DNA 中目标切点的数量,数量多,需要的酶量也大。

(3) 目标 DNA 的量(浓度、体积)。

(4) 在所选定的缓冲液中酶的酶切效率。

(5) 酶切温度:不在推荐的最适温度,则需要增加酶量。

(6) 酶切时间:时间充裕,用酶少,时间有限时要增加酶量。若 DNA 纯度不高,酶解时间不宜过长,以防 DNA 降解。

实际工作中,酶的测活方法不同,对酶单位的定义也不同。如限制性核酸内切酶的测活方法及酶单位定义:

(1) 用黏度法测活性:30 ℃,1 min,使底物 DNA 溶液的黏度比下降 25%的酶量为 1 个酶单位。

(2) 转化率法:标准条件,5 min 使 1 μg 供体 DNA 残留 37%的转化活性所需的酶量为 1 个酶单位。

(3) 凝胶电泳法测活:37 ℃,1 h,使 1 μg λ DNA 完全水解的酶量为 1 个酶单位,此法常用。

可见同一种酶采用不同的测活方法,得到的酶活单位是不同的,即使是同一种测活法,实验条件稍有不同,测得的酶单位亦有差异。酶切缓冲液的选择直接决定酶切反应的效果,每家生物技术公司都为所销售的所有内切酶配备有一套缓冲液,并确定了每个酶在不同缓冲液中的酶切效率(表 20.2)。单酶切时,只需选择酶切效率最高的缓冲液即可。当进行多酶切时,则要兼顾多个酶在同一缓冲液中的酶切效率,同时还要适当增加酶切效率低的酶的用量。

表 20.2　限制性内切酶酶切效率表

酶	最佳缓冲液	酶在不同缓冲液中的酶切效率(%)			
		1	2	3	4
Aat Ⅱ	4	0	50	50	100
Acc Ⅰ	4	50	50	10	100
*Acc*65 Ⅰ	3 + BSA	10	75	100	25
Aci Ⅰ	3	25	50	100	50
Acl Ⅰ	4 + BSA	10	10	0	100
Afl Ⅱ	2 + BSA	50	100	25	100

2.2　DNA 电泳分析

2.2.1　琼脂糖凝胶电泳分离鉴定 DNA

核酸分子迁移率与琼脂糖浓度的关系:一定大小的 DNA 片段在不同浓度的琼脂糖凝胶中,电泳迁移率不相同。因此,要有效地分离不同大小的 DNA 片段,选用适当的琼脂糖凝胶浓度是非常重要的(表 20.3)。

表 20.3　琼脂糖凝胶浓度与分辨 DNA 大小范围的关系

琼脂糖凝胶浓度	可分辨的线性 DNA 大小范围(kb)
0.3%	60～5
0.6%	21～1
0.7%	10～0.8
0.9%	7～0.5
1.2%	6～0.4
1.5%	4～0.2
2.0%	3～0.1

琼脂糖浓度与电压关系:琼脂糖凝胶电泳分离大分子 DNA,以低浓度、低电压分离效果较好。不过浓度太低,制胶有困难,电泳结束后将胶取出来也有困难。在低电压情况下,线性 DNA 分子的电泳迁移率与所用电压成正比。但是如果电压增高,电泳分辨率反而下降。因为电压升高了,样品流动速度增快,大分子在高速流动时,分子伸展开了,摩擦力也增加了,相对分子质量与移动速度就不一定呈线性关系,且条带明显拖尾。

DNA 标准分子量 Marker:DNA 分子通过琼脂糖凝胶的速度(电泳迁移率)与其相对分子质量(碱基对数)的常用对数成反比。DNA 的相对分子质量的估算是采用已知相对分子质量的线状 DNA(Marker)为对照,通过电泳迁移率的比较,可以粗略地测出分子形状相同的未知 DNA 的相对分子质量。DNA 标准分子量 Marker 常用的为采用 *Eco*R Ⅰ和 *Hin* d Ⅲ 酶切的 λ DNA 的酶切片段作为 DNA 相对分子质量标准(图 20.2、表 20.4),优点是实验室可以随时制备,缺点是小片段 DNA 含量少,不易检测。

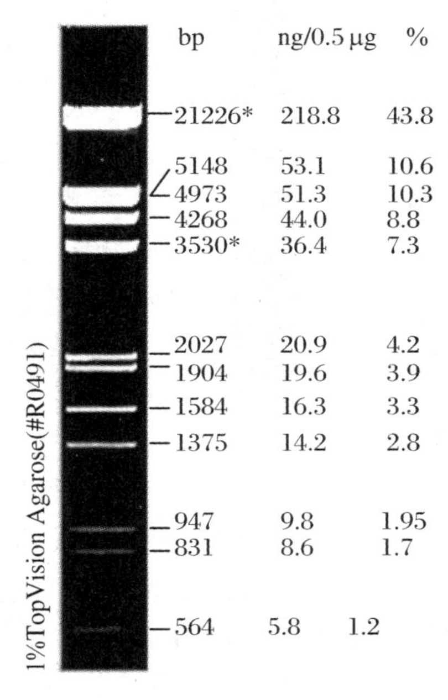

0.5 μg/lane,8 cm length gel,1× TAE,7 V/cm,45 min

图 20.2　经 *Eco*R Ⅰ + *Hin* d Ⅲ 酶解的 λ DNA 片段(DNA Marker)

表 20.4　λ DNA 经 *Eco*R Ⅰ ＋ *Hin* d Ⅲ酶解的片段

片段	碱基对(kb)	每个片段在溶液中所占的比例(DNA 质量)
1	21.226	43.8%
2	5.148	10.6%
3	4.973	10.3%
4	4.268	8.8%
5	3.530	7.3%
6	2.027	4.2%
7	1.904	3.9%
8	1.584	3.3%
9	1.375	2.8%
10	0.947	1.95%
11	0.831	1.7%
12	0.564	1.2%

现在更多使用的是商品化的 Ladder DNA Marker,它由不同长度的 DNA 片段配制而成,每个条带含量均匀,并可依据需求选择不同的分子量范围(图 20.3)。

DNA 相对分子质量的标准曲线的制作:测量 DNA Marker 各片段条带的迁移距离,以

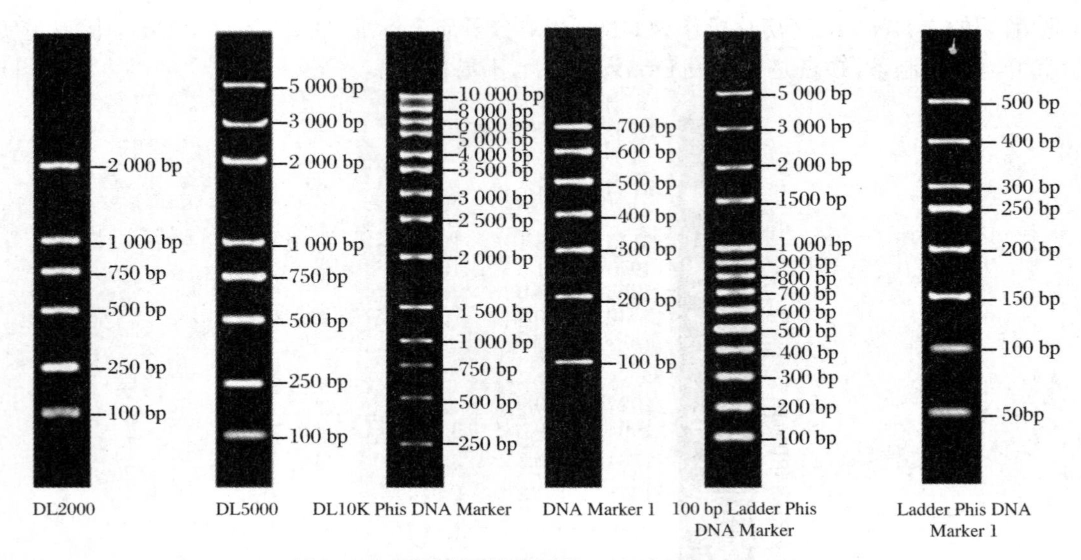

图 20.3　不同分子量范围的 Ladder DNA Marker

厘米为单位，以 DNA 片段核苷酸数的常用对数为纵坐标，以它们的迁移距离为横坐标，在坐标纸上绘制出连接各点的平滑曲线，即为该电泳条件下 DNA 分子量的标准曲线(图 20.4)。DNA 在不同浓度的凝胶中有不同的迁移距离，标准曲线中非线性部分误差较大，不能作为标准参照。依据待测 DNA 样品的迁移距离从标准曲线上可以获知待测 DNA 的核苷酸数。

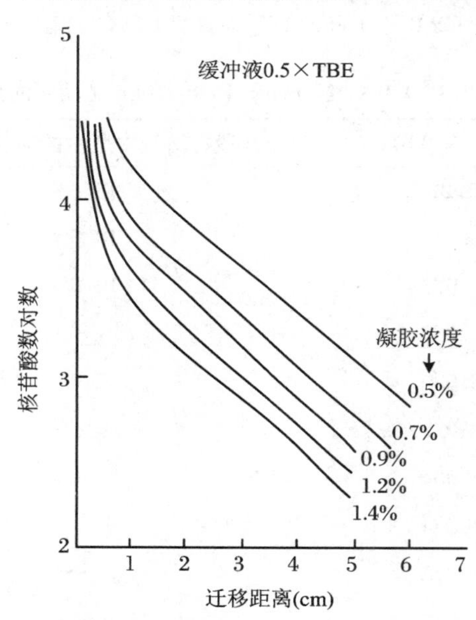

图 20.4　不同胶浓度，DNA 迁移率与核苷酸数对数的半对数图

影响 DNA 在凝胶中迁移速率的因素：

(1) DNA 分子的大小：分子越大，在一定浓度凝胶中的泳动速度越小。

(2) 构象：同一分子，构象越紧密，空间位阻越小，泳动速度越大。如相对分子质量相当，不同构型 DNA 的电泳速度次序如下：超螺旋 DNA>直线 DNA>开环的双链环状 DNA(图 19.3)。由此可见，构型不同，在凝胶中的电泳速度差别较大。用琼脂糖凝胶电泳相差一个超螺旋的 DNA 也可以分开。除 DNA 外，RNA 同样也如此，不同 RNA 分子序列不同，形成不同的内部二级结构，会对电泳结果的鉴定造成误导，需要加入一定的变性剂消除二级结构，常用变性剂有乙二醛、甲醛等。

(3) 凝胶浓度：凝胶浓度越大，能有效分离的分子量范围越低。凝胶浓度越大，同一分子在凝胶中的泳动速度越小。

(4) 电压：电压越高，样品泳动速度越高，但过高的电压，会导致样品拖尾，凝胶过热，甚至熔化，较多的电极液及冷却环境可以帮助散热。在低电压条件下，线形 DNA 片段的迁移速度与电压成比例关系，但是，在电场强度增加时，不同相对分子质量的 DNA 片段泳动度的增加是有差别的。因此，随着电压的增加，琼脂糖凝胶的有效分离范围随之减小。为了获得电泳分离 DNA 片段的最大分辨率，电场强度最好在 5 V/cm(电极之间的距离×5 是适当的电压)。

(5) 缓冲液：缓冲液浓度高，相同电压下产生的电流高，也易导致凝胶发热，常规电泳可使用(0.5～1)×TBE。

(6) 电泳温度视需要而定，对大分子的分离，以低温较好，也可在室温下进行。在琼脂糖凝胶浓度低于 0.5%时，由于胶太稀，最好在 4 ℃进行电泳以增加凝胶硬度。

2.2.2　聚丙烯酰胺凝胶电泳分离小分子核酸

除了用上述琼脂糖凝胶外，也可用聚丙烯酰胺凝胶电泳分离核酸，但因聚丙烯酰胺凝胶孔径较小，只适用于分离较小分子的核酸，我们对两种方法进行了比较(表 20.4，表 20.5)。

低浓度聚丙烯酰胺凝胶稀软，很难成型，不易操作。可在真空脱气的胶液中加入适量溶解的琼脂糖凝胶，快速混匀后制胶，能够增加胶的硬度，可用于分析 80～800 bp 的 DNA 及其与蛋白结合的复合体。

表 20.4　两种不同凝胶电泳的应用范围

类型	琼脂糖凝胶	聚丙烯酰胺凝胶
操作	简便	需要聚合
分辨力 (bp)	150～880000	10～1000
胶的浓度 (%)	0.1～2.5	3～10
设备	水平式电泳槽	垂直型电泳槽

表 20.5　聚丙烯酰胺凝胶浓度与分离 DNA 片段大小的关系

聚丙烯酰胺	有效分离范围(核苷酸)(bp)
3.5%	100～1000
5.0%	80～500
8.0%	60～400
12.0%	40～200
20.0%	10～100

2.2.3 脉冲电泳分离大分子 DNA

常规琼脂糖凝胶电泳能分离的 DNA 的大小一般不超过 20 kb，更大的 DNA 分子彼此很难分开。这是由于 DNA 分子在琼脂糖凝胶介质中，呈无规则卷曲的构象，当 DNA 分子的有效直径超过凝胶孔径时，在电场作用下可变形挤过筛孔，此时其电泳迁移率不再依赖于分子大小，因而无法进行分离。此时可采用交变脉冲电泳法（pulsed field gel electrophoresis, PFGE），分离大小从 10 kb 到 10 Mb 的 DNA 分子。

2.3 染色

DNA 染剂以 EB 和 Gel-Red 最为常用。

EB 染料的全名是 3，8-二氨基-5-乙基-6 苯基菲啶溴盐（ethidium bromide，EB，溴乙锭），结构式如图 20.5 所示。EB 能插入到 DNA 分子中的碱基对之间，导致 EB 与 DNA 结合（超螺旋 DNA 与 EB 结合能力小于双链开环分子，双链闭环 DNA 与 EB 结合能力小于线状双链 DNA），DNA 所吸收的 260 nm 的紫外光（UV）传递给 EB，或者结合的 EB 本身在 300 nm 和 360 nm 吸收的射线均在可见光谱的红橙区（590 nm 波长）发射出来。染剂的灵敏度与观测方法相关，肉眼观测到的不一定能用凝胶成像仪拍到照片。好的仪器配合高效的染剂，DNA 染色的灵敏度最高可达到 pg 级。

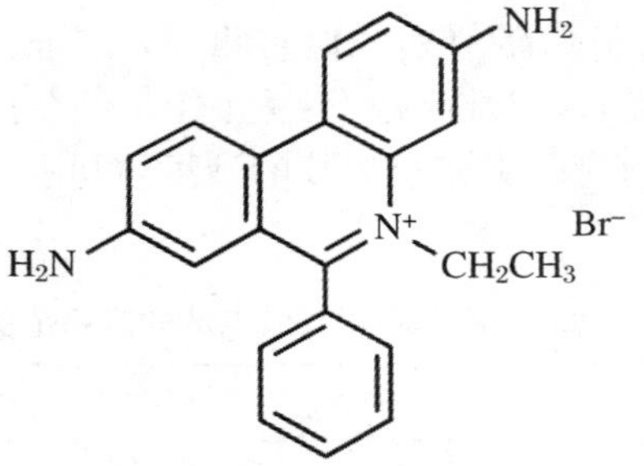

NH_2 H_2N N^+ Br^- CH_2CH_3

图 20.5 溴化乙锭(EB)分子结构

EB 染料具有以下很多优点：① 染色操作简便，快速，室温下染色 15～20 min；② 不会使核酸断裂；③ 灵敏度很高，10 ng 或更少的 DNA 即可检出；④ 可以加到样品中，可随时用紫外吸收追踪检查。

但应该特别注意的是，EB 是诱变剂，配制和使用 EB 染色液时，应戴乳胶（或一次性塑料）手套，并且不要将该染色液洒在桌面或地面上，凡是沾污 EB 的器皿或物品，必须经专门处理后，才能进行清洗或弃去。

染色可分为电泳后染色和电泳同步染色两种方法。① 电泳后染色：将电泳完成后的凝胶置于 EB 染色液中，进行浸泡染色数分钟后在紫外灯下观察琼脂糖凝胶中的 DNA 条带；② 电泳同步染色：一般实验室现在常用的方法是将 EB 直接加入样品缓冲液中，在电泳的过程中染料与 DNA 吸附使 DNA 染色，这种染色方法的好处是可以在电泳的过程中进行观察。

Gel-Red 荧光染料是一种新型核酸染料，它具有低毒低污染的优势，并有不错的灵敏度。但因价格高昂，一般采用将染料加入到上样缓冲液中的染色方法，样品可以直接染色，并可以在电泳过程中随时观察。要注意的是因荧光染料分子较大，当染料加量较大时，不同大小分子的观测大小与实际分子大小有一定的偏差。

3　试剂和仪器

（1）*Eco*R Ⅰ、*Bam*H Ⅰ、通用缓冲液（universal buffer）。

（2）10×TBE缓冲液贮液：Tris 54 g、硼酸 27.5 g，20 mL 0.5 mol/L EDTA（pH=8），用蒸馏水溶解后，定容至500 mL。

（3）6×上样缓冲液（Loading buffer）：0.25%溴酚蓝，40%蔗糖，溶于TE缓冲液。

（4）EB染色液：将EB溶于6×样品缓冲液，使最终浓度达到10 mg/mL。避光保存（注意：EB是一种致癌剂，不能直接接触皮肤）。

（5）Gel-Red荧光染剂（4 ℃避光保存），可按5～6倍的工作浓度加入到6×上样缓冲液中。此染剂灵敏度与EB相当，但毒副作用远小于EB，目前使用广泛。

（6）DNA分子量标准品（DNA Marker）、自制的质粒DNA、琼脂糖。

（7）恒温设备，电泳仪，电泳槽，制胶槽，锥形瓶（100 mL或50 mL），手提紫外灯，凝胶成像仪。

4　实验操作

本实验以自己提取的构建质粒DNA为样品，用限制性内切酶酶切，再经琼脂糖凝胶电泳分离酶切片段，以鉴定质粒中是否携带外源目标DNA片段。

4.1　质粒DNA的酶解

将纯化的并经自然干燥的自制质粒DNA加20 μL灭菌的TE缓冲液或无菌水，使DNA完全溶解。

将含DNA的EP小管编号，用微量加样器将各种试剂分别按顺序加入每个小管内，注意要冰浴操作。加样后，小心混匀，将酶反应管置于37 ℃恒温水浴中，酶解2～3 h（有时可以过夜）后，将各酶解样品管放到－20 ℃环境中停止酶解反应，贮存备用。也可直接用于电泳分析。

标准酶切反应体系组成（20 μL反应体系）如下：

（1）单酶切

质粒DNA	X μL
配套的10×buffer	2 μL
灭菌 ddH_2O	[20－(X+3)] μL
内切酶	1 μL(2 units)

商品化的酶一般包装为3～25 unit/μL，使用时需要依据所需酶量计算体积，并不是酶越多越好，过多的酶蛋白有时会产生酶切副作用，也即酶切识别位点的不专一性（star activity)。酶需在 −20 ℃环境下保存在 50%甘油中，酶反应时甘油的浓度应控制在低于 5%为佳。

（2）双酶切

质粒 DNA	X μL
通用 10× buffer	2 μL
灭菌 ddH_2O	$[20-(X+4)]$ μL
内切酶 1	1 μL（2 units）
内切酶 2	1 μL（2 units）

通用缓冲液是为多酶切所配制的通用缓冲液，适用于该系列绝大多数内切酶产品的组合酶切，但不同的酶在这个系统中的酶切效率不尽相同，要参考产品手册介绍的酶切效率调整反应所需的酶量。

注意：① DNA 样品若频繁反复冻融，则结构易被破坏，常用的要 4 ℃保存；② 使用酶时要遵从一个原则：离开 −20 ℃的时间越短越好，离开 −20 ℃后要马上冰浴保存；③ 取酶时，手应持在管的上部，不使酶液升温。

4.2 制胶

（1）配制 1×TBE 缓冲液。

（2）确定琼脂糖凝胶的浓度，分离小分子量 DNA，需要高的胶浓度。分离大分子量的 DNA，需要浓度低的胶。常用的胶浓度为 0.7%～2%。0.7%的胶能较好地分离 0.8～10 kb 的 DNA 片段，而 0.2～5 kb 的 DNA 片段常用 1%～1.2%的胶分离，2%的胶能较好地分离 0.2～1 kb 的 DNA 片段。

（3）将洁净、干燥的胶托平放入制胶槽至底部，选适当的梳子（梳齿的宽度、数量、厚度）插在拟点样处，这时齿底部与胶托之间有一空隙。将整个制胶槽安置于水平的平面上（图 20.6），待用。

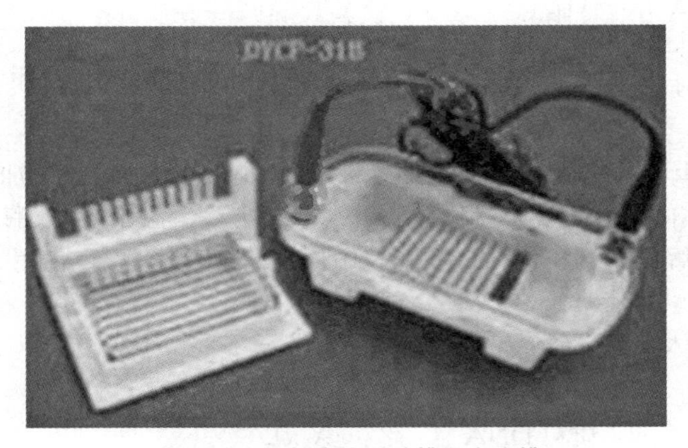

图 20.6　平板电泳制胶槽及电泳槽

（4）按所需体积称取适量琼脂糖，置于锥形瓶中，加入适量（0.5～1）×TBE 稀释液，用锡箔纸封口，微波炉加热直至琼脂糖完全溶解。注意要即时观察，轻摇，调节火力防止过度沸腾和溢出，直至所有琼脂糖颗粒完全溶化，溶液清亮方可。待胶液均匀降温至大约 70 ℃时（不时轻摇），将胶液匀速倒入装配好的胶槽中，胶的厚度要适当，不易过薄或过厚。要求胶表面平整无气泡，静置待琼脂糖胶凝固后（20～30 min），缓慢取出样品槽梳子，将胶槽中的胶托及胶小心取出转放进电泳槽中，注意：点样孔端要朝向负极。倒入 1×TBE 稀释液至电泳槽中直至溶液完全淹没过凝胶。如果没有完全淹没，在电泳时容易使胶局部过热而导致熔化。

4.3　上样及电泳

开始点样前，首先要打开电泳仪电源，检查电泳仪是否能正常工作，并设定需要的电压或电流。电泳可在恒定电压或恒定电流的条件下进行，恒定电压电泳比较常用。

加多少 DNA 样品合适呢？不论是分析型还是制备型电泳，要加足够的样品才能在紫外光下观察到 DNA 条带。最小点样量依赖于染色剂的灵敏度。EB 染剂的灵敏度是 1～20 ng。一个质粒经酶切后要观察最小的条带，如果此片段长度是质粒总长度的 10%，则需要加入 20÷10%＝200 ng 的质粒才能基本保证能够在胶上观察到小片段 DNA。

用微量加样器取适量酶切反应液，将上述样品与 1/5 体积的上样缓冲液（内含 6×工作浓度的 Gel-Red 荧光染料）混合后加入胶板的样品小槽内（图 20.7）。每一个胶上至少要点一个 DNA 标准分子量参照，以便于分析条带的大小，并作为 DNA 存在的阳性对照。点样时，要精神集中，严格操作，反复核对，做到准确无误地按顺序把样品加入点样孔中。加样时不仅要防止错加或漏加的现象，而且还要保持公用试剂的纯净。每次加完一个样品，更换移液器枪头，然后再加下一个样品，以防止相互污染。加样时，每个样品槽内的加样量不宜过多，最多不能溢出样品槽。

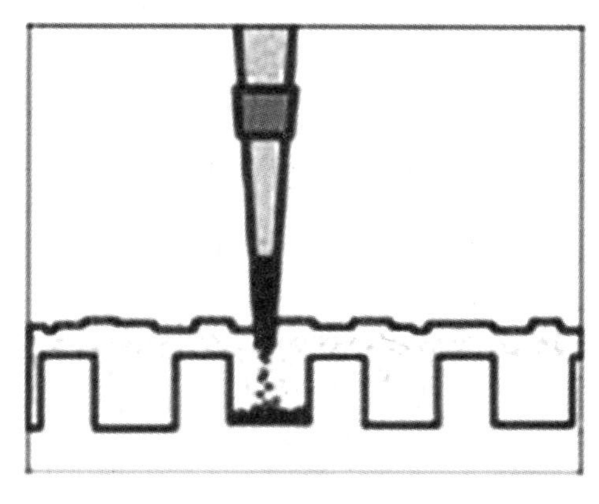

图 20.7　点样示意图

开始点样后切忌移动胶及胶槽，防止样品溢出。点样完成后连接电泳槽与电泳仪电源，确认正负极连接正确后，设置恒定电压值 5～8 V/cm，开始电泳。电泳至溴酚蓝前沿指示剂到达距胶的前端约 1 cm 距离时，切断电源，取出凝胶，可在手持紫外灯下直接观察电源结果，若有需要可用凝胶成像仪采集图像，作为资料保存。

4.4　观察和拍照

在波长为 254 nm 的紫外灯照射下，DNA 存在处显示出红色的荧光条带。在紫外灯下观察时，应戴上防护眼镜或有机玻璃防护面罩，避免眼睛遭受强紫外光损伤。

拍摄电泳图像时，自动数码凝胶成像系统采用透射紫外光，可根据条带亮度、凝胶大小等调节直至观测窗中图像清晰，通过软件自动采集图像。如果需要，还可以利用成像系统配套软件对凝胶上的样品条带进行分子量分析及含量分析，这些分析需要在凝胶电泳时设置标准样品作为参照。

5 结果分析

标准质粒经过酶切（*Eco*R Ⅰ或 *Hin* d Ⅲ，也可以用其他单一切口的酶）只观察到一条带，因为它具有多个限制性内切酶的单一切点。如果不是一条带，可能是由于酶量加的不足，使质粒 DNA 不能完全被酶切成线性分子，而掺有其他形状分子所造成。

对质粒进行双酶切时，若质粒上每个酶各有一个切点，应得到两个片段。适当增加 DNA 量才能观察到占比例小的 DNA 片段。当酶切后只能观察到一条大的条带时，酶切是否成功难以确认时，可适当增加酶或 DNA 的用量，并做一单酶切以作为对照。

6 思考题

(1) 为什么一般酶切反应都不超过 3 h？如果要进行大剂量 DNA 酶切，为了节省酶的用量，计划要做 8 h 酶切，酶切之前，DNA 样品应该怎么处理，以预防 DNA 的降解？

(2) 电泳设备（电泳槽、电泳仪、连接线）有时会出故障，启动电泳时，有哪些直观的方法可以确定电路是连通的，电泳在正常进行？

(3) 电泳时所设定的电压高低应以什么为依据，一般设定的标准值是什么？

参 考 文 献

[1] Green M R, Sambrook J. 分子克隆实验指南[M]. 贺福初，译. 4 版. 北京：科学出版社，2017.

[2] 刘维全，高垆，王吉贵. 精编分子生物学实验指导[M]. 北京：化学工业出版社，2009.

[3] Teresa T, Shirley B, Eilene M. Lyons: biotechnology. protein to DNA, a laboratory project in molecular biology[M]. New York: McGraw Hill, 2001.

实验 21　PCR 基因扩增

1　实验目的

（1）掌握多聚酶链式反应（PCR）技术的基本原理。
（2）掌握 PCR 引物的设计以及 PCR 反应的完整步骤。
（3）熟悉 PCR 仪的使用。

2　实验原理

2.1　PCR 反应的扩增效率

多聚酶链式反应（polymerase chain reaction，PCR），此技术于 1985 年由 Kary Mullis 及其同事设计并研究成功。其原理类似于 DNA 的天然复制过程，即将待扩增的 DNA 片段和与其两侧互补的两段寡聚核苷酸引物，经变性、退火和延伸若干个循环后，使一至几个拷贝的 DNA 分子扩增至数千至上百万个拷贝（2^n 倍），可用公式 $y=(1+X)^n$ 表示扩增效率，其中 y = DNA 扩增倍数，X = 扩增效率，n 为循环数，如 $X=100\%$，$n=20$ 时，则扩增倍数 $y=1048576$ 倍。

PCR 技术可以用于 DNA 克隆、测序、基因功能研究、分子进化研究、遗传性疾病的诊断、遗传图谱研究、法医鉴定、亲子鉴定等多方面。Kary Mullis 和 Michael Smith 也因他们这项发明而获得了 1993 年的诺贝尔奖。

PCR 反应所用的 DNA 聚合酶必须要有很高的热稳定性，最初是从嗜热菌 thermus aquaticus 中分离得到的 DNA 聚合酶，即 *Taq* 聚合酶。寡聚核苷酸引物在 DNA 模板变性后与模板 DNA 目标序列的 3′末端互补配对，经由配对后的引物 3′末端进行延伸，完成链的扩增。PCR 扩增的特异性取决于引物与模板序列的专一性互补配对。

PCR 反应的第一个循环并不是指数增加拷贝数的第一个循环，第三个循环完成，固定长度的目标片段开始出现，其后才是真正的指数增长的开始（图 21.1）。

2.2　PCR 反应实验流程

在微量离心管中加入适量缓冲液，微量模板 DNA、四种脱氧单核苷酸（dNTP）和耐热 *Taq* 聚合酶及两个合成 DNA 引物，并有 Mg^{2+} 存在。PCR 循环分为三个阶段：

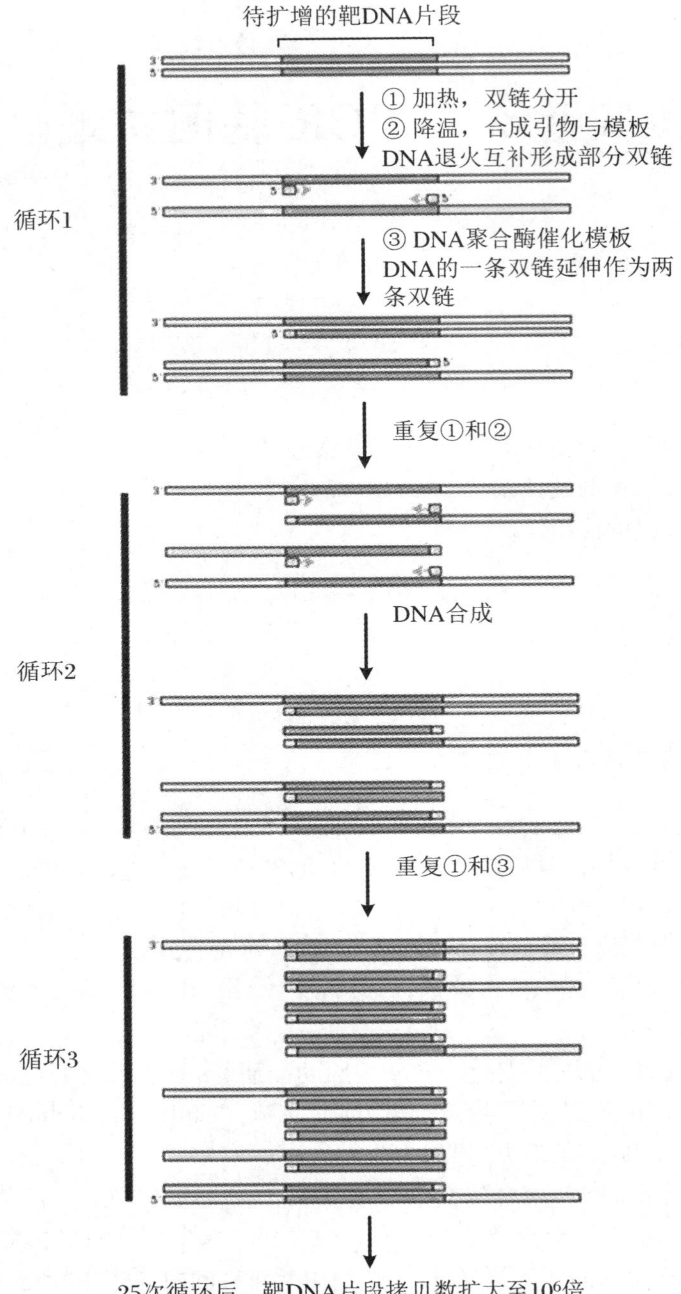

图 21.1　PCR 反应示意图

(1) 变性阶段(melting):加热使模板 DNA 在高温下(93～95 ℃)变性,双链分开。

(2) 退火阶段(annealing):降低溶液温度,使合成引物在低温(50～65 ℃)状态下与模板 DNA 退火互补形成部分双链。一般要求退火温度要低于引物 T_m 值 3～5 ℃,引物与模板序列碱基互补(允许中间个别碱基不互补)。

(3) 延伸阶段(extension):溶液反应温度升至中温(72 ℃)时,在 *Taq* 酶作用下,以

dNTP 为原料，引物为复制起点，模板 DNA 的一条双链在解链和退火之后延伸为两条双链。

如此重复，改变反应温度，即高温变性、低温退火、中温延伸三个阶段。这三次改变温度为一个循环。每循环一次，使特异区段基因拷贝数扩大一倍，一般经 30 次循环后，基因放大数百万倍。

PCR 基因扩增的最大优点是操作简单，结果可靠。通常用分子克隆的方法进行 DNA 扩增，需要经 DNA 内切酶酶切、连接、转化和培养等程序，再经提取、酶切等制备过程才能得到所需的 DNA，需时数周；而用 PCR 的方法则只需几个小时，故人们称 PCR 为无细胞的分子克隆。

2.3　PCR 的影响因素

（1）DNA 聚合酶的选择。选择合适的 DNA 聚合酶需要考虑几方面的因素：酶的热稳定性、酶的延伸能力、酶的保真性、是否有 3′→5′的外切校读功能等。如果 PCR 产物要用于构建蛋白表达质粒，则需要使用高保真性的 *Pfu Pol* 酶，由表 21.1 所示进行选择。

表 21.1　DNA 聚合酶的酶活特性

酶	相对扩增效率[a]	错误参入率[b]	连续合成能力[c]	链延伸速度[d]	3′-5′外切酶活	5′-3′外切酶活
Taq Pol	88	2×10^{-4}	55	75	无	有
Tli Pol（vent）	70	4×10^{-5}	7	67	有	无
Pfu Pol	60	7×10^{-7}	未知	未知	有	无
rTth	未知	未知	30	60	无	有

注：a. 每个循环模板复制率；b. 错误碱基参入频率；c. 酶一次性连续合成能力；d. 每秒钟合成的核苷酸数。

实验室常用的几种 PCR 聚合酶：Easy *Pfu* 的延伸时间为 0.5 kb/min；Fast *Pfu* 的延伸时间为 2～6 kb/min；Phanta max 的延伸时间为 1～2 kb/min，长片段扩增能力较强，价格为 Fast *Pfu* 的 3 倍左右；Takara LA *Taq*：长片段扩增能力较强，保真性强。实验中应根据自己的实验需要选择合适的 DNA 聚合酶。

（2）引物设计。正确设计引物是保证 PCR 反应成功的一个关键因素，设计引物应遵循以下规则：

① G+C 含量应为 50%～60%，过高或过低都不利于反应。两条链的 G+C 含量不能相差太大；

② 引物长度应在 18～30 个核苷酸，太短，容易出现引物非特异性配对；太长，则会提高 T_m 值，延伸温度也需相应提高，不适于 *Taq* 酶进行反应；

③ 引物末端最好为 G 或 C，稳定引物与模板的配对，特别是 3′末端不要是 A；

④ 引物中最好不要有成串的 A 或 T，成串的 A 或 T 会降低引物模板配对的稳定性；

⑤ 引物链要避免能形成链内发卡结构的序列，也要避免一对引物链之间能形成相互配对的序列，引物链内及链间的互补配对都会造成引物自身序列的扩增，而目标序列却不能得到扩增；

⑥ 若情况需要，如当要引入定点突变时，引物中偏 5′端部位可以有个别碱基与模板的错配；

⑦ 若需克隆 PCR 产物，引物的 5′末端需要加上一个限制性内切酶的酶切位点，酶切位点外再加 2～3 个保护碱基，可以增加酶切的效率。为了保证克隆片段的定向插入，两个引物所增加的酶切位点应与载体插入位点相匹配但各不相同。

（3）PCR 循环中涉及的反应温度和时间。

Taq DNA 聚合酶耐高温，代替普通的 DNA 扩增反应的 T4 DNA 聚合酶和 Klenow 酶。在 94～95 ℃，双链 DNA 变性温度仍能保持酶活力，使 PCR 反应不必每步加酶而实现自动化。*Taq* DNA 聚合酶在 95 ℃时半衰期为 35 min，故 PCR 循环中的温度不宜高过 95 ℃。如果温度低于 95 ℃，对 DNA 变性有很大影响。如果变性不完全，DNA 双链会很快复性而减少产量，所以变性温度多在 94～95 ℃，既能保证 DNA 变性又能最大程度保存酶的活性。

引物的长度及 G，C 含量都会直接影响 PCR 循环中退火温度的设定。引物长度应在 18～30个核苷酸，一对引物应有相近的 T_m 值，引物的 G＋C 含量不易高于60%，若 G、C 含量过高，为了维持合适的退火温度，需对反应条件进行优化，加入适量有机溶剂如DMSO，以减少碱基之间的相互作用。

PCR 反应需严格规定引物退火温度，特别是前几个循环时，合适的退火温度会增加扩增特异性，退火温度一般略低于两个引物的 T_m 值 5 ℃，过高会引起引物与模板之间配对的不稳定性，过低则会引起引物与模板序列的非特异性配对，会导致非特异性 DNA 扩增。温度高会增强对不正确退火引物的识别，同时会降低引物 3′端不正确核苷酸的错误延伸。

由于 *Taq* 酶反应最适温度为 75～80 ℃，所以 72 ℃是常用的引物延伸条件，*Taq* 酶在此温度有较好的稳定性，且酶活性也很高。

（4）DNA 聚合酶浓度。PCR 反应所需 *Taq* 酶的量与反应体积、模板 DNA 量都有关。一般反应体积 10～50 μL，*Taq* 酶用量可在 0.5～5 单位范围，用酶量过少会使合成的产物量低，用酶量过高，会导致非特异性产物增加。此外，由于 *Taq* 酶是溶解并保存在 50%甘油中的，所以取用酶的体积会直接影响反应液中甘油的含量，进而对 PCR 反应有所影响。

（5）Mg^{2+} 浓度。PCR 过程中 Mg^{2+} 浓度应保持在 0.5～2.5 mmol/L 范围。反应液离子强度高，能够减少引物与模板分子之间的非特异性识别，保证目标片段的特异性扩增，但离子强度过高会导致引物与模板之间不能稳定配对，影响扩增。此外，离子强度还会影响引物退火、模板和 PCR 中间产物链的解离、产物特异性、引物二聚体生成及酶活性等。

（6）模板 DNA 的用量。PCR 反应时模板 DNA 的用量与模板 DNA 分子的大小有关，以扩增基因组 DNA 中单拷贝目标基因为例，基因组越大，目标基因在 DNA 中所占的比例越小，为了保证扩增成功，需要的模板 DNA 量越大。模板 DNA 一般溶解在 pH＝7.6 的 10 mmol/L Tris-EDTA（TE）中。几种不同来源的模板 DNA 的浓度应分别为哺乳动物基因组 DNA，100 μg/mL；酵母基因组 DNA，1 μg /mL；细菌基因组 DNA，0.1 μg /mL；质粒 DNA，1～5 ng/mL。

（7）PCR 反应的平台效应。平台效应指 PCR 循环后期，当合成产物量达到 0.3～1 pmol水平时，由于产物的堆积，使原来以指数增加的速度变成平坦曲线。导致产生平台效应的因素包括：① dNTPs 及引物等的不断消耗；② 反应物（dNTP 或酶）的稳定性；③ 反应终产物的阻抑作用（焦磷酸盐，双链 DNA）；④ 非特异性或引物的二聚体参与竞争作用。鉴于以上影响因素，设计 PCR 反应时循环数不是越多越好，一般 20～30 个循环即可合成足够量的产物以用于鉴定或克隆反应。

3　试剂和仪器

注意减少可能的外源 DNA 污染，模板 DNA 样品是极为重要的，为此应准备专供 PCR 用的成套试剂与溶液。用于 PCR 反应的自备试剂、塑料器皿等须高压灭菌，塑料器皿灭菌后还要烘干方可使用。

(1) 热稳定 DNA 聚合酶(*Taq* 酶)(－20 ℃)。

(2) 10×PCR 扩增缓冲液，25 mmol/L $MgCl_2$。

(3) 4 种 dNTPs 混合贮存液(20 mmol/L，pH＝8.0，－20 ℃)。

(4) 琼脂糖。

(5) 50×TAE 缓冲液。

(6) 阴性对照模板 DNA。

(7)正向引物(F，20 μmol/L)及反向引物(R，20 μmol/L)溶于灭菌 ddH_2O 中。

(8) 自动微量移液器，移液器枪头，PCR 管(0.2 mL)，灭菌备用。

(9) PCR 仪(Biolab，带热盖)。

4　实验操作

4.1　引物配制

4.1.1　计算

商品化的引物 DNA 链(Oligo)是以 OD_{260}来计量的。这是指在 1 mL 体积的 1 cm 光程标准比色皿中，260 nm 波长下吸光度为 1 A_{260} 的 Oligo 溶液，定义为 1 OD_{260} 单位。因此，1 OD_{260}单位相当于 33 μg 的 Oligo DNA。定制的引物为冻干品，溶解前应根据所需配制的摩尔终浓度计算最终体积。

引物 Oligo 的分子量计算公式：

$$\text{分子量}=(C\times288)+(A\times312)+(G\times328)+(T\times303)-61$$

式中，C，A，G，T 分别代表各种脱氧核苷的碱基数。

也可以计算引物的近似分子量，引物 DNA 寡核苷酸链(Oligo)中每个脱氧核苷酸碱基的平均分子量近似 324.5，则一个引物 DNA 链的近似分子量为

$$\text{近似分子量}=\text{碱基数}\times324.5$$

引物的工作浓度为 5～10 μmol/L，贮存液可以为 10×的。以 20 个核苷酸长的 2.0 OD_{260}的引物为例，要配制的终浓度为 50 μmol/L，配制体积的计算如下：

分子量 = 20×324.5 = 6490
质量数 = 2×33 = 66（μg）
摩尔数 = 66 ÷6490 = 0.010（μmol）
终体积 = 0.010 ÷50×10^6 = 200（μL）

4.1.2　操作

由于冻干 Oligo 呈很轻的干膜状吸附在管壁上，开盖后极易散失，打开前要先离心（12000 r/min，10 s），然后慢慢打开管盖，加入足量的灭菌 ddH_2O 或 TE 缓冲液，盖紧管盖后上下颠倒或振荡 5～10 min 至充分溶解。可冷冻长期保存，但常用时须在 4 ℃环境中保存。注意，要避免 DNA 样品的反复冻融，这会导致核苷酸链的降解。

4.2　常规 PCR 反应组分包括

50 μL 反应体系：
（1）模板 DNA 1～500 ng；
（2）正向引物 5～10 pmol；
（3）反向引物 5～10 pmol；
（4）1× PCR 缓冲液；
（5）$MgCl_2$ 0.25～1.5 mmol/L；
（6）dNTP 混合液（dATP，dGTP，dTTP，dCTP 各 25 mmol/L）；
（7）*Taq* 酶 1 unit。

PCR 扩增缓冲液的 pH 在 25 ℃时应为 8.3，在 72 ℃时高温促使 Tris 的解离常数 pK_a 改变，使扩增缓冲液的 pH 降至约为 7.2。模板 DNA 的量要求根据它的序列的复杂度适当改变，哺乳动物 DNA，每个反应模板 DNA 量为 1 μg；酵母、细菌及质粒 DNA 的典型模板量分别为 10 ng，1 ng 及 10 pg。

本实验是以自制质粒 DNA 为模板的 PCR 反应，在 0.2 mL 灭菌 PCR 管中按次序加入以下各组分：

组分	体积
质粒	1 μL
ddH_2O	13 μL
10× *Taq* 缓冲液（$MgCl_2$）	2 μL
2.5 mmol/L dNTP（pH = 8）	1 μL
Primer 1（5 μmol/L）	1 μL
Primer 2（5 μmol/L）	1 μL
DMSO	1 μL
Taq 酶	1 μL
总体积	20 μL

以上反应组分中酶应该是最后加入的，反应液要轻轻混匀，不能振荡。注意所有操作应

该在冰上进行。

4.3　常规 PCR 循环条件

(1) 95 ℃预变性 3～5 min (复杂基因组 DNA 变性时间较长)。

(2) 95 ℃变性 1 min。

(3) 55 ℃复性 1 min(具体依引物的 T_m 值而定)。

(4) 72 ℃链延伸 1 min/kb。

(5) 重复(2)～(4)步骤 25～30 个循环。

(6) PCR 仪降温至 10 ℃。

链延伸(72 ℃聚合反应)应该根据靶基因的长度按每分钟聚合 1000 bp 的速率来计算所要设置进行聚合反应的时间。大多数 PCR 反应设置的最后一个程序是扩增样品降温,停机后取走样品,也可以设置 4 ℃保存,直至扩增样品从 PCR 仪上取走。但为了延长 PCR 仪使用寿命,应尽量不设置低温保存。

4.4　设置对照组实验

为了检测所设计的引物与目标 DNA 配对的专一性,试剂是否有污染等情况,每次 PCR 都要设有阳性和阴性对照。阳性对照以预先制备的靶 DNA 片段为模板(可用质粒酶切法或 PCR 法,由教师提前制备),用于检测 PCR 的效率及预期长度的扩增产物。而阴性对照则分别用于检测引物是否在目标 DNA 上有非特异性配对(若有,则会扩增出非预期长度的未知 DNA 片段)以及所用试剂是否有其他 DNA 污染(表 21.2)。

表 21.2　PCR 对照反应组分表

对照条件	PCR pre-mix:(含缓冲液,dNTPs,*Taq* 酶,$MgCl_2$,ddH_2O)(μL)	正向引物(μL)	反向引物(μL)	ddH_2O(μL)	含目标片段的DNA 模板(μL)
阳性对照	47	1	1	—	1
阴性对照(仅有正向引物)	47	1	—	1	1
阴性对照(仅有反向引物)	47	—	1	1	1
阴性对照(无模板 DNA)	47	1	1	1	—
阴性对照(非模板 DNA)	47	1	1	—	1

对照组各管操作同上,也可把除引物与模板外的其他组分预先混匀(pre-mix)后分装到各反应管中,再分别加入其他组分,混匀后与质粒 PCR 反应管同时放入 PCR 仪进行扩增。

如果 PCR 仪没有配置热盖,在反应混合液的上层应加一滴轻矿物油(30～50 μL),防止样品在 PCR 反应多个循环过程中蒸发。

4.5 启动 PCR 仪进行扩增

放置 PCR 管于 PCR 仪中，PCR 仪有 96 个高导热性的孔槽，放置 PCR 管时应均匀散放，可以保证热盖和加热板均匀控温。启动 PCR 仪前要旋紧热盖，按前述 PCR 循环条件设置 PCR 仪。反应管在 PCR 仪上温育进行基因扩增。热盖的温度设置应高于所设变性温度 2～3 ℃，这样可保证 PCR 反应溶液不会被蒸发而改变体积(蒸发后体积变小，离子强度增大，会影响 PCR 反应)。

4.6 PCR 产物的鉴定

PCR 反应完成后，抽取每种扩增样品 5～10 μL，用琼脂糖凝胶电泳或聚丙烯酰胺凝胶电泳来分析扩增结果，用 DNA Marker 来判断扩增片段的大小。凝胶一般用 EB(溴化乙锭)或荧光染料 GelRed 染色后在紫外灯下观察扩增的量与片段大小。从已知上样量的 Marker DNA 条带的亮度与粗细可大致判断 PCR 扩增的效率；阴性对照样品在目的条带附近应该没有相应条带。

一次成功的扩增反应能产生与我们预期大小一致的 DNA 片段。扩增产物可用 DNA 序列分析，Southern 杂交和限制性内切核酸酶酶切图谱予以鉴定。

若用矿物油覆在 PCR 管内样品液体的上层，在 PCR 反应管内，包含扩增 DNA 片段的水相与上层矿物油的界面形成弯月面，在弯月面下面的水相还有微胶粒。可用移液器小心吸取水相液体转移到一个新的离心管内。PCR 反应结束后可用 150 μL 氯仿抽提去除矿物油。

5 结果分析

电泳结果应该能看到质粒扩增管与阳性对照管样品都有同样的预期长度的扩增片段，阴性对照管应无任何扩增产物，而跑在溴酚蓝前沿之前的微弱条带(呈扩散状)则是没有参与 PCR 反应的引物分子。凝胶应在样品扩散前用凝胶成像仪采集图片，并标记各泳道所载的样品(图 21.2)。

如果 PCR 产物不是所期待的长度，而且有多条扩增条带或没有扩增产物，又或者阴性对照有扩增产物出现，则需要从引物设计、模板质量、反应体系、实验操作等多方面分析原因。

6 思考题

(1) 当 PCR 反应失败时，应先从哪几个方面找原因？

(2) 为什么 DNA(模板、引物)不能反复冻融？本实验中还有什么试剂不能反复冻融？

(3) 通常研究者设计引物都用 DNA 分析软件，如 Premier Primer 5.0、Oligo 6 等。这

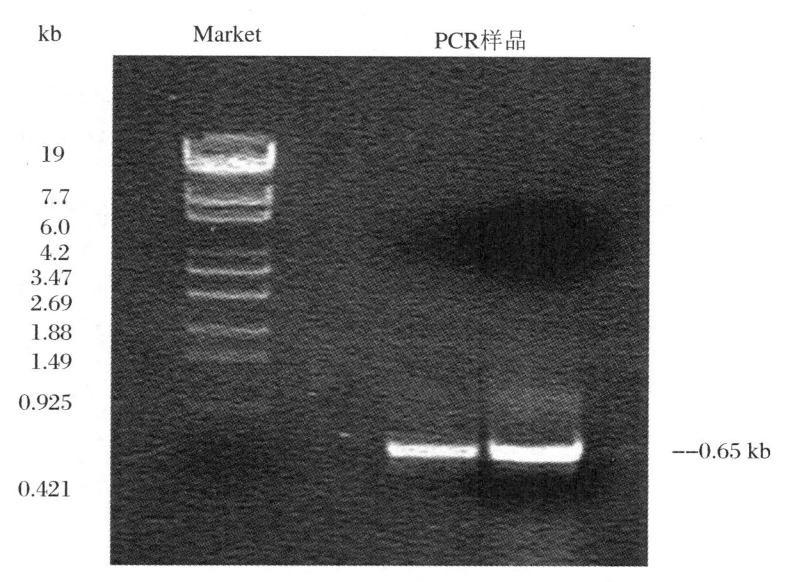

图 21.2　PCR 产物的琼脂糖凝胶电泳鉴定图

些软件可以在线设计软件或在本地计算机上使用。手动设计引物时，T_m 值要按公式 $T_m = 4\ ℃(G+C)+2\ ℃(T+A)$ 计算，计算机软件中多使用最邻近法(the nearest neighbor method)计算 T_m 值。下面提供了大肠杆菌某蛋白基因序列，要制备 Southern 杂交的探针，请手动设计一对引物，用于扩增包含碱基序列 8761～8880 的 200 bp 长度的基因序列。

并提供下列信息：

① 每个引物在 DNA 序列上的 5′和 3′端位置，及各引物的序列，标明方向；

② 计算每个引物的(G+C)%含量和 T_m 值；

③ 所设计引物的预期扩增产物长度是多少？

基因序列：

8401 gctgaagcga gacaccagga gacacaaagc gaaagctatg ctaaaacagt caggatgcta
8461 cagtaataca ttgatgtact gcatgtatgc aaaggacgtc acattaccgt gcagtacagt
8521 tgatagcccc ttcccaggta gcgggaagca tatttcggca atccagagac agcggcgtta
8581 tctggctctg gagaaagctt ataacagagg ataaccgcgc atggtgcttg gcaaaccgca
8641 aacagacccg actctcgaat ggttcttgtc tcattgccac attcataagt acccatccaa
8701 gagcacgctt attcaccagg gtgaaaaagc ggaaacgctg tactacatcg ttaaaggctc
8761 tgtggcagtg ctgatcaaag acgaagaggg taaagaaatg atcctctcct atctgaatca
8821 gggtgatttt attggcgaac tgggcctgtt tgaagagggc caggaacgta gcgcatgggt
8881 acgtgcgaaa accgcctgtg aagtggctga aatttcgtac aaaaaatttc gccaattgat
8941 tcaggtaaac ccggacattc tgatgcgttt gtctgcacag atggcgcgtc gtctgcaagt
9001 cacttcagag aaagtgggca acctggcgtt cctcgacgtg acgggccgca ttgcacagac
9061 tctgctgaat ctggcaaaac aaccagacgc tatgactcac ccggacggta tgcaaatcaa
9121 aattacccgt caggaaattg gtcagattgt cggctgttct cgtgaaaccg tgggacgcat
9181 tctgaagatg ctggaagatc agaacctgat ctccgcacac ggtaaaacca tcgtcgttta
9241 cggcactcgt taatcccgtc ggagtggcgc gttacctggt agcgcgccat tttgtttccc

参 考 文 献

[1] Green M R,Samkerook J.分子克隆实验指南[M].贺福初,译.4版.北京:科学出版社,2017.

[2] Teresa T, Shirley B, Eilene M. Lyons: biotechnology. protein to DNA, a laboratory project in molecular biology[M]. New York: McGraw Hill, 2001.

[3] Dieffenbach C W, Dveksler G S. PCR技术实验指南[M].北京:科学出版社,2004.

[4] 王廷华,Dubus P. PCR理论与技术[M].2版.北京:科学出版社,2009.

实验 22　DNA 样品的胶回收及连接

1　实验目的

(1) 学习利用凝胶回收试剂盒,从凝胶中回收目标 DNA 片段。
(2) 掌握 DNA 连接反应的基本原理,了解优化反应的基本原则。

2　实验原理

2.1　从琼脂糖凝胶中回收 DNA

含有 DNA 样品的琼脂糖凝胶块在溶胶缓冲液中温育融化,在酸性条件下将 DNA 选择性地结合到 DNA 制备膜(硅胶模)上,然后用疏水性较强(含乙醇)的洗涤液在通过数次洗涤和离心后去除琼脂糖等杂质,再用 pH 为中性的 TE 缓冲液或 ddH_2O 将 DNA 从膜上洗脱下来。

2.2　连接载体与外源基因 DNA 插入片段

分子克隆中最重要的环节之一就是把两个不同来源的 DNA 分子连接在一起,形成一个新的、重组的分子。DNA 连接酶(DNA ligase)是可以将不同 DNA 末端连接起来的一种工具酶,它把不同 DNA 片段的 3′-OH 和 5′-PO_4^{3-} 以磷酸二酯键的形式连接起来(图 22.1)。纯化后的外源基因 DNA 插入片段与经过同样酶切的具有匹配黏性末端的载体 DNA 片段在体外通过 T4 DNA 连接酶的作用重新环化,得到含外源 DNA 的克隆质粒。DNA 连接酶反应需要 ATP、Mg^{2+}、相应的缓冲体系。

第一步,黏性末端碱基互补配对直接形成氢键;

第二步,T4 DNA 连接酶催化磷酸二酯键的合成。

3　试剂与器材

(1) 载体及外源基因 DNA。
(2) T4 DNA 连接酶及连接缓冲液。

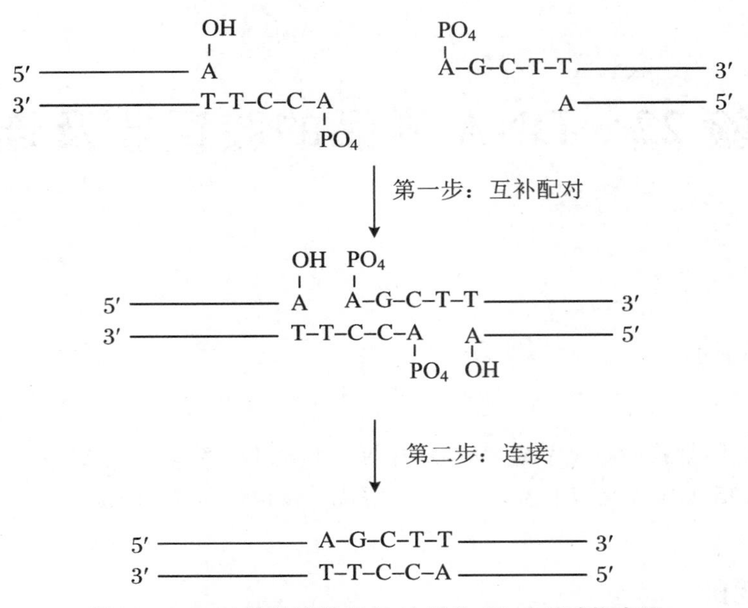

图 22.1　DNA 连接酶促反应，末端为 *Hin*d Ⅲ酶切末端

(3) DNA 凝胶回收试剂盒（Sangon UNIQ-10 kit）。

(4) 冷阱或低温(12～16 ℃)水浴槽。

(5) 洁净刀片，75 ℃水浴锅，手持紫外灯，灭菌的 EP 管。

4　实验操作

4.1　DNA 片段的回收(以 Sangon UNIQ-10 kit 为例)

(1) 用一灭菌刀片切下含目的 DNA 片段的琼脂块，尽量除去多余的不含 DNA 的胶，切碎后放入 EP 管(约 100 mg)。

(2) 加入 400 μL 溶胶液(binding buffer Ⅱ)，60 ℃水浴 10 min，使凝胶完全溶化，其间每 2 min 颠倒混匀一次。

(3) 将胶溶液移入吸附柱，室温放置 2 min，8000 r/min，离心 1 min，倒掉收集管中的液体，再将吸附柱放入同一收集管中。

(4) 在吸附柱中加入 500 μL 洗涤液(washing solution)，8000 r/min，离心 1 min，倒掉收集管中的液体，再将吸附柱放入同一收集管中，重复步骤(4)一次。

(5) 再将吸附柱放入同一收集管中，12500 r/min 离心 15 s。

(6) 将吸附柱放入一个灭菌的 EP 管中(剪掉盖子)，在吸附膜中央加入 15 μL 60 ℃ 预热的洗脱液(elution buffer)，或可直接用灭菌 TE 缓冲液或 ddH_2O，加盖后室温静置 2 min，12500 r/min，离心 1 min，将含有 DNA 的 EP 管置于 4 ℃放置备用。

4.2　DNA 片段的连接

连接反应体系为 10 μL，依次加入以下试剂（注意冰上操作）：

载体 DNA 片段（vector fragment）	2 μL
插入 DNA 片段（insert fragment）	6 μL
10×连接酶缓冲液（ligation buffer）	1 μL
T4 DNA 连接酶（ligase）	1 μL（1U）
总体积	10 μL

混匀，离心数秒，在 12～16 ℃水浴中连接 4～12 h。连接完成后可直接用于转化实验，或 −20 ℃环境保存备用。连接反应成功与否要等转化实验（参考本书实验 23）后才能确定。

4.3　注意事项

（1）从凝胶中回收 DNA 操作比较简单，需要注意的是含有目标 DNA 的凝胶块不能太大，也即溶胶液与胶块要按一定的比例加入，具体请参考试剂盒所提供的操作方法。

（2）从凝胶中切取目标 DNA 凝胶块时，要带手套，用干净的刀片，以防止 DNA 酶的污染导致样品降解。

（3）所用的紫外光源也不能太强，照射时间应尽量短，否则容易引起 DNA 的紫外损伤。

（4）DNA 连接反应所用的缓冲液一般是与 T4 DNA 连接酶同时免费提供的，其内含有 DNA 连接反应所需的 ATP，所以连接酶缓冲液要避免多次反复冻融，这会导致 ATP 降解，从而降低连接反应的效率。

（5）参与连接反应的 DNA 不一定要经电泳纯化，但酶切后必须要经乙醇沉淀后溶于灭菌的 ddH_2O，除去内切酶及其他离子以防止它们对连接酶反应的干扰。经电泳纯化后，DNA 片段得到纯化、浓缩，可以提高连接的效率，简化阳性转化子筛选的步骤。

（6）T4 连接酶反应要求 DNA 双链连接末端带 3-OH、5-PO_4^{3-}。若因某种原因 DNA 末端是脱磷酸的，则要用 ATP 和 T4 DNA 激酶（kinase）先磷酸化 DNA，然后再进行连接反应。

（7）温度是连接反应成功与否的一个重要因素，T4 DNA 连接酶的最适反应温度是 25 ℃，但并不一定是最适于进行连接的温度，需要考虑的是被连接的两个黏性末端的 T_m 值。降低连接反应温度有利于两个黏性末端单链之间形成稳定的配对（氢键），便于连接酶的作用。此外被连接 DNA 片段越短，其 T_m 值越低，所以当所需连接的 DNA 片段为 Oligo 时（即十多个碱基对），连接反应宜在低温（约 4 ℃）进行。

（8）连接反应中载体片段与插入片段的比例也是很重要的，实际工作中一般插入片段的摩尔数可为载体片段的数倍（2～5 倍）。（以回收 DNA 亮度经验目测）反应体系中 DNA 的浓度不宜过低，否则链间末端的连接效率也比较低。

（9）平端（blunt end）连接时载体 DNA 可用 DNA 磷酸酶去磷酸化，减少载体自连。平端连接反应所需用的连接酶要多于黏性末端连接（2～5 倍），同时需要加入 PEG 8000 提高连接效率。用于连接的 DNA 片段的浓度也要适当提高。

5　思考题

（1）平端连接反应加入 PEG 能提高连接效率的原因是什么？

（2）如果用于连接的 DNA 分子中带了很多的 EB 染料，会对质粒在受体细胞中的扩增有什么影响？如何除去 EB？

（3）相较于黏性末端连接的方向可控性，平端连接在连接方向控制及拷贝数方面有什么特点？

参考文献

[1]　Green M R，Samkerook J. 分子克隆实验指南[M]. 贺福初，译. 4 版. 北京：科学出版社，2017.

[2]　Teresa T，Shirley B，Eilene M. Lyons：biotechnology. protein to DNA，a laboratory project in molecular biology[M]. New York：McGraw Hill，2001.

[3]　魏群. 生物化学与分子生物学综合大实验[M]. 北京：化学工业出版社，2007.

实验 23　大肠杆菌感受态细胞的制备及转化

1　实验目的

（1）掌握氯化钙法制备大肠杆菌感受态细胞的基本原理和方法。
（2）掌握感受态细胞的保存及使用要求。
（3）了解不同转化方法的基本原理。
（4）掌握质粒转化大肠杆菌的基本操作。

2　实验原理

2.1　感受态细胞

转化(transformation)是将外源 DNA 分子引入受体细胞，使之获得新的遗传性状的一种手段。在自然条件下，很多质粒都可通过细菌接合作用转移到新的宿主内，但在人工构建的质粒载体中，一般缺乏此种转移所必需的 *mob* 基因，因此不能自行完成从一个细胞到另一个细胞的接合转移。如需将质粒载体转移进受体细菌，需诱导受体细菌产生一种短暂的感受态细胞以摄取外源 DNA。制备良好的感受态细胞成为开展实验进行转化的基石。

所谓感受态(competent cells)就是指细菌能够容易吸收外源 DNA 的状态。转化是一种天然存在的现象。在基因重组中，转化特指质粒 DNA 或以它为载体所构建的重组 DNA 分子导入细菌的过程。转化包括吸附、转入、自稳和表达 4 个过程。转化过程所用的受体细胞一般是限制修饰系统缺陷的变异株，即不含限制性内切酶和甲基化酶的突变体（R^-，M^-），它可以容忍外源 DNA 分子进入体内并稳定地遗传给后代。

2.2　转化方法

转化是可以自然发生的，质粒都可通过细菌接合作用转移到新的宿主内，转移必需 *mob* 基因。但在人工构建的质粒载体中，一般缺乏此种 *mob* 基因，如需将质粒载体转移进受体细菌，需诱导受体细菌产生一种短暂的感受态以摄取外源 DNA。常用的改变受体细胞壁通透性，制备感受态细胞的方法包括电穿孔法和 $CaCl_2$、RbCl（KCl）等化学试剂法。

电穿孔法(electroporation)，又称电转化，转化效率高达 10^{10}。多用于具有很厚细胞壁的植物及酵母细胞的转化。$CaCl_2$ 法简便易行，且其转化效率完全可以满足一般大肠杆菌转化实验的要求,制备出的感受态细胞暂时不用时,可加入占总体积15%的无菌甘油置于-70℃冰箱中保存(半年),因此$CaCl_2$法使用更广泛。RbCl(KCl、$MnCl_2$等)法制备的大肠杆菌感受态细胞转化效率较高(10^8~10^9),但方法较$CaCl_2$法繁琐。

2.3 阳性转化子的鉴定

理论上所有在筛选培养基上长出的单菌落都应该是含有外源质粒的阳性转化子,但由于各种原因,有时会有假阳性转化子出现,有时质粒可能因为重组等原因丢失部分或全部外源基因。所以,培养皿上的单菌落必须经过多重鉴定后才能挑选出理想的阳性转化子。鉴定的方法有PCR法、质粒酶切法、质粒测序法。PCR法和质粒酶切法请参考本书实验20和实验21。

PCR法:可以用质粒PCR(参考本书实验21)或菌落PCR进行鉴定,此法只能在电泳后目测外源基因DNA片段的大小,并且菌落PCR本身出现假阳性的概率也比较高,只能作为初步鉴定。

质粒酶切法:通过提取转化子的质粒后做限制性内切酶酶切和电泳鉴定(参考本书实验20),该方法可以针对外源插入基因特有的酶切位点进行鉴定,但这个方法不能检测出外源基因内部的点突变。对于要进行克隆表达的外源基因,要求每一个密码子都是正确的,否则表达出来的蛋白可能没有活性。

质粒测序法:测序法是最终的鉴定,通过双脱氧测序,可以最终确定所克隆的外源基因是否含有点突变、缺失等。只有完全吻合标准序列的转化子才能作为成功的阳性转化子被保存下来。

2.4 影响感受态细胞转化效率的一些因素

(1) 所用器具必须洁净、无菌。

(2) 培养基的装量。这决定菌体生长过程是有氧还是无氧生长。厌氧生长出来的菌体是做不出效率高的感受态细胞的。建议培养基装量:培养基体积/三角瓶容量=100 mL/500 mL或50 mL/250 mL。

(3) 培养基的pH。这里讲的pH是指配制或灭菌后,以及摇瓶结束后的pH。一般来说,接种前的pH在6.8~7.2,等菌摇好后,不要低于6,最好在6.5以上。这表示菌体的代谢为有氧代谢,生长状态良好。

(4) 培养后的*OD*值。*OD*值不得大于0.8,*OD*值大时菌体总量大,因而感受态绝对数量要大一点,但很难保持对数生长,制备出的感受态细胞转化效率较低。

(5) 培养基中的各种离子。当培养基中存在一定量的Mg^{2+}离子时,制得的细胞感受态相对较高。20 mmol/L $MgCl_2$作为培养基的添加物,在细胞收获之前20~30 min加入,会收到较好的效果。

(6) 培养温度。较低的温度培养有利于感受态的形成,这样可以获得较高的感受态,但太低又不实用。

(7) 在保存感受态细胞时,需加入冷冻保护剂(7% DMSO或10%甘油),DMSO比甘油的效果要好,它会使感受态的效率增加。

(8) 液氮速冻也会使感受态的效率提高。

3　试剂和仪器

（1）受体大肠杆菌，常用的有 DH5α、Top10、BL21、K38 等。

（2）0.1 mol/L $CaCl_2$（灭菌）。

（3）液体 LB 培养基和固体培养基（灭菌）。

（4）100 mg/mL 氨苄青霉素（Amp）或卡那霉素（Kan），无菌过滤，种类依待转化质粒所带抗性 Marker 而定。

（5）恒温水浴锅，恒温箱，台式高速离心机，灭菌的 EP 管及移液枪枪头。

4　实验操作

4.1　大肠杆菌感受态细胞的制备（$CaCl_2$法）

（1）于 2～3 mL LB 液体培养基中接种 DH5α 单菌落，37 ℃振荡培养过夜。

（2）取 0.05 mL 培养物接种于 50 mL LB 液体培养基中，37 ℃摇瓶培养 2～3 h 至对数生长期（$OD_{550}=0.2\sim0.4$）。

（3）吸取 1 mL 培养物至 EP 管中，冰浴 10 min。

（4）4 ℃，4000 r/min 离心 10 min，弃上清液。

（5）用 0.5～1 mL 预冷的 0.1 mol/L 的 $CaCl_2$悬浮菌体，并用移液枪缓慢打匀，不能用振荡器，冰浴 10～20 min。

（6）4 ℃　4000 r/min 离心 8 min，弃上清液。

（7）菌体用 100 μL 0.1 mol/L $CaCl_2$ 悬浮，并用移液枪缓慢打匀，不能用振荡器。

立即用于转化或 4 ℃短暂放置备用。若实验条件有限，不能 4 ℃离心，室温离心制备的感受态细胞当日用于转化也是完全没有问题的。

感受态细胞可以批量制备，－70 ℃保存备用，基本方法同上，但最后一步所用的 $CaCl_2$ 溶液中要含有 15%的甘油。甘油的作用是减少冷冻时细胞内产生冰晶，减少细胞结构的破坏。用含甘油的 $CaCl_2$悬浮菌体后，按 100 μL 分装到 EP 管中，最好用液氮或乙醇-干冰溶液急速冷冻后转入－70 ℃冰箱保存。－70 ℃保存的感受态细胞在半年内可保证使用。每次现用现取，但要注意感受态细胞不能反复冻融使用。

4.2　用质粒转化大肠杆菌感受态细胞

（1）感受态细胞若保存于－70 ℃冰箱，取出后需先冰浴复苏 5～10 min，新鲜制备的可以即备即用。

（2）在 DNA 连接产物中（见本书实验 22）加入 100 μL 感受态细胞，混匀，冰浴 30 min，中间轻摇数次，防止菌体沉淀。

（3）将 EP 管置于 42 ℃水浴热击 90 s（精确定时），取出后立即放入冰上冷却 2～3 min。

(4) 在EP管中加入适量(约500 μL)LB培养基,混匀,37 ℃振荡培养45~60 min。

(5) 12000 r/min,离心15 s,用移液器移去部分上清液,保留80~100 μL,重悬菌体(轻缓)。

(6) 吸取转化的重悬菌液,涂布于含抗生素的LB平板上,待液体吸收后放入37 ℃温箱,倒置培养过夜。每个转化菌液可涂布两个平板,一个小体积(20~30 μL),另一个大体积(50~80 μL),便于挑取单菌落转化子。

步骤(3)完成后,理论上可以直接把转化菌涂布于筛选培养基上进行过夜培养。步骤(4)的目的在于让外源质粒在没有筛选压力的情况下能够有一个自稳和表达的过渡阶段,这样当转化菌被涂布到筛选培养基后,已开始表达的质粒抗性基因能够使转化菌有一个良好的起始生长,第二天能够尽早得到足够大的单菌落用于后续鉴定。

5 思考题

(1) 成功制备感受态细胞的要点是什么?

(2) 为什么急速冷冻有利于保存用于长期保存备用的感受态细胞?

(3) 转化完成后,转化菌要在有LB培养基的溶液中预培养45~60 min,然后收集细菌涂布于筛选培养基上。如果预培养的时间过长,如120 min,会出现什么情况?

参考文献

[1] Green M R,Samkerook J.分子克隆实验指南[M].贺福初,译.4版.北京:科学出版社,2017.

[2] Teresa T, Shirley B, Eilene M. Lyons: biotechnology. protein to DNA, a laboratory project in molecular biology [M]. New York: McGraw Hill, 2001.

[3] 魏群.生物化学与分子生物学综合大实验[M]. 北京:化学工业出版社,2007.

实验 24　酿酒酵母总 RNA 的提取、纯化与鉴定

1　实验目的

（1）掌握 RNA 提取的操作要点。
（2）掌握 RNA 纯化和鉴定的基本原理和方法。

2　实验原理

RNA 的提取是研究核酸的重要手段。无论是 cDNA 文库构建、RNA 序列分析、Northern 印迹等均需要有一定纯度和完整性的 RNA。因此，RNA 的提取成为人们用分子生物学技术研究生命科学是否成功的关键。值得一提的是 RNA 抽提成功的唯一衡量指标是完整和均一，是保证后续实验的成功，而不是得率。从组织和细胞中成功纯化完整 RNA，在提取过程的第一阶段细胞 RNA 酶应尽快灭活。一旦内源的 RNA 酶被破坏，RNA 受损的可能性就大大降低。RNA 的产量取决于组织或细胞的来源，通常每毫克组织可获得 4～7 μg RNA，每 10^6 细胞可获得 5～10 μg RNA。

一个典型的真核细胞中含有约 10^{-5} μg RNA，其中 80%～85%是核糖体 RNA（主要为 28 S，18 S，5.8 S 和 5 S 四种），15%～20%中的大部分由不同的相对分子质量低的 RNA 组成（如转运 RNA 和小核 RNA）。占 RNA 总量 1%～5%的信使 RNA 无论大小还是序列都是相异的，其长度从几百碱基到几千碱基不等。

酿酒酵母细胞与动物和细菌细胞不同，本身含有较厚的细胞壁。对于细胞壁，一个较好的方法是用液氮将材料冷冻，并磨成粉末。使用液氮还可以抑制核酸酶的活性，避免操作过程中 RNase 将 RNA 降解。

目前总 RNA 的提取、纯化常用的方法为异硫氰酸胍抽提法和 Trizol 抽提法。

2.1　酸性酚-异硫氰酸胍-氯仿法抽提 RNA 原理

异硫氰酸胍（图 24.1）是一类强变性剂，能够迅速破碎细胞，促使细胞结构降解，核蛋白迅速与核酸分离，并可使 RNase 变性和失活。所得的匀浆铺在氯化铯浓溶液中，由于 RNA 在氯化铯中的密度为 1.8 g/mL，比其他细胞成分的密度大得多，在超速离心过程中 rRNA 和 mRNA 沉到管底。这种方法首先由 UIIrich 等在 1977 年提出，于 1987 年被 Chomczynski 和 Sacchi 建立的一步法取代。

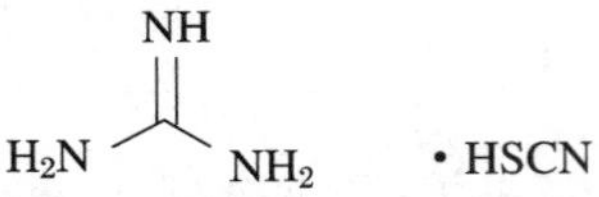

NH

H_2N　　NH_2　　· HSCN

图 24.1　异硫氰酸胍分子式

在一步法中,异硫氰酸胍用降低 pH 的酚、氯仿抽提,不需要超速离心,因此可以同时抽提多个样品,不仅提高了抽提速度,而且降低了成本。一步法中,酚的作用是使 RNase 变性,使细胞中的蛋白、核酸物质解聚得到释放,并在一定 pH 下使蛋白质、DNA 与 RNA 分开。加入的 0.1% 8-羟基喹啉与氯仿联合使用可增强对 RNase 的抑制。β-巯基乙醇主要破坏 RNase 蛋白质中的二硫键。

2.2　Trizol 抽提 RNA 原理

Trizol 是一种快捷、方便的总 RNA 提取试剂,内含异硫氰酸胍、酚、8-羟基喹啉和 β-巯基乙醇等物质。可以从动物组织、各种微生物及细胞等样品中提取总 RNA。在样品处理过程中,Trizol 可完全充分裂解样品,同时保持 RNA 的完整性。加入氯仿离心后,溶液形成上清层(水相)、中间层和下层(有机相)。取出上清层,可用异丙醇沉淀回收 RNA;中间层用乙醇沉淀回收 DNA;下层(有机相)可用异丙醇沉淀回收蛋白。提取 RNA 整个过程方便快速,提取的 RNA 无蛋白和 DNA 的污染,纯度高(图 24.2)。

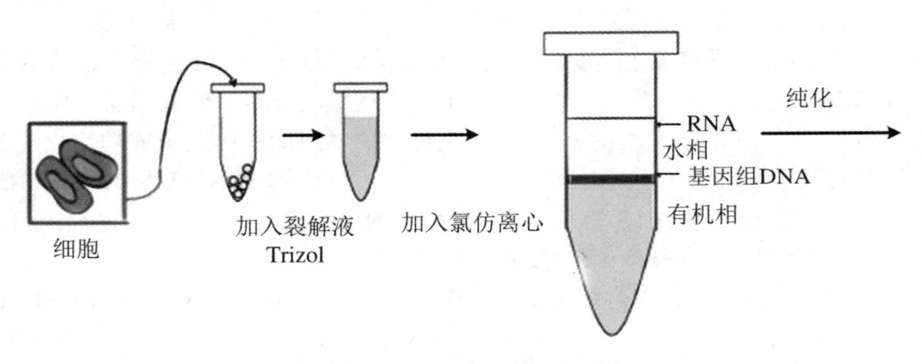

图 24.2　Trizol 提取 RNA 示意图

在整个 RNA 抽提、纯化操作过程中要做到:排除 DNA 分子的污染;排除有机试剂和金属离子的污染;使蛋白质、多糖和脂类分子的污染降低到最低程度;排除存在对酶(如逆转录酶)有抑制作用的物质。

RNA 提取过程的关键是建立一个无 RNase 的实验环境。防止 RNase 的污染,应注意以下几点:① 实验过程中严格戴好口罩、手套,并经常更换新手套,使用专用超净台,在操作过程中避免讲话;② 应使用无 RNase 的实验器材:枪头、塑料制品和玻璃制品可以用0.1% DEPC(焦碳酸二乙酯)水溶液在 37 ℃处理过夜,然后在 120 ℃下高压灭菌 30 min 以去除残留的 DEPC;③ 玻璃制品也可用干热灭菌去除 RNase(180 ℃烘烤 2 h);④ 配制溶液应使用无 RNase 水。

传统的核酸提取技术中所包含的沉淀和离心等操作需要用到大量的生物样本,还需要操作人员直接接触有毒的化学试剂,而且传统提取技术步骤较为繁杂,费时长,收率低,很难实现自动化操作。因此,随着分子生物学以及高分子材料学的快速发展,传统的从液相系统中分离提取核酸的方式逐渐被以固相吸附物载体为基础的新方法所取代。譬如：旋转离心柱提取法、玻璃粉吸附法、二氧化硅基质法、阴离子交换法、纳米磁珠提取法等。不管是采用具体的哪种方法来分离和提取核酸，总的来说，这类方法的操作步骤主要可以分为三个部分。第一部分是利用裂解液促使细胞破碎，使细胞中的核酸释放出来。第二部分是把释放的核酸特异地吸附在特定的载体上，并且这种载体只对核酸有较强的亲和力和吸附力，而对其他的生化组分如蛋白质、多糖、脂类不具有亲和力和吸附力。第三部分是把吸附在特定载体上的核酸洗脱下来，从而得到纯化的核酸。

3　试剂和仪器

本实验提供的是 Trizol 和异硫氰酸胍两种提取 RNA 的常规实验方法。如果购买公司的 RNA 抽提试剂盒，可遵循公司提供的特定试剂盒的 protocol。

3.1　Trizol 提取法所需试剂

(1) 0.1% DEPC-H_2O（二乙基焦炭酸酯-水）：200 mL ddH_2O 加 1 mL DEPC 混匀，37 ℃放置过夜，120 ℃下高压灭菌 30 min，备用。

(2) 提取缓冲液：1 mol/L 山梨醇缓冲液，pH = 7.4，500 mmol/L NaCl，10 mmol/L β-巯基乙醇。

(3) 溶菌酶(lyticase)。

(4) Trizol 试剂(Invitrogen)。

(5) 氯仿：异戊醇(24：1)。

(6) 乙醇。

(7) 异丙醇。

3.2　异硫氰酸胍提取法所需试剂

(1) 氯仿。

(2) 3 mol/L NaAc (pH = 5.2)。

(3) 5 mol/L 异硫氰酸胍。

(4) 氯仿：异戊醇(24：1)。

(5) 水饱和重蒸酚。

(6) TE buffer：10 mmol/L Tris-HCl pH 8.0，1 mmol/L EDTA，RNase-free。

3.3　RNA 变性琼脂糖凝胶电泳试剂

(1) 10×MOP 缓冲液：200 mmol/L 3-(N-吗啉代)丙磺酸(MOPS，分子量为 209.3)，50 mmol/L NaAc，pH = 7，50 mmol/L EDTA pH = 8，加 DEPC-H_2O 至 250 mL。

(2) 样品缓冲液：64.3 μL 10×PBS，321 μL 甲酰胺，114.4 μL 甲醛，共 500 μL。

(3) 琼脂糖电泳缓冲液：50 mL 10×PBS，90 mL 甲醛，360 mL DEPC-H_2O。

4 操作方法

4.1 酿酒酵母细胞的培养和收获

从 YPD 平板上挑新鲜的酵母单菌落接种于 50 mL YPD 液体培养基的三角瓶中，30 ℃，180 r/min 振荡培养至 $OD_{600}=0.5$，迅速置冰上冷却，然后 4 ℃，3000 r/min（Sorvall H1000 转头 900 g）离心 7 min 收集菌体，于 −80 ℃ 保存。

培养液中细胞浓度的估算可按 0.1 OD_{600} 相当于以每毫升培养液中 3×10^6 个细胞的比例计算细胞浓度。

4.2 RNA 抽提

4.2.1 Trizol 抽提 RNA

(1) 用 DEPC-H_2O 稀释菌液于 EP 管中，每管菌液量总 OD_{600} 小于 10，3000 r/min 离心 4 min，取沉淀。

(2) 加入 500 μL 提取缓冲液（内含 5 μL lyticase），30 ℃温浴 30 min。

(3) 8000 r/min 离心 2 min，取沉淀，加入 1000 μL Trizol 试剂，混匀后，静置于冰上 10 min。

(4) 加入 200 μL 氯仿：异丙醇（24：1），于振荡器上剧烈振荡约 1 min 后，呈粉红色浑浊液，无分层现象，静置 4～5 min，再剧烈混匀 30 s，然后 4 ℃，12000 r/min（Sorvall SS 转头 10000 g）离心 12 min，可看到明显的分层，无色的上清液为水相（内含 RNA）、中间的为白色层（内含蛋白质）及下层为粉红色的有机相。

(5) 小心吸取无色上清水相移至另一离心管，加入等体积异丙醇，−80 ℃静置过夜。

(6) 4 ℃，13000 r/min 离心 13 min，小心去除上清液，缓慢沿管壁加入 1 mL 75%的乙醇（350 μL 100%酒精 + 150 μL DEPC-H_2O，混匀），−80 ℃静置 30 min（此步骤为洗去盐分，盐分可溶于 70%乙醇中，而 RNA、DNA 则不溶）。

(7) 13000 r/min 离心 5 min，加入 1 mL 75%酒精，−80 ℃静置 30 min。

(8) 13000 r/min 离心 5 min，小心吸尽上清，室温干燥沉淀 2～5 min（不可晾得太干，否则 RNA 将会很难溶解）。加入 30～50 μL 的无 RNase 水溶解 RNA 沉淀（或用 50 μL 稳定的甲酰胺溶液溶解 RNA 沉淀）。

(9) 取 2 μL RNA 样品用 1×TE buffer 稀释样品 100 倍或适当的倍数，测定样品在 260 nm 和 280 nm 的吸收值确定 RNA 的质量。

$OD_{260/280}$ 在 1.8～2.1 视为抽提的 RNA 的纯度很高。

$$\text{RNA 的浓度} = OD_{260} \times \text{稀释倍数} \times 0.04\ \mu g/\mu L$$

(10) 用 1% 琼脂糖凝胶电泳分析提取的总 RNA 的纯度和质量。

① 将制胶用具用 70%乙醇冲洗一遍，晾干备用。

② 配制 1% 琼脂糖凝胶：0.3 g 琼脂糖 + 13 mL DEPC-H_2O，溶化。加 3 mL 10×MOP

缓冲液，待温度降至 50 ℃，加 5.4 mL 甲醛和 6.1 mL DEPC-H_2O。倒板，放置 1 h 后，备用。

③ 上样：2 μL 样品 + 7 μL 样品缓冲液，65 ℃，5 min，加 2 μL 溴酚蓝。

④ 电泳：电压 50 V，1.5～2 h。

⑤ 啡啶溴红中染色 1 h 并在水中浸泡过夜。

⑥ 紫外光下拍照(图 24.3)。

(11) 经检测纯度高的 RNA 分装保存于 −70 ℃低温冰箱中。

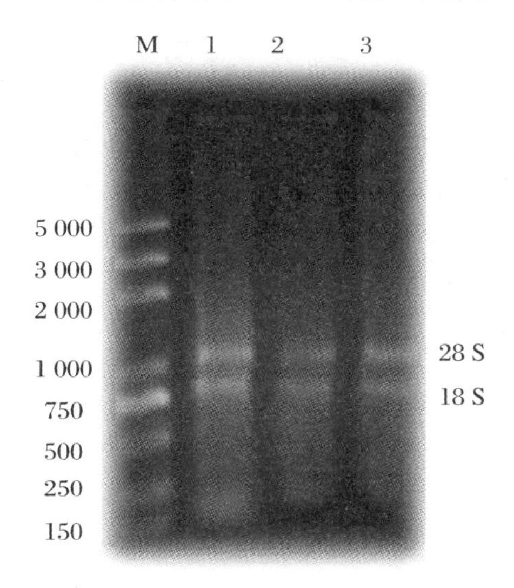

图 24.3　酿酒酵母总 RNA(Trizol 法提取)的 1%琼脂糖凝胶电泳图

注：M 为 DNA 分子量标准(DNA Marker)。1,2,3 为不同批次酵母总 RNA。

注意：要提到高质量的 RNA，Trizol 提取时裂解要充分，须剧烈振荡，分层静置，离心之后自然就分为两层。取 RNA 层的时候操作一定要小心，吸的时候须缓慢，吸取 80%就足够了，绝对不要吸到了中间层和下层。

4.2.2　异硫氰酸胍-酚法抽提 RNA

酿酒酵母细胞的培养和收获同上述方法，然后直接向细胞中加入 2 mL 5 mol/L 异硫氰酸胍溶液，转至研钵中，加液氮充分研磨，然后将研磨液转入 1.5 mL EP 中，每管约 500 μL，依次加入下列溶液，每加一个，混匀一个：50 μL 3 mol/L NaAc，500 μL 水饱和酚，100 μL 氯仿：异戊醇(49：1)，于振荡器上剧烈振荡约 10 s，置冰上 10 min，然后以 10000 r/min，离心 5 min，取上清液加等体积异丙醇于 −20 ℃沉淀 1 h 以上，10000 r/min，离心 10 min，沉淀以 70%乙醇洗两次，100%乙醇洗一次，室温晾干，用适量 DEPC-H_2O 溶解，电泳检查、浓度测定和分装保存方法同上。

5　结果分析

(1) 测定所提取的 RNA 的浓度。

(2) 标出电泳结果图中各种类型的 RNA，并分析其纯度。

(3) 尝试用两种不同方法分别提取 RNA,并比较两者抽提 RNA 的原理和效果。

6 思考题

RNA 和 DNA 提取和纯化步骤中,最大的区别点在于什么?

参 考 文 献

[1] Chomczynski P, Sacchi N. Single-step method of RNA isolation by acid guanidinium thiocyanate-phenol-chloroform extraction [J]. Anal. Biochem., 1987(1):156-159.
[2] Farrell R E. RNA 研究方法-影印本[M]. 北京:科学出版社,2007.
[3] Green M R,Samkerook J. 分子克隆实验指南[M]. 贺福初,译. 4 版. 北京:科学出版社,2017.
[4] 郝福英,朱玉贤,朱圣庚,等. 分子生物学实验技术[M]. 北京:北京大学出版社,1998.

实验 25　反转录 PCR 和实时荧光定量 PCR

1　实验目的

(1) 掌握反转录 PCR(RT-PCR)的实验原理和操作技术。

(2) 掌握实时荧光定量 RT-PCR 检测基因表达的原理、操作技术和数据处理。

2　实验原理

2.1　反转录 PCR

反转录 PCR(reverse transcription polymerase chain reaction,RT-PCR)是将 RNA 的反转录(RT)和 cDNA 的聚合酶链式扩增(PCR)相结合的技术,即首先经反转录酶的作用从 RNA 合成 cDNA,再以 cDNA 为模板,扩增合成目的片段(图 25.1)。

RT-PCR 技术灵敏而且用途广泛,譬如:检测细胞中基因表达水平;检测细胞中 RNA 病毒的含量;克隆特定基因的 cDNA 序列等。作为模板的 RNA 可以是总 RNA、mRNA 或体外转录的 RNA 产物。无论使用何种 RNA,关键是确保 RNA 中无 RNA 酶和基因组 DNA 的污染。

用于反转录的引物主要有随机引物、Oligo dT 及基因特异性引物,可根据实验的具体情况来选择。随机引物适用于长的或具有发卡结构的 RNA,诸如 rRNA、mRNA、tRNA 等所有 RNA 的反转录反应。Oligo dT 适用于具有 PolyA 尾巴的 RNA,不适用于原核生物的 RNA、真核生物的 rRNA 和 tRNA,因而它们不具有 PolyA 尾巴。由于 Oligo dT 要结合到 PolyA 尾巴上,所以对 RNA 样品的质量要求较高,即使有少量降解也会使全长 cDNA 合成量大大减少。基因特异性引物是与模板序列互补的引物,适用于目的序列已知的情况。对于短的不具有发卡结构的真核细胞 mRNA,三种引物都可以采用(图 25.2)。

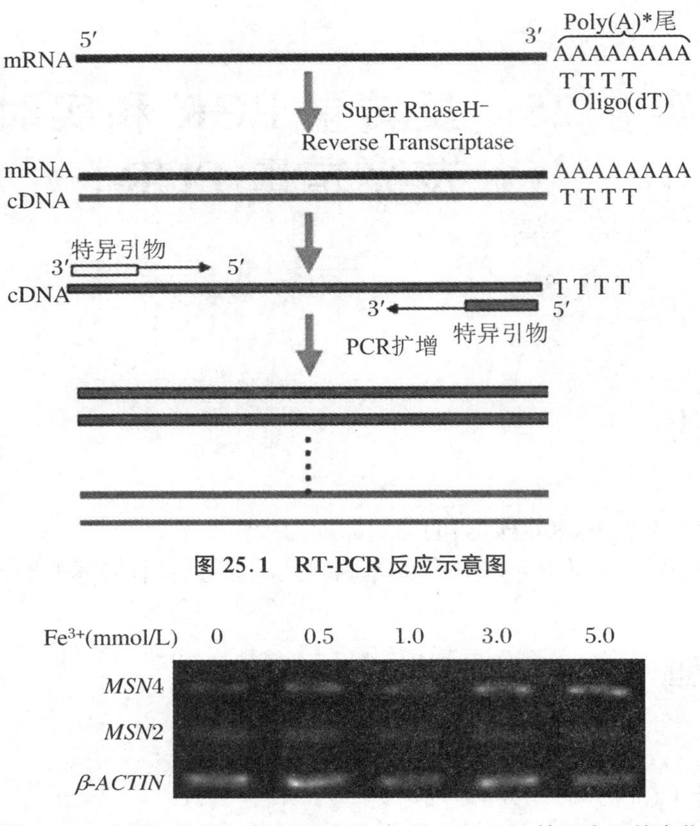

图 25.1　RT-PCR 反应示意图

图 25.2　酵母细胞在 Fe^{3+} 压力胁迫下，其 *MSN2/4* 转录水平的变化

注：管家基因 *β-ACTIN* 为内参。

2.2　实时荧光定量 PCR

实时荧光定量 PCR(real-time quantitative PCR，qPCR)技术于 1996 年由美国 Applied Biosystems 公司推出。qPCR 是指在 PCR 反应体系中加入荧光基团，利用荧光信号积累实时监测整个 PCR 进程，最后通过标准曲线对未知模板进行定量分析的方法。由于该技术不仅实现了 PCR 从定性到定量的飞跃，而且与常规 PCR 相比，特异性更强，自动化程度更高，并解决了 PCR 污染问题，目前已得到广泛应用。

Ct 值与起始模板的关系：Ct 值(cycle threshold，循环阈值)被定义为每个反应管内的荧光信号到达设定的域值时所经历的循环次数，即从基线到指数增长的拐点所对应的循环次数(图 25.3)。研究表明，每个模板的 Ct 值与该模板的起始拷贝数的对数存在线性关系，起始拷贝数越多，Ct 值越小。基于 PCR 反应的指数扩增期，Ct 值和模板量(起始 DNA)的对数值存在线性关系，即

$$\mathrm{Ct} = -k\lg[\text{起始 DNA}] + b$$

从而可以利用 Ct 值对起始模板进行定量分析。

也可以利用已知起始拷贝数的标准品作出标准曲线，其中横坐标代表起始拷贝数的对数，纵坐标代表 Ct 值(图 25.4)。因此，只要获得未知样品的 Ct 值，即可从标准曲线上计算出该样品的起始拷贝数。

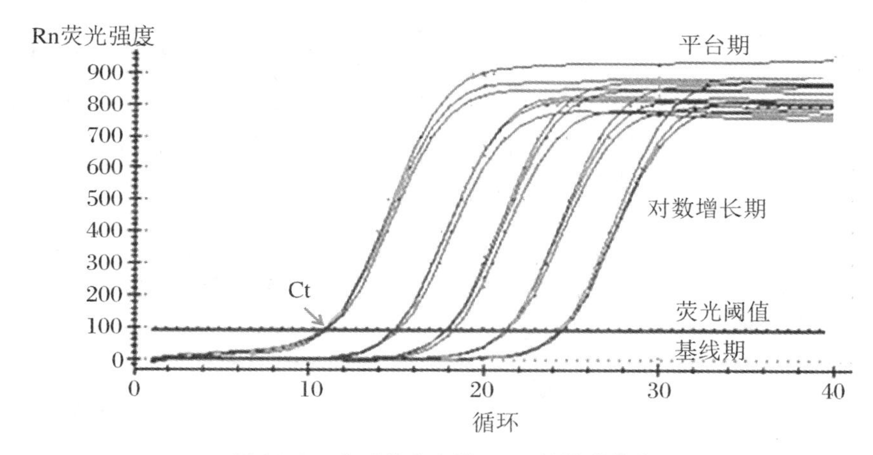

图 25.3　实时荧光定量 PCR 的扩增曲线

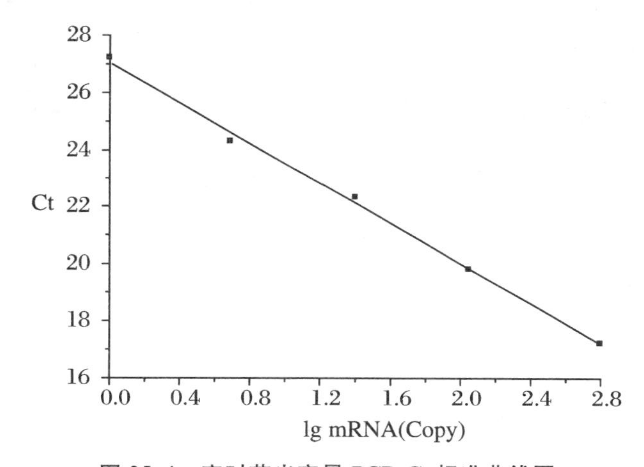

图 25.4　实时荧光定量 PCR Ct 标准曲线图

实时荧光定量 PCR 的化学发光原理可以分为两大类:探针类和染料类。

*Taq*Man 荧光探针定量 PCR 原理:PCR 扩增时在加入一对引物的同时加入一个特异性的荧光探针,该探针为一寡核苷酸,两端分别标记一个报告荧光基团和一个淬灭荧光基团。探针完整时,报告基团发射的荧光信号被淬灭基团吸收;PCR 扩增时,*Taq* 酶的 5′-3′外切酶活性将探针酶切降解,使报告荧光基团和淬灭荧光基团分离,从而荧光监测系统可接收到荧光信号,即每扩增一条 DNA 链,就有一个荧光分子形成,实现了荧光信号的累积与 PCR 产物的形成完全同步(图 25.5A)。

SYBR Green Ⅰ荧光染料定量 PCR 原理:SYBR Green Ⅰ是一种 DNA 小沟结合染料,其最大吸收波长为 497 nm。与 DNA 结合时发光,游离时不发光。在 PCR 反应体系中,加入过量 SYBR Green Ⅰ荧光染料,SYBR 荧光染料特异性地掺入 DNA 双链后,发射荧光信号,而不掺入链中的 SYBR 染料分子不会发射任何荧光信号,从而保证荧光信号的增加与 PCR 产物的增加完全同步(图 25.5B)。

实时荧光定量 PCR 技术有效地解决了传统定量只能终点检测的局限,实现了每一轮循环均检测一次荧光信号的强度,并记录在电脑软件之中,通过对每个样品 Ct 值的计算,根据标准曲线获得定量结果。因此,实时荧光定量 PCR 无需内标是建立在两个基础之上的:

① Ct值的重现性：PCR 循环在到达 Ct 值所在的循环数时，刚刚进入真正的指数扩增期（对数期），此时微小误差尚未放大，因此 Ct 值的重现性极好，即同一模板不同时间扩增或同一时间不同管内扩增，得到的 Ct 值是恒定的；② Ct 值与起始模板的线性关系：由于 Ct 值与起始模板的对数存在线性关系，可利用标准曲线对未知样品进行定量测定，因此，实时荧光定量 PCR 是一种采用外标准曲线定量的方法。

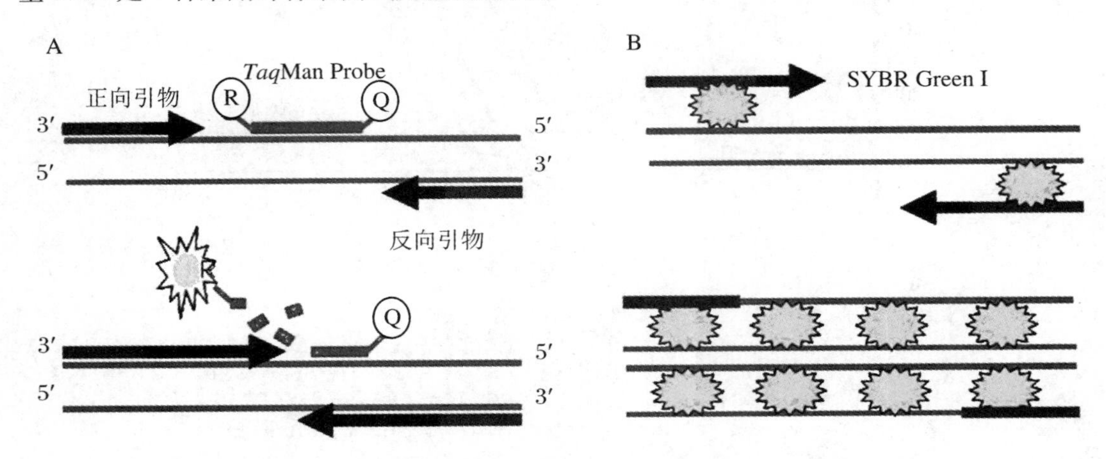

图 25.5 *Taq*Man 荧光探针(A)和 SYBR 荧光染料(B)工作原理示意图

3 试剂和仪器

（1）5 × first strand buffer（Life Technologies Inc.）：50 mmol/L Tris，pH = 8.3，250 mmol/L KCl，25 mmol/L $MgCl_2$。

（2）Super Script Ⅲ反转录酶（Life Technologies Inc.）。

（3）DEPC-H_2O。

（4）RNA 酶抑制剂。

（5）YPD 培养基：20 g 蛋白胨，10 g 酵母膏，20 g 葡萄糖，1 L ddH_2O。

（6）qPCR 反应试剂盒（Applied Biosystems）。

（7）ABI 7500 实时荧光定量 PCR 系统-Life Tech（Applied Biosystems），普通 PCR 仪。

4 实验操作

4.1 不同铁浓度下的酵母菌的培养

酵母菌株 S288C 于 300 mL YPD 培养基中 30 ℃过夜培养，待培养至 OD_{600} 为 0.1 时，等体积 60 mL 分别转入 5 个培养瓶中，依次加入 0 mmol/L，0.5 mmol/L，1 mmol/L，3 mmol/L，5 mmol/L $FeCl_3$，继续培养至 OD_{600} 为 0.5 时，2000 g，10 min 离心收菌，于 − 80 ℃冰箱中保存。

4.2　RNA 的提取和 cDNA 链的合成

4.2.1　RNA 的提取

用 Trizol 试剂(Invitrogen，USA)从酵母细胞中抽提总 RNA(参见本书实验 24)。琼脂糖凝胶电泳鉴定，如果有少量 DNA 污染，则需要用 Deoxyribonuclease Ⅰ(Invitrogen，USA)去除基因组 DNA。

4.2.2　cDNA 的制备

20 μL 的反转录体系中包括：

5×first strand buffer	4 μL
dNTP mix(每种 1.25 mmol/L)	2 μL
Oligo dT (20 μmol/L)	2 μL
RNA Template	8 μL(约 2 μg RNA)
DEPC-H_2O	1 μL
Super script Ⅲ 反转录酶(20 U/μL)	2 μL
RNase 抑制剂(20 U/ μL)	1 μL
总计	20 μL

将反应体系混匀后，离心 1 min，42 ℃水浴 90 min。

4.3　半定量 PCR 的引物设计

采用 Primer Premier 6.0 引物设计软件，对 *MSN*2，*MSN*4 和 β-*ACTIN* 基因进行引物设计，由生物公司合成。

*MSN*2 Forward primer：5′－GAAGGAAAGAAGGCCAAGTTACAG-3′；

*MSN*2 Reverse primer：5′－ GTCTCCATGTTTTTATGAGTCTTG-3′；

*MSN*4 Forward primer：5′－ CTCATAACAACAACAATGGTAAGGTTC－3′；

*MSN*4 Reverse primer：5′－ GATGTTGTGATAAATTGTCACTTCTAC－3′)；

β-*ACTIN* Forward Primer：5′－AAACCGCTGCTCAATCTTC－3′；

β-*ACTIN* Reverse Primer：5′－CATTCTTTCGGCAATACCTG-3′。

4.4　半定量 RT-PCR

20 μL 的 PCR 反应体系中包括：

DNA template		3 μL
PCR Forward Primer	(5 μmol/L)	1 μL
PCR Reverse Primer	(5 μmol/L)	1 μL
Taq (10 ×)		2 μL
ddH_2O		13 μL
总计		20 μL

反应条件：

94 ℃ 5 min
94 ℃ 30 s
55 ℃ 30 s 20～24 循环(根据模板量适当调整)
72 ℃ 40 s
72 ℃ 10 min
4 ℃ 60 min

4.5 Real Time PCR 反应体系：SYBR Premix Ex *Taq*TM (TakARa, DRR041S)

25 μL 的 PCR 反应体系中包括：

SYBR Premix Ex *Taq* (2×)	12.5 μL
PCR Forward Primer(5 μmol/L)	1 μL
PCR Reverse Primer (5 μmol/L)	1 μL
DNA template	3 μL
ROX Reference Dye (50×)	0.5 μL
ddH_2O	7 μL
总计	25 μL

将 PCR 反应管置于 ABI 7500 荧光定量 PCR 系统，依照下述反应条件设定程序。

反应条件：

95 ℃ 10 min
95 ℃ 15 s
55 ℃ 30 s 40 循环
60 ℃ 1 min
72 ℃ 5 min
4 ℃ 60 min

5 结果处理

相对定量数据分析：由 ABI 7500 荧光定量 PCR 系统自带软件图标，选择“File→New”，从“Assay”中选择“Relative Quantification Study”，其他选项为默认值。点击“Next”，单击“Add plates”，选择要分析的实验数据，点“Open”，点击“Finish”完成导入，点击“File-Export-Result-Both”，选择以“csv”的格式保存文件。采用－△CT 方法利用 Excel 手动计算表达倍数。首先将一次实验的所有基因 CT 值整理好，之后用每一组样本自身的目的基因 CT 值减去自身内参基因 CT 值，得到的数就是△CT，即：△CT＝Ct(目的基因)－Ct(内参基因)。然后，将每一组样本每一个目的基因的△CT 都算好，整理进 Excel，用本次实验中待研究样本的△CT 减去对照组样本的△CT，并同时对所有结果取相反数，即得到－△CT。最后，对－△CT 进行 2 的幂运算，即 $2^{-\triangle CT}$ 就得出表达倍数。同时计算实验结果标准偏差(standard deviation，偏差的平方根)。

6　思考题

(1) 为什么在RT-PCR中,一定要确保无DNA污染?

(2) RT-PCR反应中,经常使用哪些引物类型?

(3) 实时荧光定量PCR的化学原理是什么? 如何保证取得高度一致且可重复的qPCR结果?

参 考 文 献

[1] Farrell R E. RNA研究方法-影印本[M]. 北京:科学出版社,2007.

[2] Green M R,Samkerook J.分子克隆实验指南[M].贺福初,译.4版.北京:科学出版社,2017.

[3] 郝福英,朱玉贤,朱圣庚,等.分子生物学实验技术[M].北京:北京大学出版社,1998.

[4] 李玉花,徐启江,许志茹,等.现代分子生物学模块实验指南[M].2版.北京:高等教育出版社,2017.

[5] Anderson K M, Cheung P H, Kell M D. Rapid generation of homologous internal standards and evaluation of data for quantitaion of messenger RNA by competitive polymerase chain reaction [J]. J. Pharmacol. Toxicol. Methods., 1997,38(3): 133-140.

[6] Du Y, Cheng W, Li W F. Expression profiling reveals an unexpected growth-stimulating effect of surplus iron on the yeast Saccharomyces cerevisiae[J]. Mol. Cells., 2012,34(2):127-132.

[7] Higuchi R, Fockler C, Dollinger G, et al. Kinetic PCR analysis: real-time monitoring of DNA amplification reactions [J]. Biotechnology, 1993, 11(9): 1026-1030.

[8] Ke L D, Chen Z, Yung W K. A reliability test of standard-based quantitative PCR: exogenous vs endogenous standards [J]. Mol. Cell Probes, 2000, 14(2): 127-135.

[9] Schnell S, Mendoza C. Enzymological considerations for a theoretical description of the quantitative competitive polymerase chain reaction (QC-PCR) [J]. J. Theor. Biol., 1997, 184(4): 433-440.

第2部分

综合生物化学与分子生物学实验

实验 26　葡萄糖异构酶(GI)基因的克隆、表达、纯化与性质鉴定

现代生化分子生物学技术的开发多服务于生物大分子产品的生产、定性、定量鉴定，所涉及的生物大分子主要是 DNA、RNA 和蛋白质。而任何一个现代分子生物学研究项目所涉及的生物技术都是多种生化分析、分子操作及影像等技术的集合。而多数本科实验技术课程都是由多个相互独立、互不相关的实验课程组成，课程的目的是单个技术的原理与操作。忽略了在实际工作中怎样把单个的技术有机地结合起来去完成一个完整研究项目。

本实验以项目为导向安排实验课程，通过生物信息学、各种生物化学与分子生物学技术及相关原理的应用，以葡萄糖异构酶(glucose isomerase, GI)的基因及蛋白质为研究对象，完成一个非常有代表性的从 GI 克隆表达到性质鉴定的研究项目。通过本课程的实施，同学们能够更好地理解怎样应用所掌握的各种生物技术来完成一个综合研究项目。理解围绕一个科学问题作出推断，进而设计实验来证明推断的正确性。随着项目的完成，能够更好地理解各种知识和技术在一个研究项目中是如何揉合在一起的，以及同一个技术如何能够服务于不同的目的。值得一提的是，这样一个课程设置与实际的研究课题是非常接近的。

完成这样一个复杂的综合实验并进行数据分析和论文撰写要求同学们有一个完整的实验记录。准确记录每个实验环节的试剂准备、实验设计、实验结果、异常情况等。要求有一个专用的记录本，实验记录应该是在实验的同时完成，不能随意记在纸片上。每日的记录要完整的包括：实验日期、实验名称和内容、实验过程和方法、实验结果及结果分析。

1　实验准备

了解生产目标蛋白(葡萄糖异构酶)的物种，包括种属特异性、蛋白质的一级至高级结构及功能特点等。依据具体的实验目的选定目标物种。通过以下途径获得基因序列，经序列分析后确定克隆策略。

1.1　从 GenBank 中调出目标蛋白分子的 genome 或 cDNA 编码序列

1.1.1　学会用 NCBI 中 Entrez 的 Search 功能获得 DNA 序列

(1) http://www.ncbi.nlm.nih.gov/Entrez/。

(2) 进入网页后在 Search 栏中选 Protein 或 Nucleotide，在 Search for 栏中输入需要检索的蛋白质及物种的名称，点击“Go”。

(3) 在 Search 结果列表中选择合适的条目，点击编码号。

(4) 浏览 Genbank 所提供的氨基酸序列。

(5) 获取编码序列,请点击 Features 中的 CDS,复制 Sequence 到写字板并保存。

1.1.2 分析所得序列

(1) 选择 DNA 分析软件:Primer Premier 5.0,也可用其他网上资源。

(2) 将待分析序列粘贴到窗口,输入必要的信息。

(3) 翻译不同读码框的氨基酸序列,注意不同读码框的 ORF 的差别。

(4) 选择最长的 ORF(最有可能是所要的蛋白的编码序列),并保存序列。

(5) 用 BLAST 来确定所选 ORF 编码的蛋白,将所选 ORF 的氨基酸序列用于 Basic BLAST Search(www.ncbi.nlm.nih.gov),验证所得结果是否是你最初所选的蛋白?是否与其他基因有同源性?这些基因是否有功能相关性?

(6) 利用 DNA 分析软件来构建基因的限制性酶切图谱。

(7) 引物设计:以 GenBank 所提供的序列为模版,用 DNA 分析软件设计扩增目标蛋白全长编码序列所需的 PCR 引物,要求在一对引物的 5′端分别有 *Eco*R Ⅰ 和 *Bam*H Ⅰ 酶切位点,*Eco*R Ⅰ 位点位于基因的上游,*Bam*H Ⅰ 位于基因的下游,以便在载体中定向插入。

1.2 利用 Protein Explorer 软件对目标蛋白进行结构分析及了解

(1) 系统要求:Netscape 4.8,MDL Chime 或具体见下述网站。

(2) 网页地址:http://molvis.sdsc.edu/protexpl/frntdoor.htm。

(3) 其他资源:http://www.ebi.ac.uk/。

(4) 熟悉软件:通过 the Protein Explorer Demo 学习软件的使用。

(5) 分析目标:老师为每个同学指定一个特定的蛋白分子,由同学自己利用上述网页内的链接获得该蛋白的 PDB Identification Code,并按"1-Hour Tour for Protein Explorer"的指导来获得指定蛋白分子的各种结构相关信息和图片。

(6) 目的:通过 first view,了解蛋白由几条肽链组成?有什么配基与之结合?水分子是否参与蛋白结构?是否有二硫键存在以及是否有顺式肽键的存在?

(7) 通过 Explore more at features,对分子的各种位点(活性位点,抑制物结合位点,配基及结合位点,二硫键位置等)进行更进一步的了解。

(8) 通过 Explore more with Quick view,利用 Select,Display 和 Color 三个选择栏内不同的选择进一步了解分子表面的带电性(极性 Polarity)、二级结构(Cartoon)、链的方向等细节,通过 Please Fill free to try any of the selections and see what is displayed,还可获得氨基酸序列和配基结合等方面的信息。

(9) 利用 Protein Explorer 网上资源计算蛋白分子的等电点,pI 是指蛋白分子带净电荷为零(正电荷数=负电荷数)时的 pH。当 pH 高于 pI,蛋白带负电;当 pH 低于 pI,蛋白带正电。对于已知一级序列的未知蛋白,我们可以利用网上资源来计算、预测它的等电点。利用 PE 网上资源,查找所需蛋白,调出蛋白单字母(大写)序列,通过 EMBL WWW Gateway 点开 Isoelectric Point Service,输入所调出的蛋白序列,分析并获得预测的 pI。

1.3　文献调研,了解葡萄糖异构酶相关特性及研究现状

1.3.1　酶促反应式

GI 又称木糖异构酶、D-木酮糖异构酶(D-xylose Ketol-isomerase,XI),能将 D-木糖、D-葡萄糖、D-核糖等醛糖转化为相应的酮糖(图 26.1)。

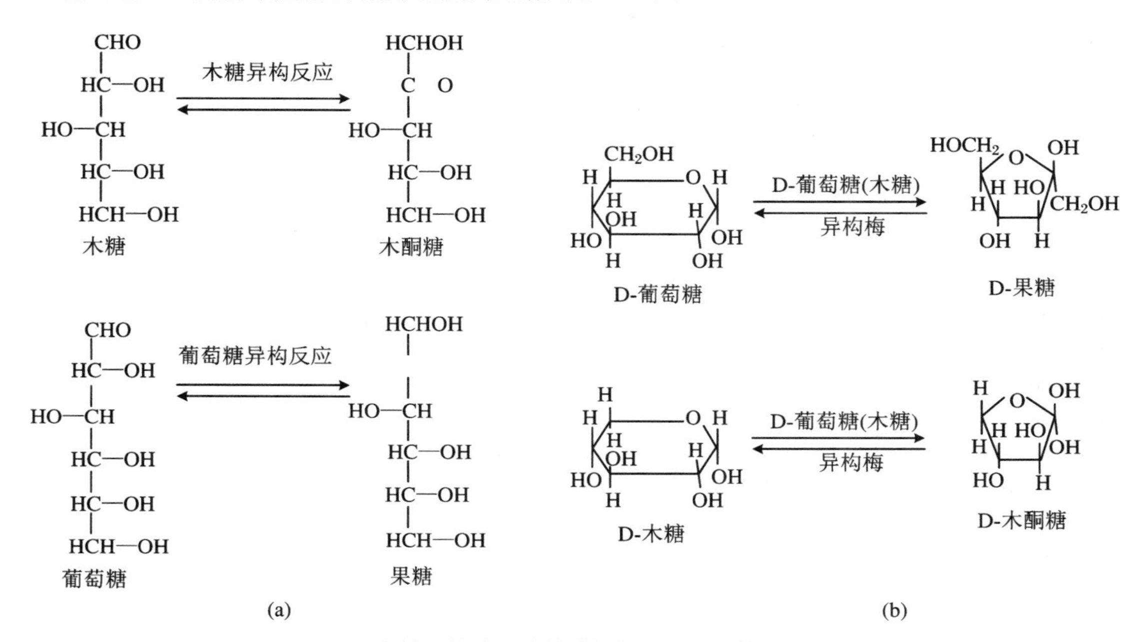

图 26.1　木糖异构酶催化的醛糖与酮糖异构转换的反应式

1.3.2　生产应用

D-木糖异构酶有两个重要的用途:第一,在体外一定条件下,该酶能催化 D-葡萄糖至 D-果糖的异构化反应,它是工业上大规模从淀粉中制备高果糖浆(high fructose corn syrup,HFCS)的关键酶,故习惯称为葡萄糖异构酶。第二,人类为了利用自然界丰富的木聚糖资源,特别是木材加工和许多农作物的废料含大量木聚糖(xylan),曾期望将木聚糖经酸水解产生的木糖,经木糖异构酶异构化为木酮糖,再通过微生物发酵生产乙醇,一些具有耐高浓度乙醇、发酵周期短、产率高等特点的酵母菌株,恰恰是木糖异构酶缺陷型,如果将外源木糖异构酶基因引入到这类菌中,将木糖转化成木酮糖就可以避免木糖醇的途径,并发酵木酮糖产生乙醇,因此商业价值十分巨大。

高果糖浆,国内又称果葡糖浆,是近二十年崛起的新食糖资源,果糖的甜度为蔗糖的 1.5~1.7 倍,具有溶解度大、保湿性好、渗透压高等优点,是饮料、糕点等工业的理想用糖,另外,由于葡萄糖异构酶结构非常稳定,是目前国际上公认的研究酶的催化机制和建立完整的蛋白质工程技术最好的模型之一。

1.3.3　葡萄糖异构酶的来源及性质

(1) 来源:葡萄糖异构酶主要来源于细菌及放线菌,产酶菌株大多为嗜温性,只有少数

为嗜热性，如嗜热脂肪芽孢杆菌(*B. stearothermopnilus*)、白色链霉菌(*S. slbus YT*-6)以及我国自行筛选的嗜热链霉菌M1033菌株(*S. diastaticu No.7M*1033)，这些菌株所产的GI几乎都是胞内酶。极少数菌株产胞外酶，如7号淀粉酶M1033。

不同种属来源的葡萄糖异构酶在亚基组成、底物特异性、最适pH、最适温度、热稳定性和对金属离子的要求以及酶学性质等方面均有一定差异(表26.1)。

表26.1 能够合成GI的物种举例

Actinomyces olivocinereus, *A. phaeochromogenes*
Actinoplanes missouriensis
Aerobacter aerogenes, *A. cloacae*, *A. levanicum*
Arthrobacter spp.
Bacillus stearothermophilus, *B. megabacterium*, *B. coagulans*
Bifidobacterium spp.
Brevibacterium incertum, *B. pentosoaminoacidicum*
Chainia spp.
Corynebacterium spp.
Cortobacterium helvolum
Escherichia freundii, *E. intermedia*, *E. coli*
Flavobacterium arborescens, *F. devorans*
Lactobacillus brevis, *L. buchneri*, *L. fermenti*, *L. mannitopoeus*, *L. gayonii*, *L. fermenti*, *L. plantarum*, *L. lycopersici*, *L. pentosus*
Leuconostoc mesenteroides
Microbispora rosea
Micromonospora coerula
Mycobacterium spp.
Nocardia asteroides, *N. corallia*, *N. dassonvillei*
Paracolobacterium aerogenoides
Pseudonocardia spp.
Pseudomonas hydrophila
Sarcina spp.
Streptococcus achromogenes, *S. phaeochromogenes*, *S. fracliae*, *S. roseochromogenes*, *S. olivaceus*, *S. californicos*, *S. venuceus*, *S. virginial*
Streptomyces olivochromogenes, *S. venezaelie*, *S. wedmorensis*, *S. griseolus*, *S. glaucescens*, *S. bikiniensis*, *S. rubiginosus*, *S. achinatus*, *S. cinnamonensis*, *S. fradiae*, *S. albus*, *S. griseus*, *S. hivens*, *S. matensis*, *S. nivens*, *S. platensis*
Streptosporangium album, *S. oulgare*
Thermopolyspora spp.
Thermus spp.
Xanthomonas spp.
Zymononas mobilis

(2) 亚基组成：葡萄糖异构酶亚基的分子量一般在40000～50000 Da范围，不同来源的葡萄糖异构酶虽然在性质上有一定差异，但均以四聚体或二聚体的结构形式存在，来自链霉菌和节杆菌的葡萄糖异构酶一般是四聚体，它们的单体之间以非共价键结合、无二硫键、二

聚体间的结合比单体间的结合力弱。来自大肠杆菌和游动放线菌的葡萄糖异构酶则是二聚体。

(3) 底物特异性:除了 D-葡萄糖和 D-木糖外,葡萄糖异构酶还能以 D-核糖(D-ribose)、L-阿拉伯糖(L-arabinose)、L-鼠李糖(L-thammose)、D-阿洛糖等为底物。但是,葡萄糖异构酶只能催化 D-葡萄糖或 D-木糖的 α-旋光异构体的转化,而不能利用其 β-旋光异构体为底物。对催化活性的研究显示,同一微生物的葡萄糖异构酶,对不同底物的动力学常数不同;不同微生物的葡萄糖异构酶对同一底物的动力学常数也不同。

(4) 最适 pH、最适温度和热稳定性:GI 通常在偏碱性条件下(一般 pH 在 7～9 范围),活力较高;在偏酸性的条件下,多数种属的 GI 活力很低。由于在碱性条件下,葡萄糖和果糖溶液容易产生褐色的阿洛酮糖(D-psicose),降低葡萄糖异构酶的最适 pH 已成为当前葡萄糖异构酶蛋白质工程的目标之一。

葡萄糖异构酶适宜反应的温度一般在 70～80 ℃。在高温下,来源于链霉菌和枯草芽孢杆菌的葡萄糖异构酶相当稳定,而乳酸杆菌和埃希杆菌菌株所产酶的热稳定性较差。近几年来,又发现了嗜热菌,它们所产生的葡萄糖异构酶具有极高的热稳定性,有的甚至在低 pH 下活性也很高,这对蛋白质工程研究有重要意义。

(5) 金属离子:GI 的活力及稳定性跟二价金属离子有重大关系,Mg^{2+}、Co^{2+} 对酶有激活作用,Ca^{2+}、Ba^{2+} 对酶有抑制作用,金属离子还影响葡萄糖异构酶对不同底物的活性。葡萄糖异构酶催化能力还与种属来源和底物类别有关。以下为木糖异构酶的金属结合位点(图 26.2)。

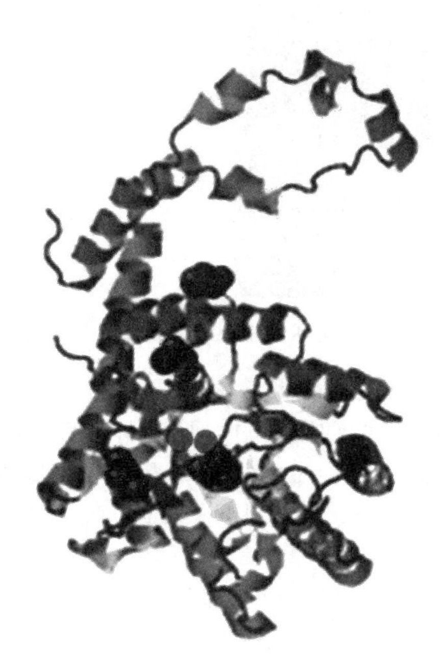

图 26.2　木糖异构酶亚基复合了 2 个 Mn^{2+} 和 4 个 GOL

(6) 葡萄糖异构酶的空间结构:研究表明,不同种属来源的 GI 在其 α-螺旋骨架的空间结构上都具有高度的相似性,位于活性部位的有关氨基酸具有保守性,下面以节杆菌所产 GI 酶为例,说明 GI 的空间结构特点。

节杆菌 GI 是四聚体，由两个结构相同的二聚体对称构成，每个亚基又包含两个结构域，N-端的结构域由 8 股 α/β 桶构成，这一结构最早是在磷酸丙糖异构酶中发现的。C 端的结构域含有 5 个 α-螺旋，无规则卷曲连续构成了一个远离 N 端结构域的环，参与四聚体亚基间的相互作用及 GI 活性部位的构成，不同种属来源的 GI 中构成 α-螺旋和 β-折叠的碳原子数量和分布在一级结构上极为相近。

GI 的活性中心位于 α/β 桶链的 C 端附近的 β 折叠处，是一个深陷的袋状结构(deep pocket)，并由另一亚基的残基参与共同构成。活性中心有两个二价金属离子结合位点(图 26.3)。位点 1 的金属离子(Mg^{2+})通过与附近 4 个保守氨基酸残基(Glu180、Glu 216、Asp 244 和 Asp 292)的羧基氧原子以及底物的 O_2 和 O_4 形成配位键，形成八面体构象，参与活性中心的构成，通常称之为结构部位(structural site)。其附近的位点 2 的金属离子也与活性部位的氨基酸残基配位成键(配体是 Asp 254、Asp 256 和 Glu 216 的羧基氧原子，His 219 的咪唑基以及一个溶剂分子的氧原子)参与反应，反应过程中此金属离子的位置有一定变化，偏离原位置约 1.0 A，配位方式也发生一定变化，此位点称为催化部位(catalytic site)(图 26.3)。

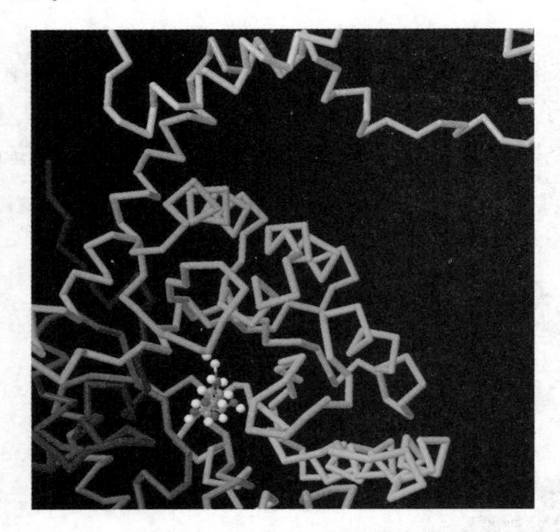
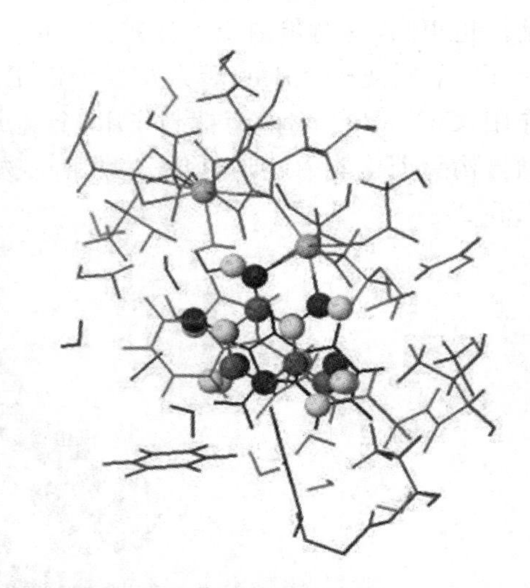

图 26.3　葡萄糖异构酶亚基活性中心配体与氨基酸及葡萄糖的空间结构

(7) 葡萄糖异构酶的作用机理：醛酮糖转化的机制有两种：一是烯二醇为异构化反应的中间体；二是通过负氢离子转移。两种机制的主要区别在于：前者 C_1 和 C_2 间质子转移需要碱催化，与溶剂发生交换，结合在底物上的水分子承担着开环底物烯二醇化的供体或受体的作用。立体化学、晶体学和酶动力学的数据表明，葡萄糖异构酶是采用金属离子介导的负氢离子转移机制。

在负氢离子转移机制中，底物的异构化过程包括五个基本步骤：底物和酶的结合；底物开环；异构化；产物的闭环；D-酮糖的释放(图 26.4)。① 酶首先与 D-葡萄糖或 D-木糖底物结合；② 酶与二价金属离子结合位点 M1 结合；③ 底物开环，C_1 上的氢原子转移到 O_5 上形成氢氧根离子；④ 开环底物的链伸展；⑤ 二价金属离子的结合位点 M2 发生位置偏离，至 M2′位置，底物 C_2 上的氢原子发生 C_1 和 C_2 间的负氢离子转移；⑥ 异构化反应结束，金属离子由 M2′位置回到原来的 M2 位置；⑦ 开环的底物链开始回缩，在 His53 的催化下，底物闭环产生 D-酮糖；⑧ 酶释放 D-酮糖，催化过程结束。

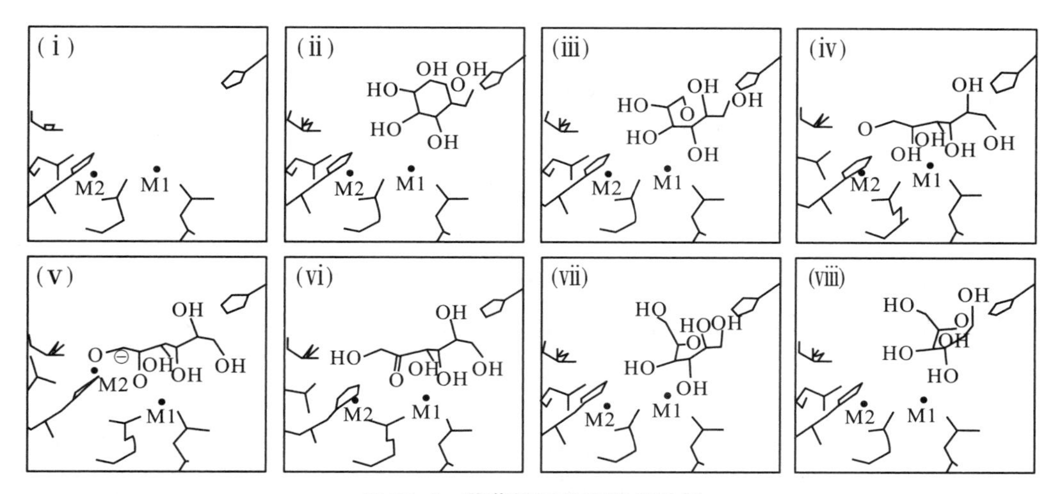

图 26.4　葡萄糖异构酶催化机制

(8) 葡萄糖异构酶的热稳定性和保守性:GI 的最适温度大都较高,来源于链霉菌和枯草芽孢杆菌的 GI 在高温下相当稳定。近几年来,又发现了几种嗜热菌,它们所产的 GI 具有极高的热稳定性,有的甚至在低 pH 下活性也很高,这对蛋白质工程研究有重要意义。不同种属来源的 GI 热稳定性有所差异。Deker 等通过对一些放线菌和嗜热高温菌的 GI 氨基酸序列比较后认为,它们的热稳定性差异是嗜热高温菌对某些氨基酸残基偏爱选择的结果,而这些氨基酸在非嗜热高温菌的 GI 中则被替代,如 Asp→Glu、Ile→Val、Gly→Pro 等。

通过对 16 种 GI 基因的核苷酸序列分析,测得 GI 结构基因由 1017～1320 个核苷酸组成,编码 339～440 个氨基酸。16 种 GI 间具有一定的同源性,如深灰色链霉菌与橄榄色链霉菌 GI 之间,核苷酸同源性为 98%,氨基酸同源性为 96%。它们与枯草芽孢杆菌 GI 间的核苷酸同源性分别为 45%和 44%,氨基酸同源性都为 27%。在已知的 16 种 GI 的氨基酸序列中,除了位于活性部位的 14 个氨基酸残基(Phe 25、His 53、Asp 56、Thr 89、Phe 92、Trp 136、Glu 180、Lys 182、Glu 216、His 219、Asp 244、Asp 254、Asp 256、Asp 286)全都是保守的外,还有不同分布的其他 25 个氨基酸残基也全是相同的。这些保守的氨基酸残基在维持 GI 的立体化学结构、发挥生物活性及维持蛋白质热稳定性等方面起着至关重要的作用。

1.4　实验路线设计

(1) 确定 GI 基因的来源,获得 GI 的基因序列,设计 PCR 引物,制备 PCR 模板,扩增目标片段。

(2) 选择克隆载体,限制性内切酶酶切载体及目标片段,凝胶电泳纯化所需片段,回收目标片段。

(3) 连接载体与目标片段,转化受体菌,鉴定阳性转化子。

(4) 转移质粒到表达菌中,诱导表达目标蛋白。

(5) 纯化并鉴定目标蛋白,测定酶的动力学参数。

2 表达质粒和表达菌的构建、鉴定及保存

2.1 试剂和仪器

(1) LB培养基:胰蛋白胨1%,酵母提取物0.5%,NaCl 1%,pH=7。

(2) 固体LB培养基:含1.5%琼脂粉(Agar)的LB培养基(100 mL)装在250 mL锥型瓶中。

(3) 0.1 mol/L $CaCl_2$(20 mL)。

(4) 培养皿(包裹),各类移液器及枪头各一盒,1.5 mL EP管,0.2 mL PCR管,ddH_2O。

上述试剂材料按高压蒸汽灭菌要求包装后灭菌(121 ℃,20 min),灭菌后试剂于4 ℃放置备用,耗材烘干后备用。

(5) 100 mg/mL Amp、100 mg/mL Kan,DMSO,无菌过滤,小管分装后4 ℃保存,也可置于-20 ℃环境中长期保存。

(6) T4 DNA连接酶,pfu *Taq* DNA聚合酶,*Eco*RⅠ,*Bam*HⅠ,pTKD vector,-20 ℃保存。

(7) K38(HfrC(λ)/pGP1-2),DH5α,-80 ℃冰箱保藏菌种。

(8) DNA荧光染料(GelRed/EB),4 ℃避光保存。

(9) GI引物(一对,自己设计、外包合成),-20 ℃环境保存。

(10) 基因组DNA提取试剂盒,凝胶DNA回收试剂盒,高速冷冻台式离心机,恒温水浴箱,恒温培养箱,低温水浴箱,平板电泳装置,电泳仪,手提紫外灯、凝胶成像仪。

2.2 实验操作

2.2.1 从选定物种中制备全基因组DNA

购买细菌基因组DNA提取试剂盒,多家生化试剂公司均有提供,如Qiagen、天根等。按试剂盒所提供的方法和试剂从培养的细菌中提取全基因组DNA。

2.2.2 制备载体及GI基因片段

(1) 制备载体片段,选定所要用的表达载体,表达载体要与预期的表达体系匹配(如pET系列载体等可在大肠杆菌中表达),选择所要插入的多克隆位点,一般要选择两个不同的酶切位点,可以保证待克隆的外源基因可以定向插入到载体中,当然所选内切酶在目标蛋白基因中不能有切点。用所选的内切酶对载体进行酶切,酶切后的载体经纯化(电泳分离后从凝胶中回收,可用DNA胶回收试剂盒)后保存备用。

(2) 制备GI基因片段,将要克隆的GI基因序列输入到引物设计软件如Primer premier 5中,利用软件设计最适于克隆表达的引物,并分别在上游和下游引物5′端适当的位置加上与载体匹配的酶切位点及末端保护碱基。订购引物并以提取的基因组DNA为模板经PCR反应扩增出GI基因。引物末端的两个酶切位点可以确保GI基因可以定向的插入到

载体中。注意，因 PCR 产物要用于构建表达质粒，所用的 *Taq* 酶必须是高保真度的 pfu *Taq* 酶。所获得的 PCR 产物经纯化后(乙醇沉淀后用灭菌的 ddH_2O 溶解)用预定的两个内切酶进行双酶切，酶切产物再经纯化(电泳分离，目标 DNA 片段凝胶回收)后可用于连接反应。

以下面 GI 的引物为例，下划线位置分别为 *Nde* Ⅰ 和 *Bam*HⅠ 酶切位点，上游引物(引物 1)中 *Nde* Ⅰ 位点的粗体字 ATG 正好是作为翻译起始密码子。

引物 1：5′-AAACATATGAGCTACCAGCCCACCCCCGAG-3′

引物 2：5′-AAAGGATCCCTAGCCCCGCGCGCCCAGCAG-3′

在设计克隆实验时，需要考虑到以下几个问题：

(1) 外源基因表达体系对密码子的偏好是否与外源基因来源物种匹配，若不匹配，则需要对个别不匹配的密码子进行定点修改，使目标蛋白在所选表达体系中能够正常表达。修改所用方法参考 PCR 定点突变方法。

(2) 在确定了引物序列后，要确认经酶切的目标基因 DNA 与载体 DNA 连接后，转录的 promoter 序列及位置(相对于转录起始核苷酸)，翻译起始信号序列及位置(相对于翻译起始密码子)都要符合规范，编码区要有正确的读码框，若读码框不对，可以选择读码框调整载体进行调整，使目标蛋白能够正确合成。

(3) 优化 GI 基因 PCR 扩增条件。GI 基因的扩增比较困难，从所给 GI 引物序列可以看出两条引物的(G+C)含量远高于平均数，且两个引物的 T_m 值相差较大，它们的 T_m 值分别是 76.7 ℃，85.9 ℃。(G+C)含量过高，退火温度接近于或高于 *Taq* 酶的延伸温度，不利于 DNA 链之间的稳定互补配对，不利于 PCR 反应，需要加入二甲基亚砜(DMSO)，DMSO 的疏水性可以改善 PCR 反应环境使基团之间的相互作用减弱，可以设置一个比较合理的退火温度(50～55 ℃)，并维持正常的 72 ℃ 延伸温度。DMSO 的常用浓度为 4%～5%(*V*/*V*)，不能超过 10%。

2.3　连接载体与基因片段构成完整的表达质粒

载体 pTKD 与 PCR 扩增的 GI 基因片段分别经 *Nde* Ⅰ 和 *Bam*HⅠ 双酶切及纯化后即可用于连接构建表达质粒(图 26.5)，具体操作参见本书实验 22。

2.4　转化及阳性转化子的鉴定

表达质粒连接完成，即可用于转化，转化受体菌为 DH5α，具体操作见本书实验 23，转化完成后，将受体菌涂布于含有 Amp 的 LB 平板上在 37 ℃ 温箱中培养过夜。第二天观察过夜培养的平板，应该有散布的单菌落出现。

最便捷的鉴定方法是菌落 PCR 法，但作为表达质粒的构建，还必须经过下面两步鉴定才能最终确定所要的表达质粒。

(1) 质粒酶切鉴定，取数个单菌落转接于含 100 μg/mL Amp 的 LB 液体培养基，过夜培养后做 mini-prep 质粒抽提，所得质粒用 *Eco*RⅠ 和 *Bam*HⅠ 做双酶切并进行电泳鉴定，GI 基因 DNA 片段为 1.1～1.2 kb，具体操作见本书实验 20。

(2) 直接测序鉴定，在双酶切鉴定为阳性的转化子中，选出数个进行 GI 插入序列测序，并从中选出序列没有发生改变的转化子，此即为最终选定的阳性 GI 表达质粒转化子。

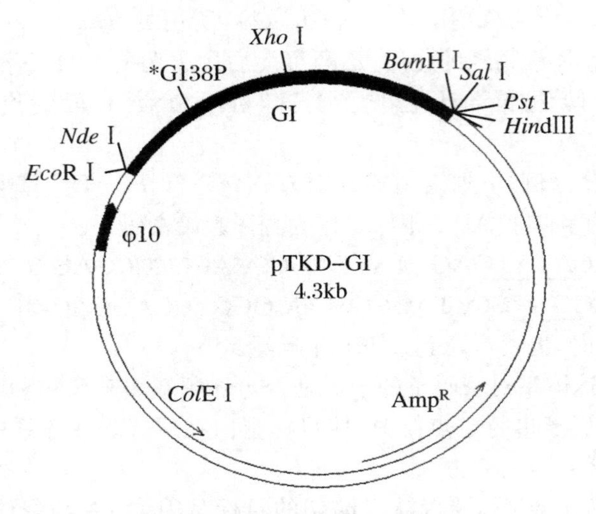

图 26.5　构建的 GI 表达质粒

注：φ10 启动子为 T7 RNA 聚合酶启动子，GI 基因片段为 1.1～1.2 kb。

注意：常规商业化测序服务只需给服务商提供菌种及相关信息和所用引物即可，最好可以使用商品化载体的公用引物，则只需要指定引物即可，而不需要提供引物。这样做的好处有两个：用服务商自备的引物，测序服务的质量更有保障；公用引物一般距外源插入序列有一段距离，正好可以消除测序近引物区的盲区，而不影响基因序列的测读。

附　菌落 PCR 法鉴定 GI 阳性转化子

反应体系 20 μL，在灭菌的 PCR 管中依次加入：

10× *Taq* buffer（$MgCl_2$）	2 μL
25 mmol/L $MgCl_2$	2 μL
2.5 mmol/L dNTP	1 μL
引物 1（5 μmol/L）	1 μL
引物 2 （5 μmol/L）	1 μL
DMSO	1 μL
无菌水	11 μL
总体积	19 μL

用枪头挑一个单菌落（如果菌落较大，则只挑取微量）到上述混合液中，用移液器吹吸使菌体悬入液体。加入 1 μL *Taq* 聚合酶（1 U/μL），轻轻混匀，将 PCR 管置于 PCR 仪中，启动扩增程序进行 PCR 扩增。

GI PCR 反应循环参数：

第一步：94 ℃　5 min
第二步：94 ℃　1 min
第三步：50 ℃　1min
第四步：72 ℃　1 min
（第二步至第四步：重复第二步到第四步 30 次。）
第五步：72 ℃　10 min
第六步：10 ℃　5 min

停止反应后取 10 μL 扩增产物，经 1%琼脂糖凝胶电泳，Gel-Red 染色，在凝胶成像仪上观察并拍照(图 26.6)。

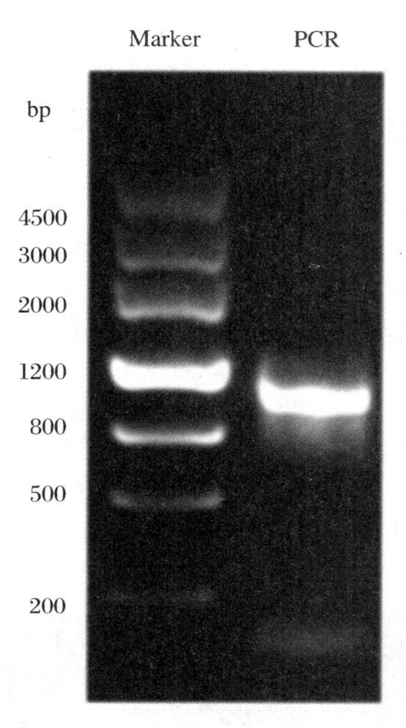

图 26.6　GI 菌落 PCR 电泳结果

2.5　制备表达菌并鉴定 GI 表达

前述转化所用的 DH5α 是一个常用的克隆菌，质粒在这个菌种一般有较高的拷贝数，便于转化及随后的鉴定。但它不是一个适宜的表达菌，质粒在表达菌中的拷贝数不一定很高，但所带外源基因的蛋白质表达量比较高，适于进行外源基因的诱导表达，有比较理想的产率。

由于 pTKD 使用的是 T7 启动子，要表达 GI，必须要有 T7 RNA 聚合酶，它的转录延伸速度是大肠杆菌 RNA 聚合酶的 5 倍，所以葡萄糖异构酶基因转录是在强启动子的调控下完成的。需要把 pTKD GI 转入含有带 T7 RNA 聚合酶基因的质粒 pGP1-2 的 K38 菌株中，该质粒为 PL 启动子，当 42 ℃诱导时，PL 转录 T7 RNA 聚合酶，从而专一高效转录 T7 启动子下游的靶基因。从阳性转化子中提取质粒并用于转化表达菌 K38，此菌自带 Kan 标记，可用 Kan 筛选。转化成功后的转化菌可以在含有 Amp 和 Kan 的 LB 中很好的生长。标记为 K38(pTKD GI)。

接种 K38(pTKD GI)到 100 mL 含双抗生素(各 100 μg/mL)的 LB 培养基中，30 ℃过夜培养后在 42 ℃条件下进行热诱导 T7 RNA 聚合酶表达 25 min，加入 100 μg/mL 利福平后转回 30 ℃继续培养 3 h (GI 表达)，然后离心收集菌体，并在进行细胞破碎(超声破碎或 French Press 压力破碎)和高速冷冻离心(4 ℃，12500 r/min，15 min)后收集上清液，对上清液作 GI 酶活初步测定以筛选鉴定成功的表达菌，还可以经 SDS-PAGE 鉴定 GI 蛋白的表达量。

2.6 菌种保藏

对于成功的表达菌，要及时对菌种及质粒分别进行保藏，应该对携带 pTKD GI 的克隆菌 DH5α（pTKD GI）和表达菌 K38（pTKD GI）分别进行保藏。纯化的 pTKD GI 质粒也应该做 −20 ℃低温保藏，在意外丢失了永久保藏菌种时，可用保藏的质粒转化 K38 得到新的表达菌。

菌种保藏方法为 −80 ℃保藏法，超低温保藏菌种要求菌液中含有一定量的 DMSO 或甘油，以防止在细胞中形成的冰晶对菌体造成伤害。为了保证保藏的菌种不被污染，要求所用器材、试剂及整个操作严格按照无菌操作要求进行。

在培养基小管中加入相应的抗生素，将要保藏的菌从划线平板接种到小管中。37 ℃摇床过夜培养。预先标记好灭菌的螺口保藏管，取 800 μL 培养好的菌液到保藏管中，加入 200 μL 无菌过滤的 DMSO，盖紧后摇匀，最后转入 −80 ℃超低温冰箱长久保藏。

DMSO 及抗生素的灭菌都可以很方便地使用注射器无菌微量滤器过滤法（图 26.7），但需要注意所用滤器的滤膜必须与所要处理溶液的性质吻合，常用的有水相滤膜和有机相滤膜，分别用于过滤水溶液和有机溶液。还需要选择合适的滤膜过滤孔径，一般用 0.22 μm 孔径的。

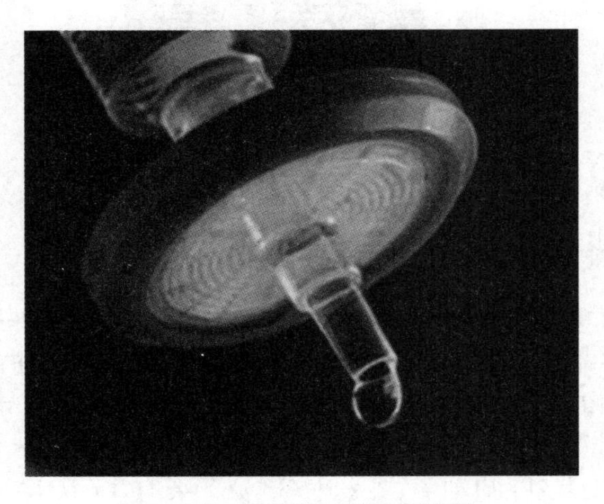

图 26.7　注射器无菌微量滤器

这一部分实验中涉及的 DNA 提取、酶切、电泳鉴定、DNA 样品的回收、连接反应及感受态细胞的转化和鉴定请参考本书实验 19 至实验 23。

3　葡萄糖异构酶基因的表达、酶的分离纯化及性质鉴定

3.1 实验流程

实验流程如图 26.8 所示。

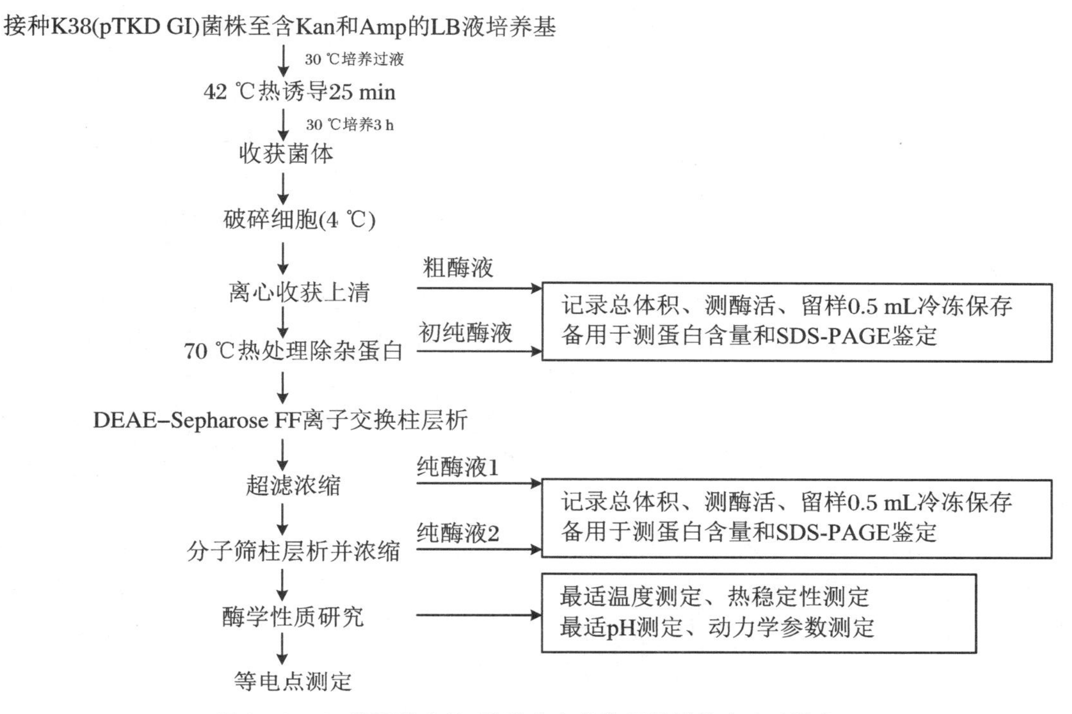

图 26.8　GI 基因的表达、酶的分离纯化及性质鉴定实验流程

3.2　实验内容

（1）葡萄糖异构酶的基因的诱导表达和分离纯化。

（2）葡萄糖异构酶的活力测定。

（3）葡萄糖异构酶制剂的蛋白含量测定。

（4）果糖标准曲线的制作。

（5）葡萄糖异构酶最适温度测定。

（6）葡萄糖异构酶最适 pH 测定。

（7）葡萄糖异构酶热稳定性的测定。

（8）葡萄糖异构酶动力学参数的测定。

（9）葡萄糖异构酶亚基分子量的测定。

（10）葡萄糖异构酶等电点的测定。

（11）葡萄糖异构酶全酶的制备。

3.3　试剂和仪器

3.3.1　菌体培养相关试剂

（1）LB 培养基（pH = 7.5）：5 g 酵母粉 + 10 g 蛋白胨 + 10 g NaCl 加适量水（约 900 mL），用 NaOH 调 pH，最后定容到 1 L，分装到培养瓶中后常规灭菌。

（2）100 mg/mL 氨苄青霉素（Amp）。

(3) 50 mg/mL 卡那霉素(Kan)。

3.3.2 葡萄糖异构酶分离纯化相关试剂

(1) 破碎缓冲液:50 mmol/L Tris-HCl(pH = 7.5),10 mmol/L EDTA(pH = 8),100 mmol/L $MgCl_2$。

(2) STE 缓冲液:0.1 mol/L NaCl,1 mmol/L EDTA (pH=8),10 mmol/L Tris-HCl (pH=8)。

(3) 起始洗脱液:50 mmol/L Tris-HCl(pH = 7.5),10 mmol/L $MgCl_2$,150 mmol/L NaCl,0.1 mmol/L PMSF(苯甲基磺酰氟),溶于异丙醇(PMSF 在临用前加入)过滤净化后4 ℃预冷备用。

(4) 高盐洗脱液:50 mmol/L Tris-HCl(pH = 7.5),10 mmol/L $MgCl_2$,500 mmol/L NaCl,0.1 mmol/L PMSF(苯甲基磺酰氟),溶于异丙醇(PMSF 在临用时加入),过滤净化后4 ℃预冷备用。

注意:PMSF 通常配制成 10 mmol/L 浓度的贮存液(1.74 mg/mL 溶于异丙醇中),保藏于 -20 ℃备用。PMSF 在水溶液中极不稳定,其活性丧失速率随 pH 的升高而加快,在25 ℃的失活速率高于 4 ℃。PMSF 可严重损害呼吸道黏膜、眼睛及皮肤,吸入、吞入及皮肤吸收后有致命危险。一旦眼睛或皮肤接触了 PMSF,应立即用大量水冲洗。

3.3.3 层析凝胶

(1) DEAE-Sepharose Fast Flow。

(2) Sephadex G-25/G-50。

3.3.4 仪器

(1) 层析及记录系统(AKTAprime plus 层析系统,GE Healthcare)(图 26.9)。

图 26.9 层析系统(AKT Aprime plus,图片取自仪器说明书)

(2) 0.22 μm 针头式滤器,滤膜,超滤杯。

(3) 高速冷冻离心机。

(4) 垂直胶电泳槽及电泳系统。

(5) 恒温水浴箱,紫外可见分光光度计。

3.3.5 酶活测定试剂

(1) 三乙醇胺(TEA)缓冲液(pH 8.0):25 mmol/L 三乙醇胺,10 mmol/L $MgCl_2$。

(2) 2.4%半胱氨酸盐酸盐(Cys-HCl)水溶液,室温。

(3) 50%三氯乙酸(TCA)。

(4) 70%硫酸,4 ℃预冷备用。

(5) 0.12%乙醇咔唑溶液;咔唑用95%乙醇配制。

(6) 0.2 mol/L 木糖水溶液。

3.3.6 蛋白含量测定相关试剂

(1) 1 mg/mL BSA 标准蛋白溶于 0.15 mol/L NaCl。

(2) 考马斯亮蓝染色液:100 mg 考马斯亮蓝 G-250 溶于 50 mL 95%乙醇中,加入 100 mL 85%磷酸,用蒸馏水稀释至 1000 mL,滤纸过滤,棕色瓶保存于室温。

3.3.7 酶学性质分析相关试剂

(1) 10 mmol/L $MgCl_2$,100 mmol/L 磷酸钠缓冲液 pH 8.0(25 ℃)。

(2) 10 mmol/L $MgCl_2$,50 mmol/L Tris-HCl pH 7.0(80 ℃)。

(3) 10 mmol/L $MgCl_2$,50 mmol/L TEA(pH 8.0 或者 pH 7.0,40 ℃)(配制 2× 浓缩液)。

(4) 10 mmol/L $MgCl_2$,0.1 mmol/L PMSF,50 mmol/L Tris-HCl(pH 8.0)。

3.4 实验操作

3.4.1 葡萄糖异构酶的基因的诱导表达和分离纯化

(1) 菌种活化:准备 Amp 和 Kan 双抗 LB 平板,从超低温保藏菌种中刮取 K38 (pTKD GI)菌种并在 LB 平板上划线接种,在 30 ℃恒温箱过夜培养至长出菌落。挑单菌落菌种转接至含双抗生素的小管 LB 液体中,过夜培养。

(2) 从小管中接种 K38(pTKD GI)菌至 500 mL LB + 0.2%甘油培养液中,加入适当的抗生素(氨苄青霉素终浓度 100 μg/mL, 卡那霉素终浓度 50 μg/mL),30 ℃培养过夜(OD_{590} 为 2~4)。

(3) 42 ℃水浴热诱导 25 min(轻摇,使均匀升温)。

(4) 30 ℃培养 3 h。

(5) 5000 r/min 离心 15 min, 收集菌体。

(6) 用 50 mL STE 悬浮洗涤菌体一次,离心,弃上清。

(7) 菌体悬浮于 15 mL 破碎缓冲液,用细胞压力破碎仪(Cell Disruptor,图 26.10)破碎细胞,也可以用超声破碎法(80～120 V,1 s 超声,2 s 间歇,30 min)破碎细胞,此法比较费时,破碎效率也略低。

Cell Disruptor 细胞破碎原理:破碎仪的压力池内部形成高压,将细胞从很细小的孔中挤出,细胞从压力很高的环境(最高可达 40000 psi)下突然释放到大气压环境,内外巨大的压差使得细胞破碎。

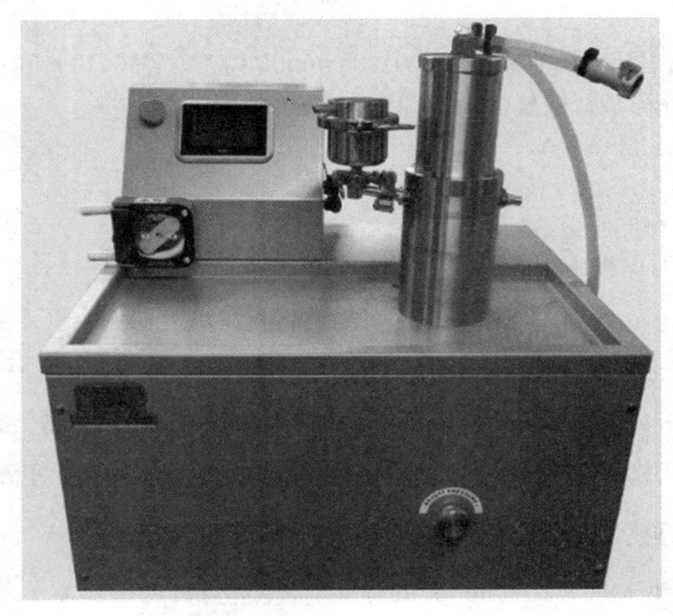

图26.10　压力破碎仪(Constant Systems,图片取自公司网站)

(8) 4 ℃,14000 r/min 离心 20 min,收获上清,此即为粗酶液(记录总体积、测酶活、留样 0.5 mL 冷冻保存备用于测蛋白含量、SDS-PAGE 鉴定)。注意:蛋白含量测定和 SDS-PAGE 要等所有纯化步骤完成后,各步骤留样一起进行。

(9) 粗酶液在 70 ℃水浴热处理 15 min,12000 r/min 离心 10 min,取上清,此为初纯酶(记录总体积、测酶活、留样 0.5 mL 冷冻保存备用于测蛋白含量、SDS-PAGE 鉴定)。

(10) DEAE-Sepharose Fast Flow 阴离子交换柱层析纯化(参见本书实验 7)。

① 离子交换层析介质的选择:蛋白的静电特性决定了离子交换介质的类型,原则上,如溶液 pH＜蛋白质的 pI,蛋白将荷正电荷,可与荷负电荷的介质结合,这种交换介质称为阳离子交换介质;如溶液 pH＞蛋白质的 pI,蛋白将荷负电荷,可与荷正电荷的介质结合,这种交换介质称为阴离子交换介质;实际情况下,蛋白的局部表面有不同于整体荷电的分布。蛋白荷电的部分将结合其相反电荷的基团(并可被其他离子置换并洗脱),增加溶液的盐浓度将会洗脱结合的蛋白。

② 装柱:取出存于 20%乙醇中的 DEAE-Sepharose FF 凝胶约 20 mL,用过滤过的蒸馏水洗去乙醇,超声脱气 30 min,再用起始缓冲液洗涤三次;封闭柱下端管路,在柱中加入适量蒸馏水(约 20 mL),然后将悬浮好的胶缓缓注入柱内,使之无断层,无气泡,打开柱下端管路,液体流动,凝胶开始沉降,同时从柱上端不断地补充凝胶,直至柱子顶端齐平。注意:要保证液面始终低于凝胶平面,不出现干裂、断层。

③ 与层析系统连通:关闭柱子下端出液口,将柱上端封盖,进液管路与层析系统相连,

柱子下端出液口连通到层析系统中。

④ 系统准备及平衡:首先把 A 泵和 B 泵的端口放入过滤过的蒸馏水中,打开机器,机器自检;打开与其相连的计算机,并打开程序 PrimeView。机器自检完成后,选择机器的预设程序 System Wash Method,清洗系统。此时的清洗不通过层析柱。清洗程序完成后,流速下降,在操作面板上结束程序。设定工作程序,手动输入参数,设定流速为 1.5～2 mL/min,洗脱平衡 3～5 个床体积,此时液体流经层析柱。观测显示屏上检测及记录系统的整个工作过程。当电导指示线水平后,说明进入柱和流出柱的溶液电导一致,系统已经清洗完成。结束清洗程序,使机器运行停止,然后把 A 泵和 B 泵的端口放入过滤过的起始洗脱液,设定工作程序,手动输入参数,设定 A 泵和 B 泵各走 50%,流速为 1.5～2 mL/min,洗脱平衡 3～5 个床体积,观测显示屏上的电导线先上升,然后水平,说明进入柱和流出柱的溶液电导一致,系统已经完成平衡,可以进行上样。结束平衡程序,使机器运行停止,把 B 泵的端口放入过滤过的高盐洗脱液中。

注意:AKTAprime plus 层析系统 A 泵管路为系统默认管路,在本实验中连接起始洗脱液,B 泵管路连接高盐洗脱液;泵的端口更换洗脱液或样品时,要注意用洗瓶反复清洗近端口的胶管及金属端口,以免溶液间的交叉污染。

⑤ 上样前样品脱盐及去固体杂质:离子交换法待纯化样品上样前要降低样品的离子强度,使离子强度不高于起始洗脱液的离子强度。常用 Sephadex G-25 或 G-50 小柱子为样品脱盐,在小柱子中加入所需体积的凝胶,用洗脱液洗脱(5～7 个床体积),将样品上柱,加压使样品全部流出。当上样体积不受限制时也可直接用稀释缓冲液对样品进行稀释来降低离子强度,本实验采取直接加一倍的蒸馏水稀释样品后,用 0.22 μm 针头式滤器过滤除去固体杂质。脱盐后的样品可用于 DEAE-Sepharose FF 离子交换柱层析。

⑥ 上样:把 A 泵的端口放入过滤过的样品溶液中,设置流速为 1.5～2 mL/min,上样过程中观测显示屏上检测及记录系统的整个工作过程,尤其是监测 UV 280 nm 指示线、电导指示线等的变化。注意整个上样过程中样品的液面不能低于泵头端口的金属线界面,随时暂停机器以防气泡进入系统。上样结束后暂停系统(Pause)。

⑦ 预洗脱:用洗瓶反复清洗 A 泵近端口的胶管及金属端口后,放入起始洗脱液,继续 Pause/Continue 键按 1.5～2 mL/min 的流速对样品进行洗脱,监测 UV 指示线直至穿过峰杂质蛋白完全流出。这时,目标蛋白及部分杂蛋白会完全吸附在介质上,暂停系统 Pause/Continue 键。

⑧ 梯度洗脱与样品收集:把小试管从组分收集器的 1 号位置开始放置,设置组分收集器的收集参数,本实验设置为 8 mL/管。设置梯度洗脱 Gradient 选项的洗脱参数,"Length" 150,"Target" 100% B。机器继续运行,观测 UV 指示线、电导指示线和高盐洗脱液指示线等指标的变化趋势。当梯度洗脱液流经层析柱时,不同带电状态、不同吸附能力的蛋白分子就会依次从柱子中被洗脱下来,对应着不同的洗脱峰(UV 280 nm 指示线)(图 26.11)。而流出的样品则经分步收集器收集在不同的管中。洗脱完成后,参照记录下的洗脱峰分布,确定要收集的样品的管号,将属于同一个洗脱峰的数管洗脱液收集到一起,超滤浓缩后经酶活测定及 SDS-PAGE 鉴定目标蛋白洗脱峰。

梯度洗脱的分辨率与梯度的坡度有直接的关系,增大洗脱液的体积,会降低梯度的坡度,增加洗脱时间,提高洗脱峰的分辨率,同时每个峰的体积也会增大。实际操作时需要平衡对分辨率的要求和洗脱体积的控制(图 26.12)。

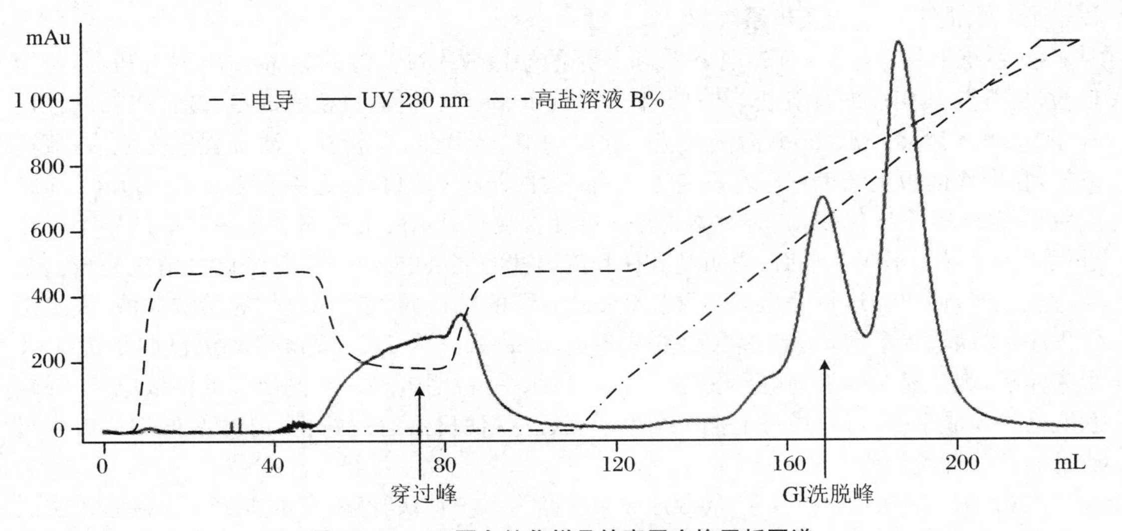

图 26.11　GI 蛋白纯化样品的离子交换层析图谱

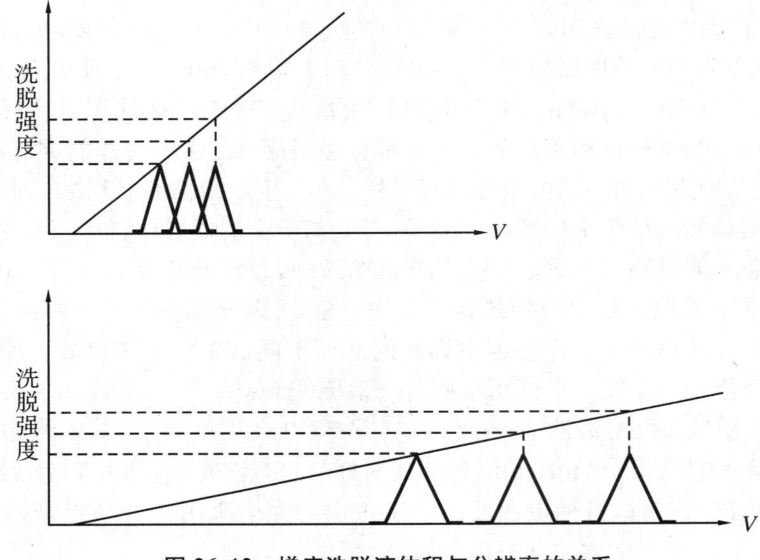

图 26.12　梯度洗脱液体积与分辨率的关系

经电泳鉴定后若蛋白纯度不够理想，还需要用分子筛柱层析法（Sephacryl S-300）进行进一步的分离纯化以得到纯的蛋白（参考本书实验 6）。

⑨ 洗脱纯化样品的浓缩：经柱层析洗脱纯化收集到的样品的体积一般都较上柱前的体积稀释了很多倍，需要经过浓缩后方能用于后续分析。浓缩的方法有多种，如冷冻真空干燥，超滤离心管离心超滤浓缩、超滤杯压力超滤浓缩、透析袋透析浓缩等。无论是用超滤膜或透析袋，都要考虑过滤介质的分子量截留值，即过滤介质所截留的蛋白质的分子量要略大于需要截留的蛋白的分子量，以免样品损失。至于各种浓缩方式的优缺点，可以归纳如下：透析浓缩方法对设备没有太高的要求，比较简便易行，但所需时间比较长；真空干燥法需要特殊装备，且在样品浓缩的同时也浓缩了缓冲液中的各种离子；超滤浓缩法在浓缩过程中不改变样品液中的离子强度，浓缩速度可控，是目前比较常用的方法之一。

按实验流程图所示,每一步分离纯化的样品均需记录总体积,测定酶活,测定蛋白含量,SDS-PAGE 纯度鉴定。所得数据汇总到表中,分析纯化效率,为改进纯化过程提供参考(表 26.2)。

表 26.2　制备过程中各步骤酶纯化效率统计表

纯化步骤	总蛋白(total protein)(mg)	总酶活(whole enzyme activity)	得 率(yield)(%)	回收率(recovery)(%)	比活力(specific activity)	纯化倍数(purification level)
粗酶				100		1
热沉淀初纯酶						
DEAE-FF 纯化						

⑩ DEAE-Sepharose Fast Flow 胶的再生:样品洗脱完成后,用 1 mol/L NaCl 洗涤 DEAE-Sepharose FF 柱 3～5 个床体积,流速 1.5～2 mL/min;用起始缓冲液平衡 6～8 个床体积,流速同上,至 UV 指示线接近 0、电导指示线水平后可重复上样。

3.4.2　葡萄糖异构酶酶活测定

(1) 酶促反应:在 125 μL 0.2 mol/L 木糖溶液中加入 100 μL TEA 缓冲液,再加入 50 μL葡萄糖异构酶样品液,迅速混匀,37 ℃水浴反应 15 min。

(2) 终止反应:加入 25 μL TCA 溶液,迅速混匀,终止反应,置于冰浴。

(3) 显色反应:立即加入 1.5 mL 冰预冷的硫酸溶液,充分混匀,再加入 50 μL 半胱氨酸盐酸盐溶液和 50 μL 乙醇咔唑溶液,迅速充分混匀,25 ℃显色 30 min。

(4) *OD* 测定:用分光光度计测量光程为 1 cm,波长 538 nm 处的光吸收值(OD_{538})。

酶活单位定义,在标准反应混合液中每分钟产生 1 μmol 果糖所需要的酶量定义为 1 个酶活力单位(U),每毫克酶蛋白中的酶活力单位(U/mg)为酶制剂的比活力。单位为U/mg。酶反应产生的酮糖量可由标准果糖显色反应制作标准曲线来测定,从而由 OD_{538} 转换成产物的生成量。

(5) 浓缩后的纯酶样品的测活:纯酶样品的酶活反应体系为:125 μL 0.2 mol/L 木糖溶液中加入 35 μL 40 mmol/L $MgCl_2$,35 μL 400 mmol/L 磷酸缓冲液,再加入 55 μL 蒸馏水和 25 μL 纯酶样品溶液,迅速混匀,37 ℃水浴反应 15 min。终止反应及显色反应同前。同时用失活的酶设定一个空白对照管。

注意:

① 进行酶活测定时空白对照的设计是酶活测定是否可靠的一个关键因素,一般情况下,我们取等体积的待测酶样品于对照管中,在反应开始的零时间将酶灭活(加入反应终止液,摇匀),然后再加入底物;而相应的待测管则在经过适当条件的酶促反应后再加入反应终止液;

② 本实验酶活测定要用到大量的硫酸,为了减少硫酸用量,可以选用光程不变的小体积比色皿;

③ 测酶活所产生的硫酸废液要集中回收到废液缸中统一处理,经过碱中和后再经下水道排放,以减少对下水道系统的腐蚀和对环境的污染。

3.4.3 考马斯亮蓝染色法(Bradford 法)

测定葡萄糖异构酶制剂的蛋白质含量参见本书实验1。

3.4.4 产物浓度的标准曲线

可以用果糖代替木酮糖进行显色反应制作产物标准曲线。参照酶活测定的反应体系，以破碎缓冲液代替葡萄糖异构酶样品液，反应体系中果糖的终浓度分别为：0 mmol/L，0.5 mmol/L，1 mmol/L，2 mmol/L，5 mmol/L，10 mmol/L，20 mmol/L。

由于没有酶促反应的发生，所以不需要37 ℃水浴反应15 min，直接加入25 μL TCA终止液，混匀，显色反应与酶活测定反应操作相同，然后进行 OD_{538} 的测定。注意每一个浓度做平行2管。

以标准果糖浓度为横坐标，相应 OD_{538} 为纵坐标绘制标准曲线，得出回归方程，把各纯化步骤的酶液样品所测的酶活 OD_{538} 代入回归方程求出相应的比活力。

3.4.5 葡萄糖异构酶(GI)反应最适温度测定(可做两管平行)

(1) 酶-缓冲液混合液：纯化原酶浓度较高，需将酶稀释于25 ℃ pH=8的 $MgCl_2$-磷酸钠缓冲液中，以纯酶样品的酶活衡量，使每个反应的加酶量能到达 $OD_{538}\approx0.2$ 的水平；

(2) 取125 μL 0.2 mol/L的木糖分别在55 ℃、60 ℃、65 ℃、70 ℃、75 ℃、80 ℃、85 ℃、90 ℃水浴中预热5 min后，分别加入第(1)步的酶-缓冲液混合液约150 μL，继续精确反应15 min。

(3) 加入25 μL 50%TCA终止反应，加入浓硫酸及显色试剂同前，显色30 min后测量溶液在538 nm处的 *OD* 值，以温度为横坐标，相对酶活力(OD_{538}值)为纵坐标，作图得酶活性-温度关系图。

3.4.6 葡萄糖异构酶(GI)反应最适 pH 测定(可做两管平行)

(1) 用精密酸度计调配60 ℃时 pH=6，6.5，7，7.5，8，8.5，9，9.5计8种含10 mmol/L $MgCl_2$ 的巴比妥缓冲液。

(2) 在180 μL各种 pH 缓冲液中加入70 μL 0.2 mol/L 木糖，并在60 ℃预热5 min。

(3) 在各管中加入纯酶样品(以相对酶活来估计，使每个反应的酶量能到达60 ℃时的 OD_{538} 约为1)，使体积至275 μL，60 ℃反应15 min。

(4) 加入25 μL 50%TCA终止反应，咔唑法测活，以不同条件下含灭活酶的管为对照，以 pH 为横坐标，相对酶活力(OD_{538}值)为纵坐标，作图得酶活性- pH 关系图。

3.4.7 葡萄糖异构酶(GI)热稳定性的测定(可做两管平行)

(1) 配制10 mmol/L $MgCl_2$，50 mmol/L Tris-HCl 缓冲液100 mL (80 ℃调 pH=7)(可配成2×的浓缩缓冲液)。

(2) 配制2～4 mL 酶-缓冲液混合溶液，配制混合液时酶的加入量需依据个人的酶样品的比活调整，以80 ℃酶活估算，预计每个反应的需酶量应在能到达 $OD_{538}=1.0\sim1.5$。

(3) 置于80 ℃水浴中保温，保温时间分别为0 min、30 min、60 min、90 min、120 min、150 min、180 min、210 min、240 min。在不同保温时间，从中取样150 μL与125 μL 0.2 mol/L

木糖 80 ℃反应 15 min，咔唑法测活，以灭活的酶作对照，直至酶活减少超过一半。

(4) 以时间为横坐标，相对酶活力(OD_{538}值)为纵坐标，作图，求出酶活性在 80 ℃ pH = 7 时的半衰期。

3.4.8　葡萄糖异构酶(GI)动力学参数的测定

(1) 配制不同浓度的木糖(xylose)底物-缓冲液混合溶液，其中 xylose 终浓度为：6.25 mmol/L，7.14 mmol/L，8.33 mmol/L，10.00 mmol/L，12.50 mmol/L，16.67 mmol/L，25.00 mmol/L，50 mmol/L，66.67 mmol/L，100 mmol/L。

(2) 取 225 μL 上述底物-缓冲液在 35 ℃水浴中预热 5 min，加入 50 μL 酶样品，37 ℃反应 5 min(酶的具体用量以底物浓度在 50 mmol/L 时 OD_{538} = 0.7～0.8 为佳)。

(3) 加入 25 μL 50%TCA 终止反应，取适量反应物咔唑法测活，记录 OD_{538}值。

(4) 计算出不同底物浓度时木酮糖的生产量(由果糖标准曲线计算)，以双倒数法求出酶的表观 K_m 和 V_{max}；根据 $K_{cat} \approx K_3 \approx V_{max}/[E]$，求 K_{cat}值。

3.4.9　葡萄糖异构酶亚基分子量的测定及制剂纯度鉴定(SDS-PAGE)

纯化各步骤时冷冻保留的样品各取 10～20 μL，用于 SDS-PAGE 电泳鉴定，同时电泳的有蛋白质标准分子量参照(图 26.13)。GI 蛋白质亚基分子量可以通过条带迁移距离与分子量半对数作图进行粗略测定。具体请参考实验 10。

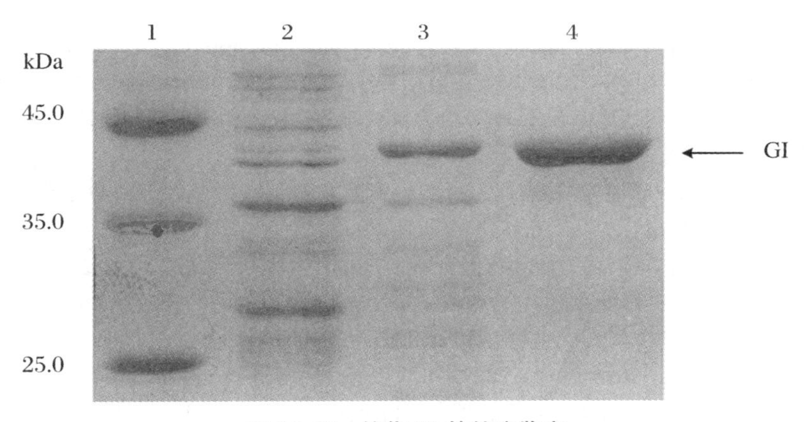

图 26.13　纯化 GI 的纯度鉴定

注：1. 标准分子量蛋白；2. GI 表达菌细胞裂解液；3. 经热变性纯化后的 GI；4. 经热变性和 DEAE-Sepharose FF 柱层析纯化的 GI。

3.4.10　葡萄糖异构酶等电点的测定

具体请参考实验 11。

3.4.11　葡萄糖异构酶全酶的制备

(1) 酶蛋白(Apo-E)的制备：

① 用 10 mmol/L EDTA，0.1 mmol/L PMSF，50 mmol/L Tris-HCl(pH = 8)的缓冲液对酶进行透析 24 h，然后再以不含 EDTA 的相同缓冲液反透析 24 h(各步骤透析的透析液都

需要更换2～3次)。

② 该步骤的目的是去除酶溶液中的所有金属离子,因为杂离子的存在会影响酶的活力的发挥。

③ 全酶(E-Mg)的制备。

④ 酶蛋白在10 mmol/L $MgCl_2$,0.1 mmol/L PMSF,50 mmol/L Tris-HCl(pH=8)的缓冲液中4 ℃透析20～30 h,不同时间里取部分酶样品,咔唑法测活,直至酶活力不再增加。(透析用的透析液需要更换2～3次)。

⑤ 该步骤的目的是将Mg^{2+}还回给Apo-E,使其形成有活力的酶。

4 思考题

(1) 参考表26.1,选定一物种,通过网上资源调出GI的蛋白序列,并用网上免费的蛋白质等电点预测软件预测GI的等电点。

(2) 本实验体系在进行酶的性质鉴定时使用了多种不同的缓冲体系,你对此有什么看法,有什么改进的具体想法?

参考文献

[1] 崔虹,刘咸安,李澄清,等.7号淀粉酶链霉菌M1033菌株葡萄糖异构酶在大肠杆菌中的高效表达[J].生物工程学报,1996,12(增刊):97-100.

[2] 徐冲,左军,廖军,等.葡萄糖异构酶基因工程菌的改造初探[J].中国生物化学与分子生物学报,1999,15(4):674-676.

[3] 朱国萍,罗丹,蔡云飞,等.Q20L及G247D定点突变对葡萄糖异构酶酶活和最适pH的改善[J].遗传工程学报,2000,16(4):469-473.

[4] 中华人民共和国国家质量监督检验检疫总局,中国国家标准化管理委员会.GB/T23533—2009固定化葡萄糖异构酶制剂[M].西安:中国标准出版社,2009.

[5] 韩玉泽,丁富新,张春洁,等.葡萄糖异构化为果糖的酶催化动力学研究[J].烟台大学学报(自然科学与工程版),1988(1):45-52.

[6] Snehalata H B, Mala B R, Vasanti V. Molecular and industrial aspects of glucose isomerase[J]. Microbiological Reveiews, 1996,60(2):280-300.

[7] Green M R,Samkerook J.分子克隆实验指南[M].贺福初,译.4版.北京:科学出版社,2017.

第3部分

高级生物化学与分子生物学实验

实验 27　高效液相层析法定量测定各种糖类物质

1　实验目的

（1）认识 HPLC 的各个部分的仪器组成。
（2）了解 HPLC 的基本原理及建立高效液相层析分析方法的一般步骤和实验技术。
（3）初步掌握 HPLC 的使用方法。

2　实验原理

2.1　HPLC 简介

高效液相层析法（high performance liquid chromatography，HPLC）自 20 世纪 60 年代发展以来，已经在食品分析、临床检验、医药研究、生物化学、生物工程、环境监测、精细化工等领域得到了广泛的应用。

概括来说，HPLC 一般由输液系统、进样系统、分离系统、检测系统、系统工作软件部分等组成。输液系统包含高压泵、梯度装置、试剂瓶等，进样系统包含自动进样器、手动进样针等，分离系统包含层析柱、各种连接管等，检测系统则包含各种检测器、系统工作软件控制操作参数及数据的采集和分析等。

具体来说，试剂瓶里的流动相在输液系统的作用下，以恒定流速进入进样系统，再进入分离系统和检测系统。当含有多个组分的样品通过进样器进入层析柱后，各种组分由于极性不同，在层析柱中被分开，随着流动相，按照不同的顺序进入检测器系统，透过的入射光被检测器的光电转化器转变成电信号，再进入数据处理系统，最后给出分析测试结果。

2.2　系统组成

2.2.1　高压输液系统

（1）HPLC 对高压泵的基本要求：耐高压、稳定性好、死体积小、流量准确度高、重复性好、流量范围宽、具有梯度洗脱功能等。一般来说，对于平均粒径为 4 μm 左右的填料、内径为 5 mm 左右的层析柱，流速在 1～3 mL/min 时，要求高压泵的最高工作压力大到 34.47～

41.36 MPa(5000～6000 psi)。

(2) HPLC高压泵系统的主要性能指标:压力范围、流量范围、流量准确度、流量精密度、压力波动、梯度指标等。

(3) HPLC高压泵系统的主要功能指标:梯度程序控制、泵自动切换、自动报警等。

2.2.2 进样系统

进样系统包含进样器和进样针等。现在的HPLC一般都是自动进样器和自动进样针,具有取样速度快、重复性好等特点。使用时要特别注意进样残留物的清洗,主要是进样针头的清洗。

HPLC对进样系统的具体要求是:密封性好、死体积小、重复性好等。

2.2.3 分离系统

分离系统主要指的是层析柱及其附件(各种连接管),而层析柱的柱效是分离纯化最重要的指标,而柱效一般取决于固定相的性能和装柱技术。

(1) 保护柱:一般使用短的填充柱安装在层析柱之前,其作用是收集、阻断来自进样器的机械和化学杂质,以保护和延长层析柱的使用寿命。通常其填料与层析柱相同。

(2) 层析柱:层析柱是HPLC分离过程的核心。

(3) 层析柱材料:常用内壁抛光的直的不锈钢管作为HPLC的柱管。

层析柱的填料一般有硅胶、多孔聚合物及一些无机填料如石墨碳、氧化铝等。

温度对层析柱的保留时间、分离效果以及检测器的灵敏度也会有影响,所以HPLC要求有恒温系统的配套设计。

(4) 层析柱的性能指标有:填充料的粒径、层析柱的长短及内径、层析柱的耐受压力、理论塔板数、对称因子、容量因子等。层析柱使用时的相关指标有流动相的组分和pH,以及流动相的流速和环境温度等。

HPLC又分为分析型和制备型,分析型主要适用于进行痕量分析,而制备型则主要适用于混合样品的组分分离,本章节主要以Agilent Technologies 1260 Infinity介绍分析型HPLC对单糖的定量测定。

(5) 使用层析柱时的注意事项:

① 经常冲洗层析柱,每次使用后,必须用强溶剂冲洗柱体积的20倍左右;

② 层析柱长时间不使用时,应充满甲醇或乙腈,然后浸泡在甲醇中;

③ 改变溶剂组成时,有机溶剂和水之间的切换应该缓慢进行,否则有可能损坏层析柱;

④ 对于生物样品或中药样品等复杂样品来说,一定要进行预处理,或在层析柱和进样器之间加保护柱;

⑤ 层析柱不能强烈机械振动,或者在压力和温度剧烈变化时使用,否则填料会受到损坏。

2.2.4 检测系统

HPLC的检测系统是HPLC最重要的部件之一,它决定了HPLC系统的适用性、噪声和灵敏度。最常用的检测器有紫外检测器(UVD),示差折光检测器(RID),二极管阵列检测器(DAD),荧光检测器(FLD),蒸发光散射检测器(ELSD)等。另外,还有仪器与HPLC

联用作为检测系统,如质谱仪器、波普仪器等。

2.2.5　层析工作软件

由工作软件控制的HPLC,可以控制仪器的操作参数,比如柱温、流动相流速、梯度洗脱、检测器、自动进样、洗脱液的收集等,还可以对获得的层析结果进行图像采集、数据分析,对保留数据、峰高及峰面积进行数据处理,提供样品的各组分含量,为科研工作者提供了高效的分析工具。具体操作以各个公司或厂商提供的工作站为准。

2.3　HPLC的特点、应用范围及局限性

(1) 特点:高分离效果、高分辨率和高灵敏度的分离检测。

(2) 应用范围:HPLC适用于分析高沸点不易挥发的、受热不稳定易分解的、相对分子量大、不同极性的有机化合物、生物活性物质和多种天然产物以及合成的或天然的高分子化合物等,广泛应用于生命科学、有机化学、食品科学、农业科学、疾控、环保等各个领域。

(3) 局限性:流动相易挥发、有毒,会造成环境污染;缺少通用型检测器;不能取代中、低压液相柱层析去分离制备具有生物活性的生化样品。

2.4　固定相和流动相

2.4.1　固定相

层析柱固定相一般由填料及其表面通过化学修饰引入的种类繁多、具有不同官能团的键合相组成。填料一般使用硅胶、多孔聚合物及一些无机填料如石墨碳、氧化铝等,而多孔聚合物可以直接用于反相分离,而不需要添加表面涂层。不同类型的HPLC所使用的固定相结构和分离原理也不相同。表征固定相性质的参数,对于固相吸附剂或固相载体来说有:粒度、比表面积、孔容积、孔度、平均孔径等;对于键合固定相来说有:表面键合官能基的浓度、有机官能团的表面覆盖率及表面碳覆盖率等。

2.4.2　流动相

选择恰当组成的溶剂作为流动相是实现样品中各个组分分离的重要保证,其特性参数有溶剂的强度、溶解度、极性、黏度、表面张力和介电常数等。一般要求:溶剂应该纯度较高,不与固定相发生互溶;与所用检测器的性能相匹配;对样品有足够的溶解能力;有较低的黏度;毒性要小。

2.5　相关术语

(1) 峰高及峰面积:峰高指的是洗脱峰峰顶与基线之间的垂直距离;峰面积指的是洗脱峰与基线所围成的面积。工作软件可以根据设定的积分参数(半峰宽、峰高、最小峰面积等)和基线的设定来计算每个洗脱峰的峰高和峰面积,进行定量计算。

(2) 半峰宽:峰高一半处对应的峰宽。

(3) 峰宽:又称为基线宽度,指洗脱峰两侧拐点上的切线在基线上的截距。

(4) 基线:当没有样品进入层析系统的检测器时,检测信号的噪声随时间变化的曲线,

一般为一条直线。

(5) 保留时间:上样后,组分从洗脱开始到出现样品峰最大值时所经历的时间。即相应于样品到达层析柱末端的检测器所需要的时间。

(6) 死时间:完全不被固定相吸附或溶解的物质进入层析柱时,从进样到出现该组分峰最大值时所需要的时间。

(7) 死体积:死时间相对应的洗脱液的流出体积即为死体积。它包括4个部分:进样器至层析柱的管路体积、柱内固定相颗粒的间隙(即外水体积,被流动相占据)、层析柱出口至检测器的管路体积、检测器活动池的体积。其中,只有外水体积参与了层析柱的平衡过程,其他三部分只起峰扩大的作用,所以这三个部分体积应该尽可能减小。当这三个部分很小时可以忽略不计。

(8) 调整保留时间:某组分的保留时间减去死时间后的时间,称为该组分的调整保留时间。

(9) 容量因子:又称为分配容量,其定义为在分配达到平衡状态时,组分在固定相和流动相中质量的比值。它是衡量层析柱对被分离组分保留能力的重要参数。

从层析图上计算,容量因子是组分的调整保留时间与外水时间之比。它不仅与物质的力学性质有关,同时也与层析柱的柱形及结构有关。

2.6 HPLC 整机的主要性能技术指标

(1) 灵敏度:一定量的物质通过 HPLC 的检测器时,仪器所给出的信号大小。主要根据信噪比来测试。

(2) 测量限:在某一条件下,仪器所能测出的量值。它取决于仪器传感器的响应,与仪器的噪声无关。

(3) 检测限:又叫最小检出限,是指仪器的最大检测能力的大小。它既与仪器传感器的响应有关,又与仪器的噪声有关,可以表征 HPLC 的灵敏度。

(4) 噪声:HPLC 的系统噪声主要是由电子学系统和光学系统引起的,但整个系统的各个部件都可能对整机系统的噪声产生很大影响。噪声直接限制了 HPLC 的灵敏度或检测限。

(5) 稳定性:稳定性包括基线漂移和重复性。基线漂移是指仪器的输出随时间变化的随机量;重复性是指 HPLC 多次测量结果的一致性。

(6) 量程范围:指仪器能满足测量要求的范围。

HPLC 由于使用了高压输液泵、全多空微粒填充材料和高灵敏度检测器,实现了对样品的高分离效果、高分辨率和高灵敏度的分离检测,结合微处理机技术,极大地提高了仪器的自动化、智能化以及分析精度。本章节主要以 Agilent Technologies 1260 Infinity 介绍分析型 HPLC 对单糖的定量测定。

3 试剂和仪器

(1) 系统:Agilent Technologies 1260。

(2) 层析柱：Rezex ROA-Organic Acid H^+ (8%)。

(3) 示差折光检测器：Agilent 1100。

(4) 流动相：0.0025 mol/L H_2SO_4(136 μL 浓硫酸加入至 1 L 蒸馏水中)。

(5) 标准样品：100 μg/mL 葡萄糖，100 μg/mL 木糖。

(6) 待测样品：未知浓度的木糖和葡萄糖溶液。

4　实验操作

4.1　层析条件

系统：Agilent Technologies 1260 Infinity；
层析柱：Rezex ROA-Organic Acid H^+ 层析柱；
流动相：0.0025 mol/L H_2SO_4；
柱温：75 ℃。

4.2　流动相的准备及样品的前处理

本实验所用流动相为 0.0025 mol/L H_2SO_4。配置后需要进行抽滤(使用水系滤膜)至 1 L的蓝盖玻璃瓶中，然后使用超声波清洗器超声清洗 30 min，超声清洗时拧松瓶盖。实验前后勿晃动流动相。

生物样品中杂质或颗粒等不溶物会对仪器、层析柱以及毛细管输液管等管路造成堵塞等影响，所以预先需要进行离心去除；另外，进样前一般还需要稀释样品。注意，不同性质的层析柱以及流动相还会对样品有特殊要求，需要按照具体情况进行具体分析。

实验样品 12000×g，常温离心，1 min。取上清，用 ddH_2O 稀释 20 倍(当检测样品中糖剩余及产物量较多时)，12000 r/min，10 min，取 400 μL 到 HPLC 进样瓶，盖上帽子。注意加样时要轻缓，加完样不晃动进样瓶，避免产生气泡。

4.3　开机和层析条件的应用

(1) 将流动相泵头从装有 30% 的甲醇瓶中，放入超声后的流动相(0.0025 mol/L H_2SO_4)瓶中。

(2) 打开电脑以及液相装置的开关，打开工作软件。

(3) 进入工作软件工作页面：设定所需的实验条件，包括柱温、流速、测量时间、检测装置(糖类选用 DAD 视差法检测)等。

(4) 排除管道空气(未安装柱子)：流动相起始流速设定为 0.3 mL/min，打开泵开关，观察需要接入柱子一端的管道是否正常出液，流速是否正常。可增加流速，不超过 1 mL/min。观察出液速度是否正常，确认管道没有气泡，确认没有漏液情况。冲洗约 10 min。

(5) 安装柱子：设定流速为 0.3 mL/min，安装柱子的进液一端，观察柱子的另一端是否有流动相流出，几分钟后，接入端口。观察是否漏液，此时管道压力是否正常。安装柱子前确保流速已调至 0.3 mL/min。(我们使用的 H^+ 柱柱压不超过 1000 psi)。

(6) 通过工作软件观察柱子的压力及信号,基线是否水平。平衡柱子约 1 h。

(7) 自动进样器:将样品放入样品槽,准备洗瓶(设定 91 号样品孔为洗瓶,加入 ddH_2O)。

(8) 柱子平衡后开始运行样品。

(9) 柱子的清洗及保存:样品运行完,保持 0.3 mL/min 的流速冲洗柱子约 1 h。

(10) 关闭泵,将柱子从装置中取下,两端密封,保存于盒子中。

(11) 将流动相取下换成 30%的甲醇(已抽滤、超声),打开泵,冲洗通路约 10 min。

(12) 关闭工作软件,电源开关。

4.4 标准曲线的建立和样品测定

将浓度为 100 μg/mL 的标准储备液(纯品),分别稀释成系列标准溶液(20 μg/mL, 40 μg/mL,60 μg/mL,80 μg/mL,100 μg/mL),分别注入 HPLC,根据获得的层析图谱设定基线,工作软件计算峰面积,以标准样品的浓度和对应的峰面积作出标准曲线,获得回归方程,根据样品中相应组分的峰面积对照标准曲线的回归方程,计算出同样条件下测得的样品中相应组分的浓度(图 27.1~图 27.2)。

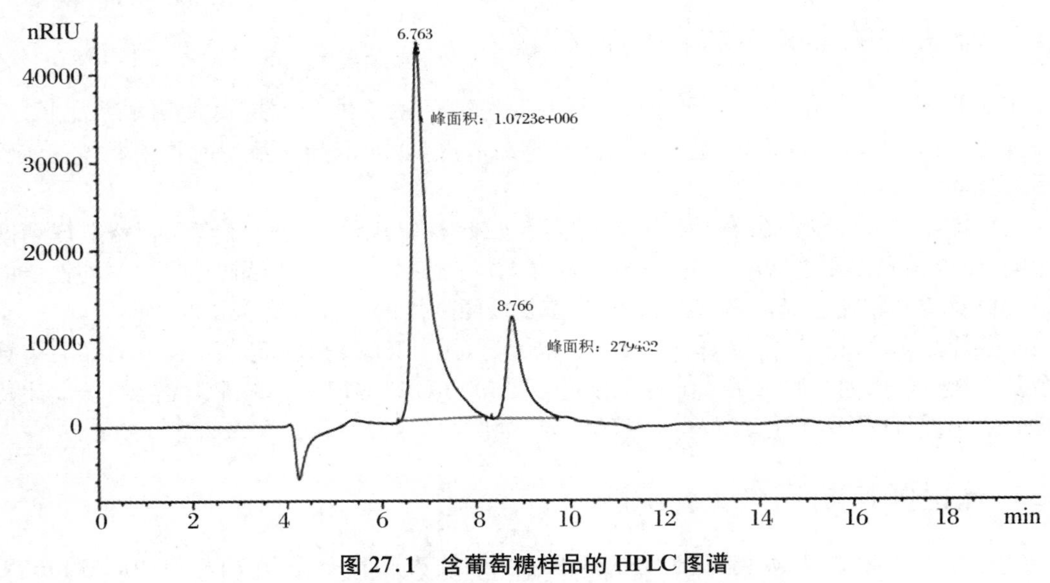

图 27.1 含葡萄糖样品的 HPLC 图谱

注:葡萄糖的出峰时间是 6.767 min,流速 0.3 mL/min。

5 数据的采集和分析

通过工作软件进行层析分析,具体如进行方法的运行、数据采集、图谱的处理等。

以层析图中的层析峰面积值为纵坐标,以标准品浓度为横坐标,绘制标准曲线并求出回归方程。根据待测液的峰面积值,从回归方程计算出未知样品的浓度。

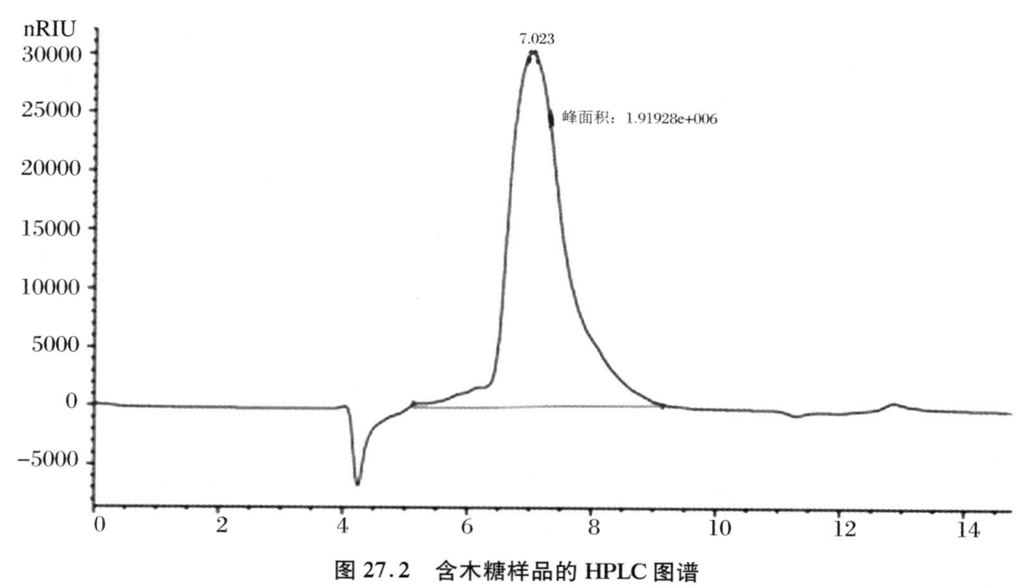

图 27.2　含木糖样品的 HPLC 图谱

注：木糖的出峰时间是 7.023 min，流速 0.3 mL/min。

6　注意事项

(1) 流动相溶液使用前需要过滤并脱气。

(2) 经常更换流动相溶液以避免微生物污染。

(3) 不要使用浓度超过 5%的甲醇、IPA、乙醇等。

(4) 不要使用超过 30%的乙腈或其他有机溶剂。

(5) 使用保护柱以延长层析柱的使用寿命。

7　思考题

使用 HPLC 之前需要明确以下几个问题：

(1) 实验的目的是定量分析所含有的组分吗？还是痕量分析某种物质的检出呢？或是未知组分的确认？

(2) 是进行微量分析还是进行大量混合样品的分离纯化？

(3) 是否有必要解析出样品的所有组分？

(4) 一次分析多少样品？

参 考 文 献

[1]　李昌厚. 高效液相色谱仪器及其应用[M]. 北京：科学出版社，2014.

[2]　曹成喜. 生物化学仪器分析基础[M]. 北京：化学工业出版社，2008.

附 ROA organic acid H^+ 8% column 使用指南

1 运行参数

(1) pH 范围:pH=1～8。
(2) 压力:一般压力 580 psi,最高限压为 1000 psi。
(3) 流速:流速不可超过 1 mL/min。
(4) 柱温:最高柱温不可超过 85 ℃。

2 使用步骤

连接层析柱前,先用过滤并脱气处理的 HPLC 级纯水冲洗整个系统和管路。连接层析柱并启动柱温箱,先以起始流速 0.1 mL/min 运行,压力设定在 400 psi (8%层析柱)或 200 psi (4%层析柱)。随温度逐渐上升,用几分钟的时间将流速逐步上调,当柱温达到工作温度后,调节流速到所需要的流速。

3 结束步骤

(1) 若过夜保存:缓慢降低流速到 0.1 mL/min 运行,保持系统开通并保持实验柱温。
(2) 长期不用:清洗保存后,关闭柱温箱并缓慢降低流速,关闭泵,待系统冷却到室温后。卸下层析柱并用柱堵头塞进柱子。

4 注意事项

(1) 避免突然升压,需要设置仪器限压以保护层析柱。
(2) 避免酸、碱、盐、金属离子。
(3) 避免使用超过 5%的无机改性剂 HNO_3、H_3PO_4。
(4) 不使用超过 5%的甲醇、乙醇、异丙醇。
(5) 不使用超过 30%的乙腈。
(6) 避免机械冲击,轻拿轻放层析柱,避免对其造成物理撞击。
(7) 使用保护柱以延长层析柱的使用寿命。

5　流动相

（1）流动相为 0.0025 mol/L H_2SO_4溶液。
（2）使用前需要对所有的流动相进行过滤和脱气，经常更换流动相以避免微生物污染。
（3）不使用超过 5%的甲醇、乙醇、异丙醇等。
（4）不使用超过 30%的乙腈或其他有机溶剂。
（5）避免溶剂不互溶以及盐的析出：会造成层析柱永久性的损伤。

6　样品制备

（1）提前检验样品在流动相中的溶解性，尽可能采用流动相作为样品稀释溶剂。
（2）进样前需要用孔径 0.45 μm 或 0.22 μm 的滤膜过滤样品。

7　清洗

（1）取下保护柱，在柱温 85 ℃下，用 HPLC 级纯水以流速 0.4 mL/min 反向冲洗层析柱至少 12 h。
（2）清洗完成后，恢复层析柱的流向，用洗脱液平衡层析柱，然后用于分析操作。

8　再生

柱温 75 ℃下，用 0.025 mol/L H_2SO_4溶液以流速 0.2 mL/min 冲洗层析柱 4～16 h。

9　保存

用 0.0025 mol/L H_2SO_4溶液（HPLC 等级水配制）保存层析柱，且保存放置的层析柱需要定期用保存液冲洗，以避免微生物的污染。

实验 28　荧光偏振法测定生物大分子间的相互作用

1　实验目的

（1）掌握荧光偏振现象的原理，并能通过荧光偏振方法定量检测生物大分子样品相互作用关系。

（2）能正确分析所得荧光偏振实验结果的物理及生物学意义。

2　实验原理

（1）荧光偏振（fluorescence polarization，FPA）：荧光分子（镧系螯合物等除外）发射荧光时一般具有各向异性。以一束单一波长的平面偏振光照射溶液中的荧光物质时，如果荧光分子是静止的，它会受到激发，并向偏振面发射辐射；如果被激发的荧光分子在荧光发射寿命内处于运动状态（旋转或平移），它将发射出与激发平面不同方向的光，使平行于原偏振方向的荧光光强减弱，即去偏振（图 28.1）。一般来说，一个分子旋转的速度代表了它的大小，相同条件下，越小的分子旋转速度越快。当一个荧光标记分子（示踪剂）与另一个分子结合时，分子量及分子大小增大，旋转运动速度降低，导致该分子所发射出的平面偏振荧光强度增大。如果荧光基团标记在一个小分子上，当它与一个大的蛋白质结合时，它旋转的速度会显著降低；如果荧光基团标记在较大的蛋白质上，结合态和未结合态之间的极化差异将会很小，荧光偏振测量的准确度也较低。因此我们通常将荧光基团标记在一对可结合分子中分子量较小的那个组分上，再通过对这两种可结合分子进行滴定，测得其未结合大组分时的自由状态、部分结合大组分时的过程状态、大组分大量过剩时的完全结合状态条件下荧光偏振的差异，最终拟合得出该结合过程的结合常数及动力学参数。

荧光偏振实验可提供分子朝向、迁移率及其调控过程的信息，主要涵盖受体-配体相互作用、蛋白质-DNA 相互作用、蛋白质水解及膜流动性等生物学过程。荧光偏振方法对染料的依赖性较低，对 pH 变化等环境干扰的敏感性较低。

实验上，不同检测状态下的荧光偏振程度用偏振度来表示，它是通过测量平行和垂直于线性偏振激发光平面的荧光强度来确定的，用荧光偏振（P）或各向异性（A）表示：

$$P=\frac{F_{\parallel}-F_{\perp}}{F_{\parallel}+F_{\perp}}$$

$$A=\frac{F_{\parallel}-F_{\perp}}{F_{\parallel}+2F_{\perp}}=\frac{2P}{3-P}$$

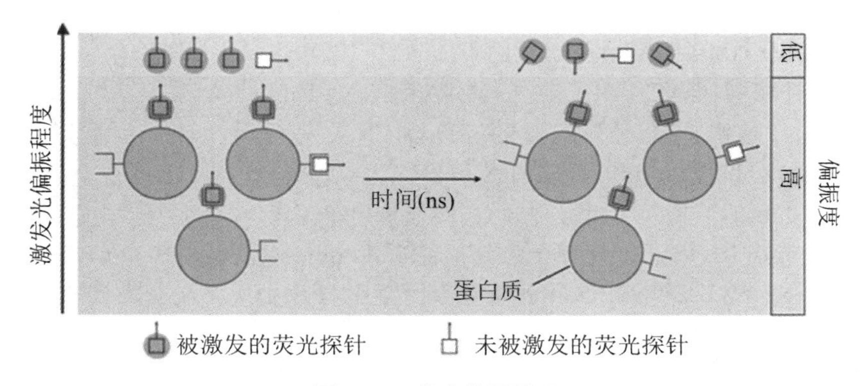

图 28.1　荧光偏振原理

式中，$F_{\parallel}$ 表示平行于激发光偏振平面的发射荧光强度；$F_{\perp}$ 表示垂直于激发光偏振平面的发射荧光强度。

需要特别注意的是，P 和 A 都是比数量，其数值不直接依赖于荧光染料浓度。但是由于实验体系的组成比例不同，一些有色样品添加剂会对荧光强度检测结果产生或增或减但相对很小的干扰。理论上 P 值的可能范围是 -0.33～0.5，但实际上这些极限值很难达到。在生物样品分析中 P 的测量值通常为 0.01～0.3，或 10～300 mP（mP = P/1000）。由于荧光偏振测量仪器精度已经可以达到 ±0.002 P 或 ±2 mP，因此上述测量范围并不算狭窄。

（2）用荧光偏振方法检测蛋白质-核酸之间的相互作用能力。在蛋白质与核酸相互作用研究中，如果我们对核酸探针进行荧光标记，分子量相对较小的核酸荧光探针在溶液中不规则快速旋转，平面偏振激发光激发荧光基团后产生的发射荧光方向快速变化，造成平行于激发光偏振平面的荧光强度减弱；而如果该探针可以与所研究的蛋白质发生相互作用，则会形成分子量显著增大的复合物，其旋转运动速度下降，荧光基团中激发光发射的荧光会有更大比例平行于激发光偏振平面。因此，蛋白质与核酸间的相互作用关系非常适合采用荧光偏振方法来检测。

用荧光偏振方法检测蛋白质-核酸之间的相互作用能力时，由于整个过程在溶液中进行，可最大程度模拟真实生命环境，且可以实时跟踪监测分子间结合或分离的变化。另外由于荧光偏振（P）或各向异性（A）均为比数量，避免了需确定荧光强度与反应物浓度间定量关系的难题。荧光偏振检测所需的样品量少，灵敏度高，重复性好，操作简便，相较于放射性同位素研究方法，它更为安全可靠，不会在实验过程中对研究者造成威胁，也不会产生难以处理的具有放射性的废弃物。

3　实验流程

（1）制备荧光探针

根据实验选定可相互作用的蛋白质和核酸探针序列，订购 5′端带有 FAM 荧光分子标记的核酸分子，注意只需单链标记即可，不必两条链都标记荧光。RNA 探针多为单链形式，也可以根据需要退火成为双链，但全过程需注意使用 DEPC 处理以防止 RNA 酶污染。考虑到教学实验中 RNA 操作困难性较大，本实验中我们以 ArlR 蛋白与其 21 bp 特异性 dsD-

NA结合序列为例进行细节介绍。

标记探针:5′FAM-CTGTAAATTTTTTATGTTAA;

未标记互补序列:GACATTTAAAAAATACAATT。

dsDNA探针是由两条互补配对的ssDNA退火获得,将ssDNA溶解在TE buffer(10 mmol/L Tris-HCl,1 mmol/L EDTA pH=8)中,取等量的ssDNA混合后在PCR仪中先96 ℃变性10 min,然后每1 min降3 ℃,缓慢梯度降温至40 ℃后于16 ℃保存。DNA母液浓度为100 μmol/L,用蛋白buffer将其稀释到80 nmol/L,准备1000 μL。为避免荧光分子长时间暴露在光线下发生淬灭,在此步骤及之后的操作中应避免含有荧光分子的体系暴露在光线下。

(2) 蛋白样品准备

按照ArlR蛋白样品母液浓度(mg/mL)及其理论分子量(Da),将其配制成为摩尔浓度200 μmol/L的标准液。用蛋白buffer将标准液分别稀释到0 μmol/L、5 μmol/L、10 μmol/L、15 μmol/L、20 μmol/L、30 μmol/L、40 μmol/L、50 μmol/L、60 μmol/L、80 μmol/L、100 μmol/L,每个浓度配制80 μL,用1.5 mL EP管4 ℃保存。

(3) 样品混合及孵育

取20 μL DNA探针溶液加入到黑色96孔板中,加入20 μL不同浓度的蛋白溶液,这样DNA浓度为40 nmol/L,而各组蛋白的浓度分别为0 μmol/L、2.5 μmol/L、5 μmol/L、7.5 μmol/L、10 μmol/L、15 μmol/L、20 μmol/L、25 μmol/L、30 μmol/L、40 μmol/L、50 μmol/L,用锡箔纸盖住,在4 ℃孵育20 min。每组样品需要重复配置3次,用以控制实验误差。

(4) 酶标仪检测荧光偏振信号

孵育20 min后,将96孔板离心去除气泡(500 g,2 min)后放入多功能酶标仪中进行检测。我们采用的是BMGLABTECH公司的CLARIOstar多功能酶标仪(图28.2),该仪器可进行高灵敏度的荧光全光谱扫描。我们主要使用的是其fluorescence polarization模块功能。软件操作可参见具体酶标仪的使用说明。

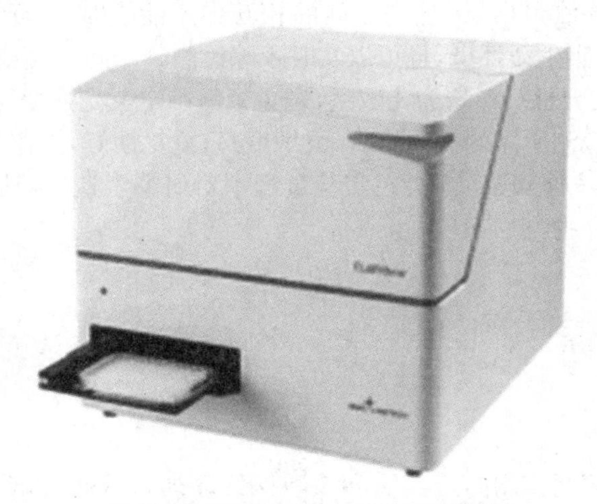

图28.2 CLARIOstar多功能酶标仪

通过多功能酶标仪,我们可以得到的是每个样品以mP为单位的荧光偏振信号值,每个蛋白浓度平行测量3次,得到以下实验数据(表28.1)。

表 28.1　FPA 实验结果

探针浓度(nmol/L)	40	40	40	40	40	40	40	40	40	40	40
蛋白浓度(μmol/L)	0	2.5	5	7.5	10	15	20	25	30	40	50
FP 信号(mP)											

4　结果处理

将测得的同一蛋白浓度下三组荧光偏振数据取平均值，分别减去纯探针存在条件下的 FP 背景信号，得到各蛋白浓度条件下的荧光偏振差值(ΔP)(表 28.2)。

表 28.2　FPA 实验结果处理

探针浓度(nmol/L)	40	40	40	40	40	40	40	40	40	40	40
蛋白浓度(μmol/L)	0	2.5	5	7.5	10	15	20	25	30	40	50
FP 信号(mP)											
FP 平均信号(mP)											
ΔP(mP)	0										

以蛋白浓度为横坐标(μmol/L)，相应的荧光偏振差值 ΔP(mP)为纵坐标，绘制曲线。采用 origin 或 Graphpad prism 软件对曲线进行非线性回归分析(图 28.3)，以得到平衡解离常数 K_D值等相关结合参数，ΔP 的计算公式如下所示：

$$\Delta P = \frac{\Delta P_{max} \times [\text{protein}]}{K_D + [\text{protein}]}$$

式中，ΔP 为荧光偏振差值，单位为 mP；ΔP_{max}为对某一固定结合过程为常数，单位为 mP；K_D为该结合过程的平衡解离常数；[protein]为蛋白质样品浓度。

通过曲线拟合及参数分析，了解我们所研究的相互作用代表的生物学过程，如是单点结合还是多点结合，是否具有特异性等，同时确定蛋白质及其核酸底物之间定量的亲和力数值(图 28.3)。

5　注意事项

(1) 长时间曝光会发生荧光信号减弱现象，在实验过程中应避免过度曝光。

(2) 单链 DNA 互补配对要缓慢退火，不能加热后放室温，具体操作见 PCR 仪操作方法。

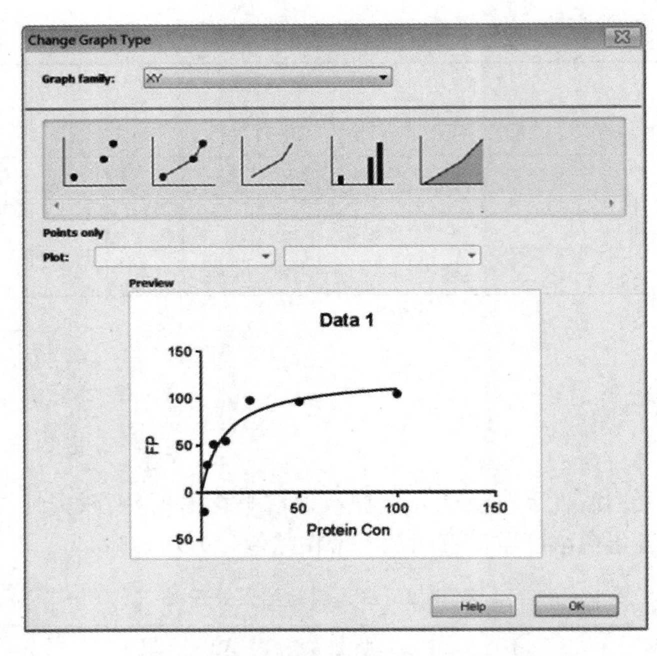

图 28.3　荧光偏振实验数据拟合曲线示例

（3）如果蛋白发生沉淀加 50 mmol/L KCl。

6　思考题

（1）在 FPA 实验中，带荧光标记的分子其分子大小和所测得的发射荧光偏振性之间的关系是什么？其原理是什么？

（2）荧光偏振技术与研究蛋白质与核酸结合的传统方法相比具有哪些优势？

参 考 文 献

Jameson D M，Croney J C. Fluorescence pdarization：past present and future[J]. Comb. Chem. High T. Scr.，2003,6(3)：167-173.

实验 29　凝胶迁移实验鉴定蛋白质和核酸的相互作用

1　实验目的

（1）掌握凝胶迁移实验的原理及实验方法。

（2）能借助荧光凝胶迁移方法快速实现对蛋白质与核酸间相互作用关系的定性（定量）检测。

2　实验原理

凝胶迁移或电泳迁移率实验（electrophoretic mobility shift assay，EMSA）是一种在聚丙烯酰胺凝胶或琼脂糖凝胶上进行电泳分离蛋白质-核酸混合物的技术方法。该方法耗时较短，一般 15 cm 长的胶 2 h 左右即可完成实验。不同分子（或复合体）在电泳过程中的移动速度与其大小、电荷及形状相关，通过对电泳后不同条带组成及位置的分析，我们可以定性和定量研究蛋白质与 DNA 或 RNA 之间的相互作用关系（图 29.1）。这一技术最初仅用于研究蛋白质与 DNA 之间的相互作用，目前已扩展应用至 RNA 结合蛋白和特定的 RNA 序列间相互作用的研究。

在正确的实验条件下，蛋白质与 DNA 和 RNA 之间的相互作用相对稳定，如果初始条件下的蛋白浓度和探针浓度均为已知，蛋白质与核酸序列间的表观亲和力是可以计算出来的（以表观解离常数 K_d 表示）。如果蛋白质浓度未知，但是复合物的化学计量学关系已知，我们可以通过改变核酸探针浓度直至蛋白质-核酸条带不再变化的方式确定该蛋白样品的浓度。

EMSA 实验中被标记的探针依所研究的结合蛋白的不同，可以是 DNA 或 RNA，可以是双链或者是单链。实验体系中的竞争物视实验目的的不同，可以是核酸，也可以是蛋白质。实验体系中用到的蛋白质可以是经过纯化或部分纯化的蛋白质样品，也可以是细胞提取液。样品种类的多样性使得 EMSA 实验的设计充满灵活性，并可以实现多种不同的研究目标。以下实验事例充分的说明 EMSA 方法应用范围的广阔性。

实验一：每个样品中都含有 8.7×10^{-7} mol/L 的 DNA，样品 b～l 中分别加入了 0.57×10^{-6} mol/L、1.14×10^{-6} mol/L、1.72×10^{-6} mol/L、2.29×10^{-6} mol/L、2.86×10^{-6} mol/L、3.44×10^{-6} mol/L、4.01×10^{-6} mol/L、4.58×10^{-6} mol/L、5.16×10^{-6} mol/L、5.73×10^{-6} mol/L、6.6×10^{-6} mol/L 的 AGT 蛋白。结合缓冲液中含有 10 mmol/L Tris（pH＝

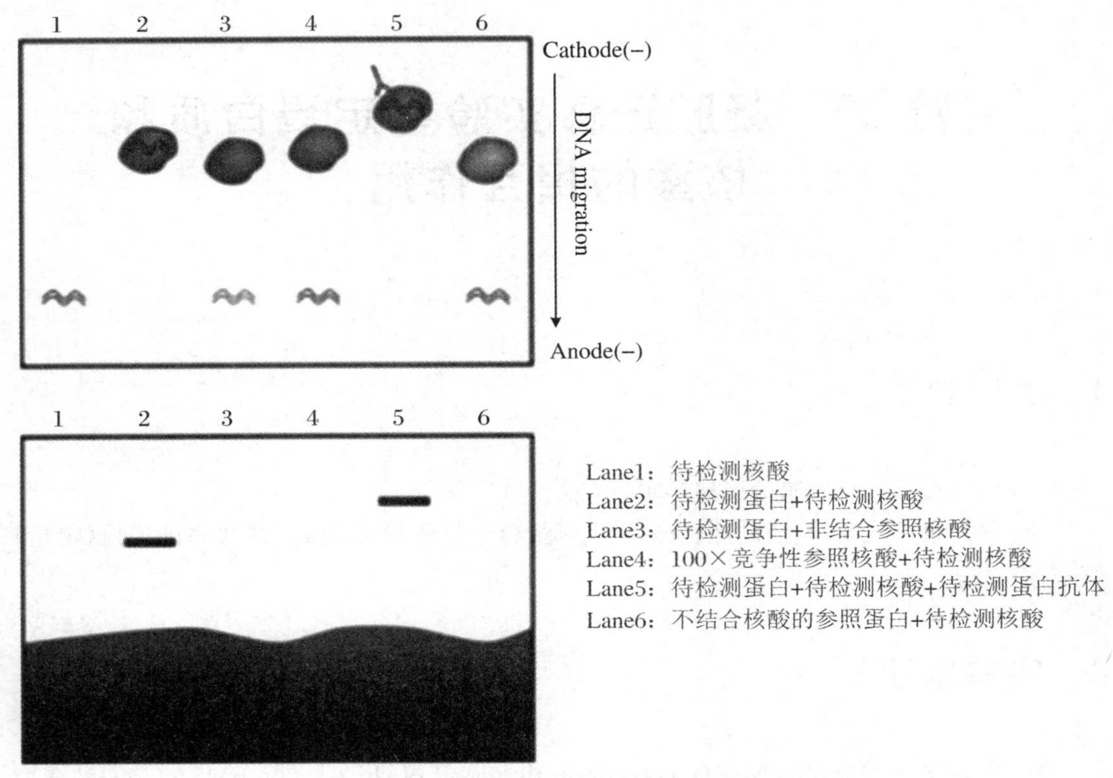

图 29.1　典型 EMSA 实验结果示意图

7.6，20 ℃)，50 mmol/L KCl，1 mmol/L dithiothreitol，10 μg/mL 小牛血清。电泳在 10%（W/V）的聚丙烯酰胺凝胶及 40 mmol/L Tris-Acetate、2 mmol/L EDTA 和 50 mmol/L KCl 缓冲液条件下进行。图中 F 表示游离 DNA 探针；B 表示蛋白质-DNA 复合物。实验结果表明该复合物的化学计量学关系为 4∶1(图 29.2)。

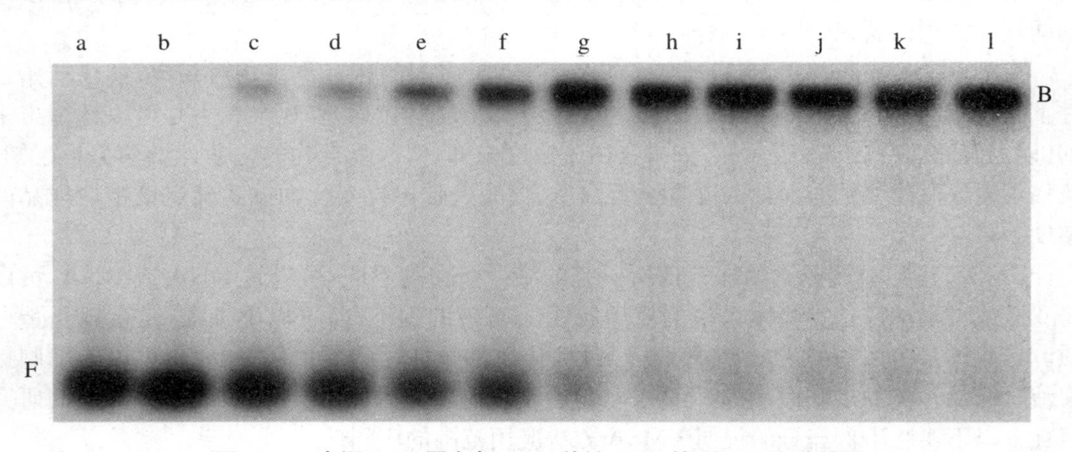

图 29.2　人源 AGT 蛋白与 16 nt 单链 DNA 的 EMSA 实验结果

实验二：每个样品中都含有 1.91×10^{-9} mol/L 的 DNA 探针；样品 b～j 中分别加入了 0.08×10^{-8} mol/L，0.16×10^{-8} mol/L，0.32×10^{-8} mol/L，0.48×10^{-8} mol/L，0.61×10^{-8} mol/L，0.83×10^{-8} mol/L，0.99×10^{-8} mol/L，1.32×10^{-8} mol/L，1.66×10^{-8} mol/L 的乳糖抑制

子蛋白。结合缓冲液中含有 10 mmol/L Tris（pH = 8，20 ℃），1 mmol/L EDTA，50 mmol/L KCl，100 μg/mL 小牛血清，5%（V/V）甘油。室温条件下，电泳在 5%（W/V）聚丙烯酰胺凝胶及 45 mmol/L Tris-borate（pH = 7.8）、2.5 mmol/L EDTA 缓冲液中进行。图 29.3 中 F 表示游离 DNA 探针；数字（1～6）复合物中 repressor：DNA 的比例。上述实验结果表明乳糖抑制子蛋白在与特异性识别位点结合的同时，也与非特异性结合位点发生相互作用（图 29.3）。

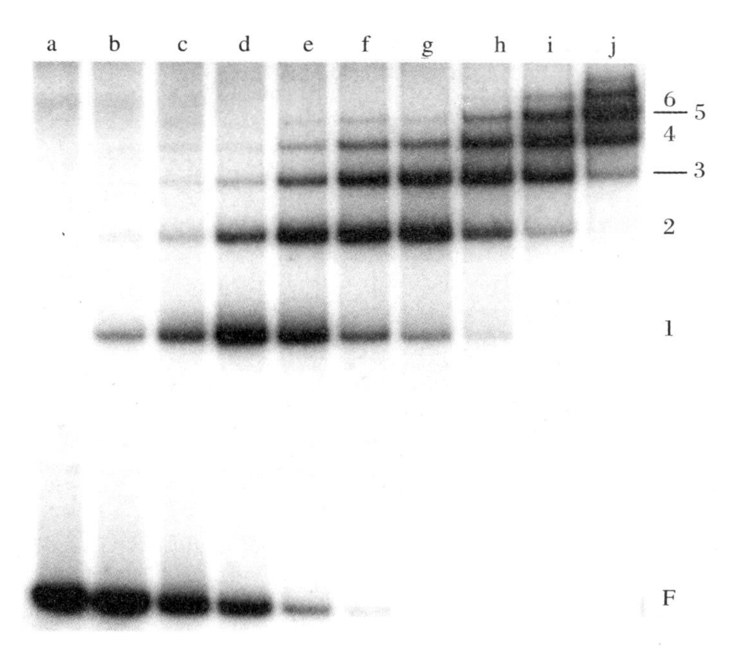

图 29.3　大肠杆菌乳糖抑制子与 203 bp *lac* promoter DNA 的 EMSA 实验结果

实验三：每个样品中都含有 214 bp 长的大肠杆菌 *lac* 启动子 DNA（3.7×10^{-10} mol/L）。样品 b～h 中分别加入了 7.1×10^{-9} mol/L 的 CAP 蛋白。样品 c～h 中分别加入了浓度为 0.7×10^{-9} mol/L，1.5×10^{-9} mol/L，2.2×10^{-9} mol/L，2.9×10^{-9} mol/L，3.6×10^{-9} mol/L，7.3×10^{-9} mol/L 的乳糖抑制子。结合缓冲液中含有 10 mmol/L Tris（pH = 8，20 ℃），1 mmol/L EDTA，50 mmol/L KCl，20 μmol/L cAMP。室温条件下，电泳在 5%（W/V）聚丙烯酰胺凝胶及 45 mmol/L Tris-borate（pH = 8），2 mmol/L EDTA，20 μmol/L cAMP 缓冲液中进行。图中 F 表示游离 DNA 探针；C1，C2，C3 表示一个 DNA 分子上结合 1 个、2 个、3 个 CAP 蛋白二聚体；C1R，C2R，C3R 表示复合物中一个 DNA 分子上结合了一个抑制子四聚体和 1 个、2 个、3 个 CAP 蛋白二聚体（图 29.4）。

3　实验流程

（1）制备荧光探针。订购 5′端带有荧光分子标记的核酸分子，双链探针注意只需单链标记即可，不必两条链都标记荧光。dsDNA 探针是由两条互补配对的 ssDNA 退火获得，将 ssDNA 溶解在 TE buffer（10 mmol/L Tris-HCl 1 mmol/L EDTA pH = 8）中，取等量的 ss-

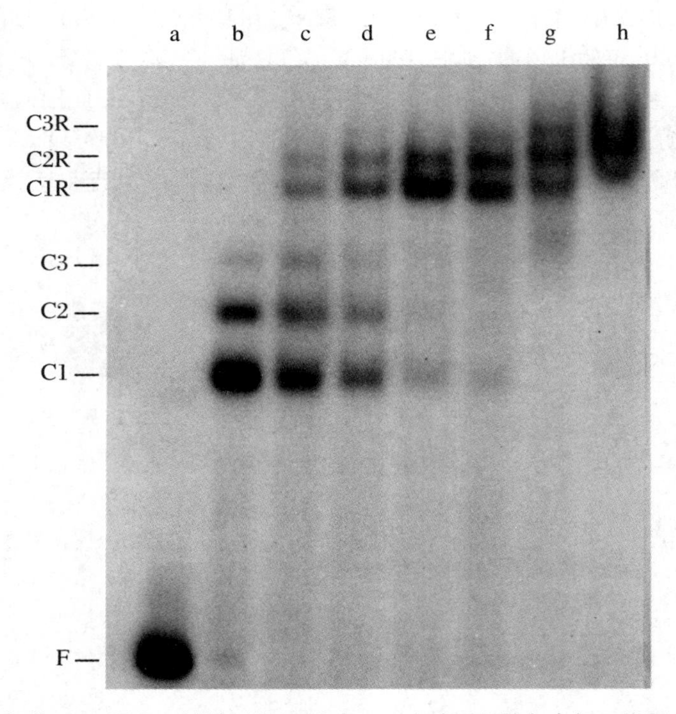

图 29.4 大肠杆菌 CAP 蛋白、乳糖抑制子蛋白与 lac 启动子间的复杂相互作用 EMSA 实验结果

DNA 混合后在 PCR 仪中先 96 ℃变性 10 min，然后每 1 min 降 3 ℃，缓慢梯度降温至 40 ℃后于 16 ℃保存。

RNA 探针多为单链形式，也可以根据需要退火成为双链，但全过程需注意使用 DEPC 处理以防止 RNA 酶污染。考虑到教学实验中 RNA 操作存在较大困难性，后续实验内容仅以 DNA 探针为例进行说明。

在本实验例中，由于所需 dsDNA 的工作浓度为 50 nmol/L，所以先将 dsDNA 母液稀释到 100 nmol/L(使用蛋白 buffer)(准备 7 份，每份 10 μL)。为避免荧光分子长时间暴露在光线下发生淬灭，在此步骤及之后的操作中应避免含有荧光分子的体系暴露在光线下。

(2) 蛋白样品准备。在本实验例中，样品蛋白母液浓度为 500 μmol/L，用蛋白 buffer 将蛋白稀释为 5 份不同浓度的蛋白溶液，分别为 0(只有 buffer)、80 μmol/L、160 μmol/L、240 μmol/L 和320 μmol/L(每种 10 μL)。

(3) 样品混合及孵育。将每份 dsDNA 和不同浓度的蛋白 1∶1 混合，这样 dsDNA 的浓度为 50 nmol/L，每组中蛋白的浓度为 0 μmol/L、40 μmol/L、80 μmol/L、120 μmol/L、160 μmol/L，在冰上孵育1 h。竞争性抑制剂样品中除 50 nmol/L 荧光探针和 160 μmol/L 样品蛋白质外，还含有0.5 μmol/L未标记荧光的双链 DNA 探针序列；非竞争性抑制剂样品中除 50 nmol/L 荧光探针和 160 μmol/L 样品蛋白质外，还含有 1 μmol/L 碱基数相同且未标记荧光的非特异性双链 DNA。

(4) 电泳分离。① EMSA 电泳凝胶的配制：按标准流程配制 6%的非变性聚丙烯酰胺凝胶，灌入制胶模具，排空气泡后直接插入梳齿。注意所制凝胶尽量薄一些；

② 上样：在孵育完毕的样品混合液中各加入 2 μL EMSA/Gel-Shift 上样缓冲液(无色，10×)，混匀后立即上样(注意：有些时候溴酚蓝会影响蛋白和 DNA 的结合，建议尽量使用

无色的 EMSA/Gel-Shift 上样缓冲液。如果使用无色上样缓冲液在上样时感觉到无法上样，可以在无色上样缓冲液里面添加极少量的蓝色上样缓冲液，至能观察到蓝颜色即可)；

③ 电泳检测：用 0.5×TBE 作为电泳液。按照 10 V/cm 的电压预电泳 10 min。预电泳的时候如果有空余的上样孔，可以加入少量稀释好的 1×的 EMSA 上样缓冲液(蓝色)，以观察电泳是否正常进行。预电泳完成后，把混合了上样缓冲液的样品加入到上样孔内。在多余的某个上样孔内加入 10 μL 稀释好的 1×的 EMSA/Gel-Shift 上样缓冲液 (蓝色)，用于观察电泳进行的情况。整个电泳过程中电泳槽处于冰浴状态，以确保电泳温度稳定，不会破坏蛋白质-核酸复合物的结合状态。电泳至 EMSA/Gel-Shift 上样缓冲液中的蓝色染料溴酚蓝泳动至胶的下缘 1/4 处，停止电泳。

(5) EMSA 结果荧光检测。电泳结束后将凝胶带胶板从电泳架上迅速取出，纯水清洗干净胶板后直接带胶板使用荧光成像仪观察并拍照。在本实验例中，我们采用的是 GE 分子影像仪 ImageQuant™ LAS 4000(图 29.5)，选择的激发光波长为 492 nm，检测的发射光波长为 518 nm。曝光时间等可根据探针用量调整(注意：不用拆去胶板，以避免凝胶破碎胶图不完整)。

图 29.5　GE 分子影像仪

4　结果处理

第一次实验后，可以看到较理想的 EMSA 荧光显影结果，由图 29.6 可知，所测蛋白质与核酸探针能发生相互作用，且蛋白浓度 40 μmol/L 以内即可将全部探针结合完毕。竞争性实验表明荧光探针可以被未标记的特异性 DNA 竞争解离，但不能被非特异性的 DNA 竞争解离，说明所测蛋白质及探针间是特异性结合。根据第一次实验结果，进一步细化 EMSA 实验条件，在 0～40 μmol/L 蛋白浓度范围内尝试更精确的饱和浓度范围。通过多轮尝试后，可得到如图 29.7 的 EMSA 荧光显影结果，可知当蛋白浓度为 5 μmol/L 左右时，荧光标记探针已被完全结合。

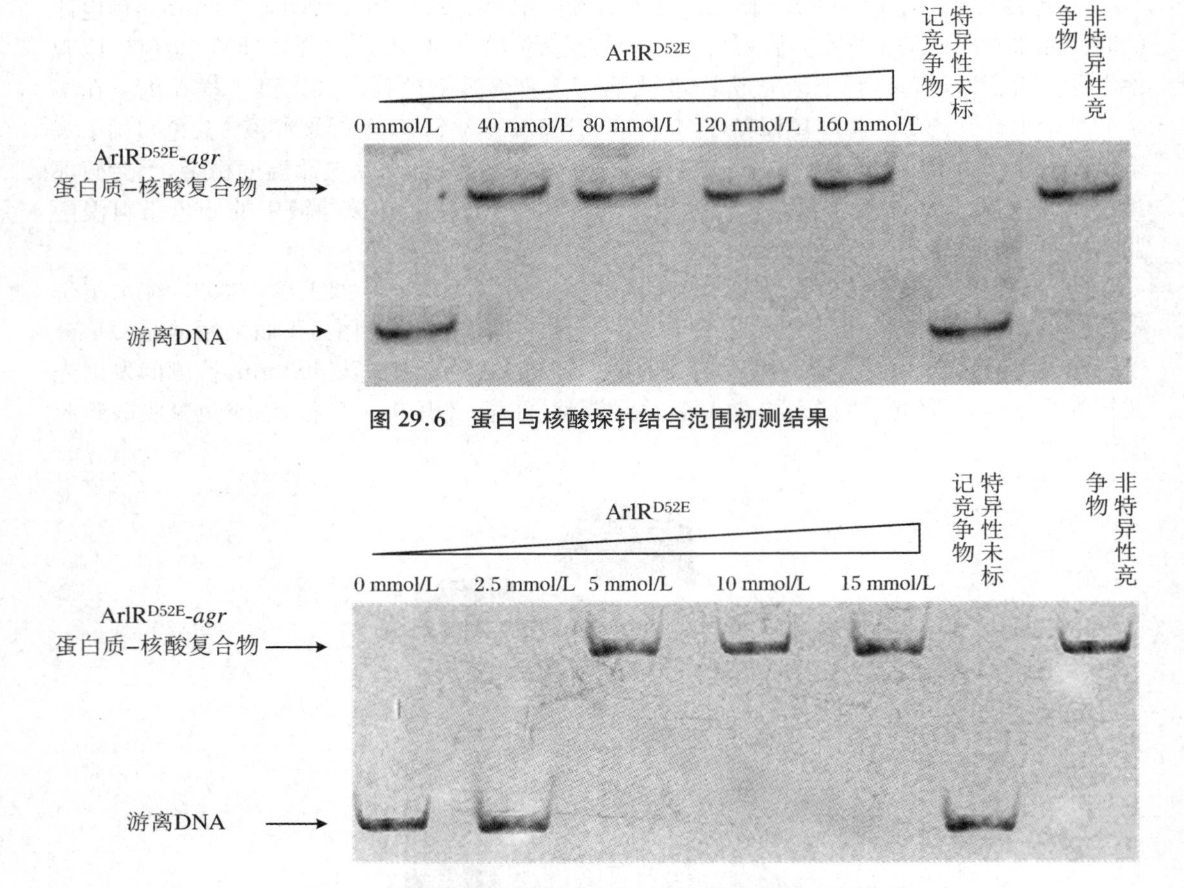

图 29.6　蛋白与核酸探针结合范围初测结果

图 29.7　蛋白质与核酸探针精确结合范围测定 EMSA 结果

根据上述实验结果，可进一步算出该相互作用的表观解离常数。

5　思考题

如果所测蛋白样品不是经纯化过的蛋白质，而是细胞质或细胞核提取液时，我们在实验过程中需要多注意哪些方面的影响因素，以确保实验可以顺利进行？

参考文献

［1］ Lane D, Prentki P, Chandler M. Use of gel retardation to analyze protein－nucleic acid interactions［J］. Microbiological reviews, 1992,56(4)：509-528.

［2］ Voytas D, Ke N. Detection and quautitation of radiolabled proteins and DNA in gels and blots［J］. Curr. Protoc. Immund., 2002.

［3］ Rasimas J J, Kar S R, Pegg A E, et al. Interactions of human O6-alkylguanine-DNA alkyltransferase (AGT) with short single－stranded DNAs［J］. J. Biol. Chem., 2007,282(5)：3357-3366.

[4] Fried M, Crothers D M. Equilibria and kinetics of lac repressor-operator interactions by polyacrylamide gel electrophoresis[J]. Nucleic. Acids. Res., 1981,9(23): 6505-6525.

[5] Vossen K M, Stickle D F, Fried M G. The mechanism of CAP-lac repressor binding cooperativity at the E. coli lactose promoter[J]. J. Mol. Biol., 1996, 255(1): 44-54.

实验 30　等温滴定量热法定量测定蛋白质和配体间的相互作用

1　实验目的

(1) 学习 ITC 测定蛋白质和配体间的相互作用的原理。
(2) 掌握 ITC 操作技术和数据处理。

2　实验原理

生物分子的生物活性是通过分子之间的相互作用来实现的,因此研究生物分子之间的相互作用对于揭示生命现象发生发展的本质具有重要的意义。

等温滴定量热法(isothermal titration calorimetry,ITC)是近年来迅速发展并广泛应用于生物化学及其相关领域的研究分子相互作用的生物物理技术,是一种可直接测量生物分子结合过程中放热或吸热的技术。通过滴定可以获得生物分子相互作用的完整热力学参数,包括结合常数(K_a)、反应的化学计量数(n)、熵(ΔS)和焓(ΔH)。

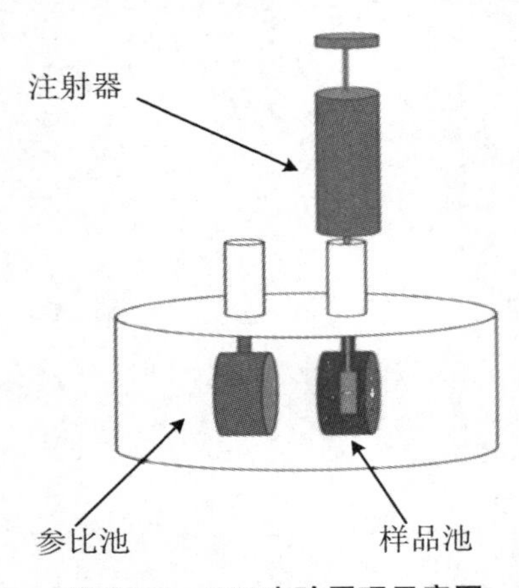

图 30.1　ITC 实验原理示意图

ITC 的滴定原理:生物大分子如蛋白质有序空间结构或复合物的形成都是可逆的热驱动过程,不论是分子内或分子间的生化反应,在反应前后都会有一定程度的热量改变。ITC 利用的是功率补偿原理,是指将一种反应物配制成澄清溶液放在一个温控样品池(sample cell)中,通过一个热电偶回路与参比池(reference cell)偶联,另一种反应物作为配体置于注射器(syringe)中(图 30.1)。其中,样品池和参比池通过绝热装置隔开,但保持环境条件相同。

实验时,在恒定的温度下,配体溶液以设定的体积和次数逐滴加入样品池中,当两者发生相互作用而释放或吸收热量时,样品池与参比池之间产生的温差会被仪器检测到,为了维持两者间温差为零,就需要减少或增加对样品池的热量补给,因此,放热反应会触发恒温功率的负反馈,吸热反应会触发恒温功率的正反馈。通过灵敏的热量检测系统和功率反馈补偿机制,便可准确地检测到反应过程中极其微小的热量变化,并以实时的数据曲线形式输出。当样品池中的大分子逐渐被滴入的配体所饱和时,相互作用所产生的热量信号也会逐渐减小，直到最后仅能检测到配体滴入时产生的背景稀释热量。然后利用系统自带的 Origin 软件，将实验数据导入，进行模拟拟合运算，软件计算得出结合常数(K_a)、反应的化学计量数(n)、熵(ΔS)和焓(ΔH)等数据。以下是运用 ITC 检测蛋白和核酸相互作用的实验案例(图 30.2)。

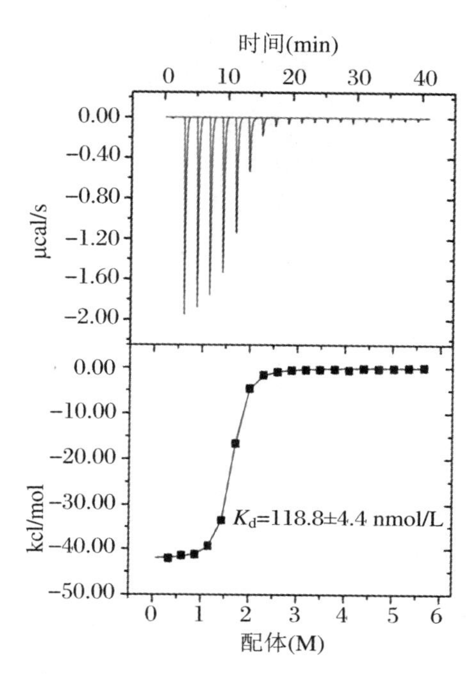

图 30.2 ITC 检测家蚕 *Bm*STPR 与家蚕丝心蛋白重链基因内含子区域 + 290 位点 DNA(20 bp，agtatttacatagattcatc)的相互作用的结果图

目前，ITC 主要应用于测定蛋白-蛋白相互作用，蛋白折叠或去折叠，蛋白-小分子相互作用，酶促反应动力学，药物-DNA/RNA 相互作用，RNA 折叠，蛋白-核酸相互作用，小分子相互作用，核酸-核酸相互作用等。此外，ITC 还可用于三元体系中，其中一个配体已结合到大分子上，用另一个配体滴定，如底物结合到酶-辅因子系统。

随着蛋白质科学研究的不断深入，一些新的 ITC 技术随之发展，如 ITC 的反向滴定(reverse titration)和置换滴定法(displacement titration)。通常，小分子应当被注入到注射器中，目标蛋白质应该在样品池中。但有时用反向滴定，即互换高分子和配位体来测定两者的结合模式更为合适。另外，在药物开发设计对目标蛋白具有高结合亲和力的配位体和抑制剂时，一旦相互作用的结合亲和力接近或超过纳摩尔级水平，对其精确测定将变得十分困难。ITC 可以通过置换滴定法确定皮摩尔范围的配体的完整结合热力学信息。这种方法的基本原理是当另一个竞争性配体存在时，结合反应的配体结合性质被改变。

3 器材

(1) 热量计(Calorimeter)：GE Healthcare MicroCal iTC200(图 30.3)。

(2) 玻璃瓶(Glass vials，12 mm×75 mm，6 mm×50 mm)，载样注射器(loading syringe)。

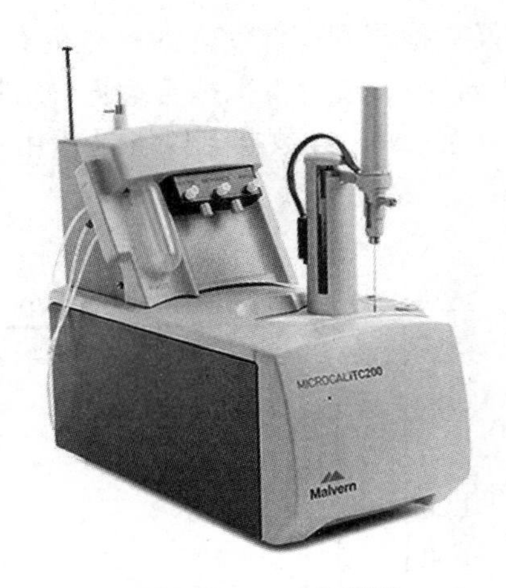

图 30.3　GE 热量计

4　实验步骤

4.1　目标蛋白的选择和制备

本实验以家蚕 *Bm*STPR 为目标蛋白，通过重组表达及纯化获得 *Bm*STPR 蛋白样品。

4.2　配体 DNA 片段的制备

由公司合成特定序列的编号为① 13 bp DNA 序列（tttacatagattc）；② 20 bp DNA（agtatttacatagattcatc）的单链 DNA。然后用 buffer（7.5 mmol/L $MgCl_2$，60 mmol/L NaCl，30 mmol/L Tris-HCl，pH = 7.9）溶解，并分别将互补的两条单链 DNA 以 1∶1 的摩尔比混合以得到终浓度为 100 μmol/L 的双链 DNA，将其置于加热器中 95 ℃加热 7 min，再关闭加热器，让其缓慢冷却至 40 ℃，拿出后于室温放置 10 min，即可得到双链 DNA。

4.3　ITC 测定

本实验中采用的目的蛋白分别滴定编号为①和②的双链 DNA。ITC 滴定时所用 DNA 浓度为 10 μmol/L，共 200 μL；所用蛋白浓度为 280 μmol/L，共 40 μL。滴定全程是在 25 ℃恒温下进行的，共 20 滴，第一滴仅 0.4 μL，剩余 19 滴每滴均为 2 μL，每相邻两滴之间的时间间隔是 120 s。为了去除稀释热的影响，以蛋白滴定缓冲液（7.5 mmol/L $MgCl_2$，60 mmol/L NaCl，30 mmol/L Tris-HCl，pH = 7.9）为空白对照，并在数据处理时减去。

5　结果处理

数据采用 GE Healthcare MicroCal iTC200 自带的 MicroCal Origin 软件处理，已知

*Bm*STPR 与 DNA 以 1∶1 的比例结合，故建议采用单位点方式拟合，分别计算与编号为①和②的双链 DNA 的平衡解离常数 K_d 值。

6　思考题

ITC 的关键优势之一是能提供完全无标记且液相的分析环境，同时无需高分子或配体的固定。通过本实验，请分析 ITC 和其他测定生物分子相互作用的生物技术相比，各有哪些优势和不足。

参 考 文 献

[1] Bradrick T D，Beechem J M，Howell E E. Unusual binding stoichiometries and cooperativity are observed during binary and ternary complex formation in the single active pore of R67 dihydrofolate reductase，a D2 symmetric protein[J]. Biochemistry，1996，35 (35)：11414-11424.

[2] Yu L Y，Cheng W，Zhou K，et al. Structures of an all－alpha protein running along the DNA major groove[J]. Nucleic. Acids. Res.，2016，44(8)：3936-3945.

[3] Velazquez-Campoy A，Freire E. Isothermal titration calorimetry to determine association constants for high-affinity ligands[J]. Nat. Protoc.，2006，1(1)：186-191.

实验31　微量热泳动法定量分析生物分子间的相互作用

1　实验目的

(1) 掌握微量热泳动法分析生物分子间相互作用的原理。

(2) 掌握微量热泳动法的使用方法。

2　实验原理

定量分析生物分子间的相互作用,对于探究生物分子的结构和功能、细胞信号转导通路及调控机制,以及生物分子的生理生化代谢路径等尤为重要。

微量热泳动法(microscale thermophoresis, MST)是自2010年以来迅速发展的一项用于研究生物分子间相互作用的新技术。它将荧光检测和热泳动相结合,提供了一种高效、快速且精确、灵敏的定量分析生物分子间相互作用的检测方法。MST可检测溶液中生物分子间的结合和解离过程,获取分子间相互作用的模式和动力学常数,并可提供用来研究结合能量学的自由能(ΔG)、焓(ΔH)和熵(ΔS)等参数,目前已广泛应用于生命科学领域。

Ludwig于1856年首次发现热泳动现象,即温度梯度下分子的定向运动。MST通过红外激光在毛细管中形成局部温度梯度场,当靶标分子与配体结合时,其分子大小、电荷、水化层和构象等性质发生改变,导致热泳动现象发生变化,进而引起反应体系中荧光分布的变化,通过软件自动计算可实现分子间相互作用的定量分析。通常,MST检测要对靶标分子进行荧光标记或确定其可以自发荧光,且浓度不变;而配体分子无需被荧光标记,但要进行倍比稀释。此外,在选择荧光源时,要考虑MST检测时所用缓冲液的性质,使得缓冲液的背景荧光值在荧光团特定波长下产生尽可能小的信噪比。

MST的光学系统由红外激光器、激发光、二向色镜、物镜和标准毛细管组成(图31.1)。波长为1480 nm的红外激光通过二向色镜与荧光激发光汇合后,照射到毛细管中的样品上,形成局部的温度梯度场,引起分子由热区向冷区定向移动;同时,靶标分子的荧光基团被激发,MST记录激光器打开前、打开期间和打开后样品的荧光分布变化,并进行时间绘图,实现较短时间内的亲和力测定。初始阶段,毛细管中的荧光分子均匀分布,打开红外激光器后,毛细管的局部区域被加热,荧光信号在热泳动开始前出现明显下降,即T-jump。随后,荧光分子由热区向冷区定向移动,热区内的荧光信号降低。由于质量扩散效应的反作用,分子的分布最终达到稳定,即热泳动过程,约需30 s,而关闭红外激光器后,荧光分子会反向扩散，发生逆向的 T-jump，分子恢复均匀分布的状态，生成典型的 MST 曲线（图 31.1）。荧光标记的靶标分子（黑色表示未结合）与未标记的、梯度稀释的配体结合后不同程度改变其自身的热泳动（红色表示结合），产生一系列 MST 曲线（图 31.2）。根据归一化的荧光值 ΔF_{norm} 绘制结合曲线（图 31.2），$\Delta F_{norm}=F_{hot}/F_{cold}$，$F_{hot}$ 和 F_{cold} 分别是热区和冷区的平均荧光值。

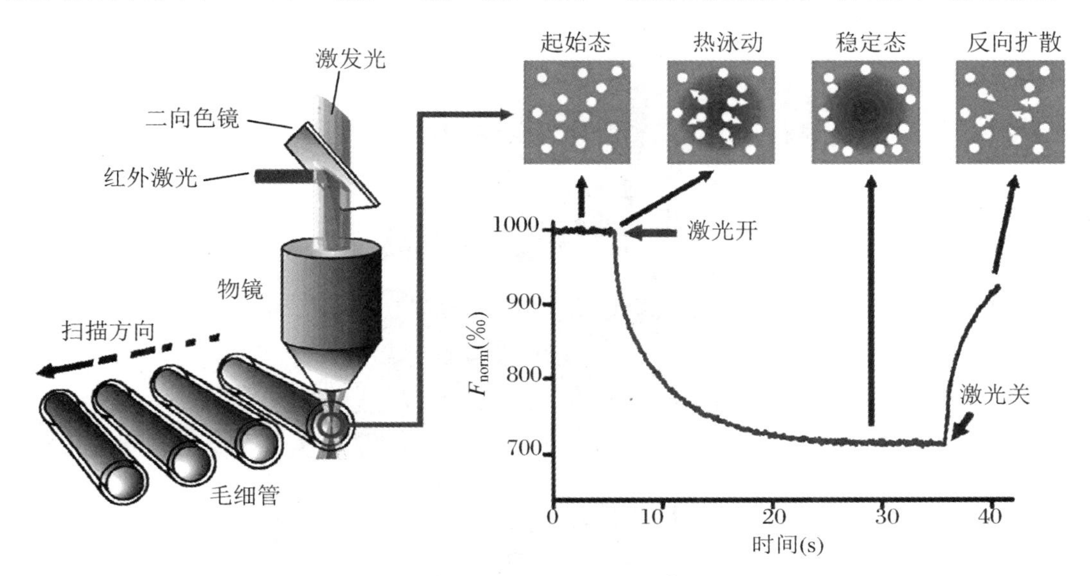

图 31.1　MST 实验原理示意图

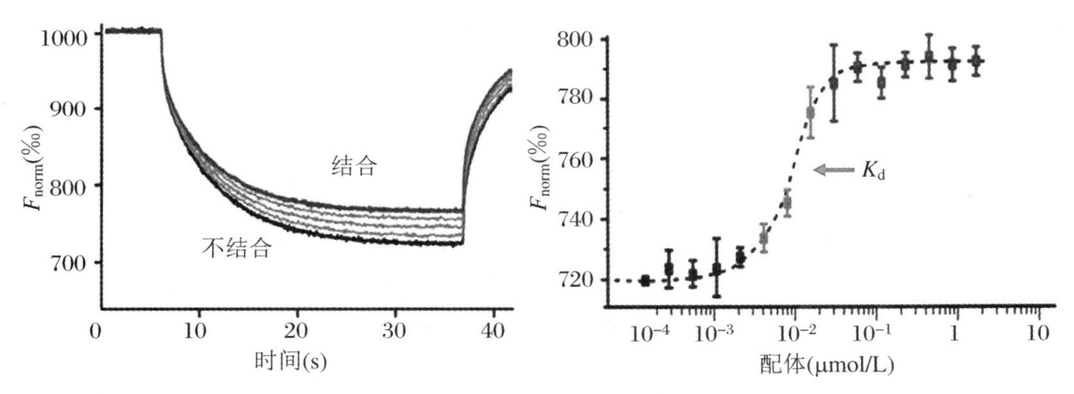

图 31.2　MST 结合曲线示意图

目前，MST 已成功应用于检测蛋白质和 DNA 的相互作用、蛋白质和蛋白质的相互作用、蛋白质和小分子的相互作用、蛋白质和脂质体的相互作用，以及寡聚核苷酸间的相互作用等。相比于其他检测分子间相互作用的方法，MST 的优势在于以下方面：① 对相互作用的分子大小无选择性，且均可设计为荧光标记分子；② 可检测难以检测的样品，如完整的病毒颗粒和细胞；③ 适用于各种样品类型，如可直接在血液和细胞裂解液中进行测量；④ 可使用任何缓冲液，即使加入 DMSO 也可检测；⑤ 仅需消耗不到 10 μL 样品，便可快速地在几分钟内得到高质量的亲和力（K_d）；⑥ 在自然状态下进行检测，无需固定样品；⑦ 灵敏度可以达到亚纳摩尔（sub-nmol/L）级别，也可以检测极弱亲和力的结合，如毫摩尔级别（mmol/L）的结合。除测量 K_d 值，MST 还可应用于多个领域，如竞争结合实验、寡聚化即折叠检测、化学计量实验、热力学实验等。

3 器材

(1) 微量热泳动仪,Nano Temper Monolith-NT.115(图 31.3)。

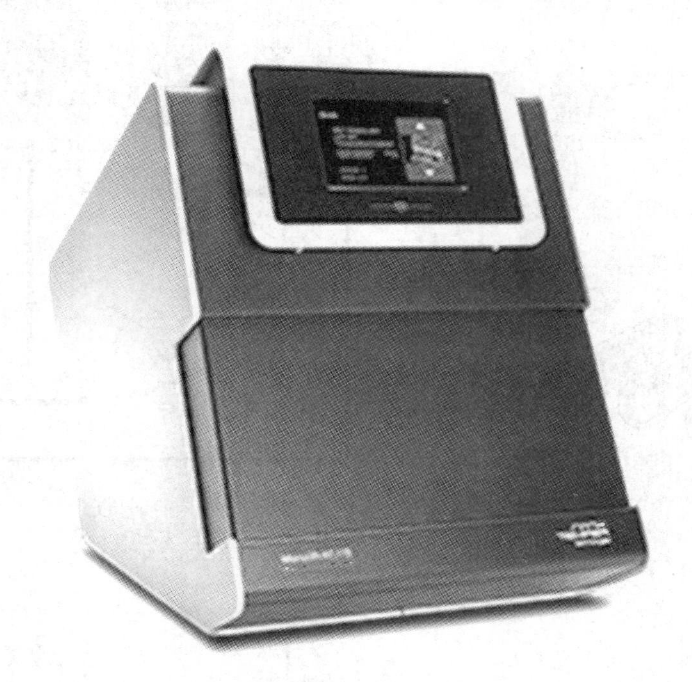

图 31.3 微量热泳动仪

(2) 毛细管托盘(capillaries holder),最多可同时放置 16 根毛细管(图 31.4)。

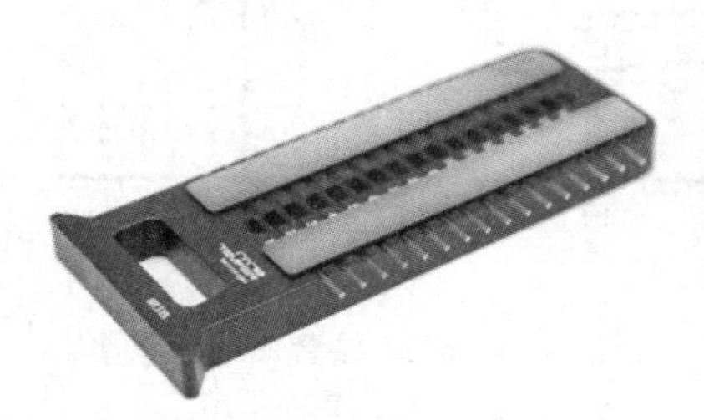

图 31.4 毛细管托盘

(3) 标准毛细管(standard capillary)。

4 实验步骤

4.1 样品准备

本实验以 Monolith-NT. 115 红色标准试剂盒(Cat Nr：MO-C030)中的核酸适配体 Cy5(靶标分子)和 AMP(配体分子)为样品进行标准生物分子间相互作用实验。使用反应缓冲液溶解试剂盒提供的粉末样品，使得 Cy5 的母液浓度为 40 nmol/L，AMP 的母液浓度为50 nmol/L。

4.2 仪器参数设置

打开 MO. Control 软件，点击“结合亲和力实验(binding affinity experiment)”，开始新的实验。设定仪器温度为 22 ℃，并填写计划(plan)页面的信息，包括靶标分子和配体分子的名称、浓度，以及反应缓冲液的组分和毛细管类型。通常建议将激发光强度(excitation power)设置为自检测(auto-detect)，将 MST-能量(MST-power)设置为中等(medium)。

4.3 稀释配体分子 AMP

根据说明(instructions)页面的信息，使用反应缓冲液稀释配体分子 AMP。准备 16 支反应管，在第 1 个反应管中加入 20 μL 50 mmol/L AMP 母液，在其余 15 支反应管中分别加入 10 μL 反应缓冲液。从第 1 支反应管转移 10 μL AMP 至第 2 支反应管，吹吸混匀；依次 1 倍稀释各反应管直至第 16 管，并从第 16 管吸取 10 μL 溶液丢弃。然后，在各管中加入 10 μL 40 nmol/L Cy5，吹吸混匀。

4.4 MST 测定

使用 16 支标准毛细管通过虹吸作用分别吸取上述各反应管中的混合溶液，并依次放置在毛细管托盘上。将毛细管托盘放入 Monolith-NT. 115 仪器，点击开始测量(start the measurement)。可在结果(results)页面实时查看测定结果，在细节(details)页面查看详细的测定分析。

5 结果处理

使用 Nano Temper Monolith-NT. 115 自带的 MO. Affinity Analysis 软件处理数据，采用希尔模型(Hill Model)进行拟合，得到 K_d 值。

6 思考题

(1) MST实验中,若A和B两种生物分子均可被荧光标记,那么应该根据什么标准选择谁作靶标分子?谁作配体分子?

(2) MST实验中,若拟合曲线达不到饱和,应该提高还是降低配体分子的浓度?

(3) 若配体分子在荧光激发光波长下有吸收值,能否用MST检测其与靶标分子的亲和力?

参考文献

[1] Wienken C J, Baaske P, Rothbauer U, et al. Protein-binding assays in biological liquids using microscale thermophoresis[J]. Nature communications, 2010, 1:100.

[2] Seidel S A, Dijkman P M, Lea W A, et al. Microscale thermophoresis quantifies biomolecular interactions under previously challenging conditions[J]. Methods, 2013, 59(3):301-315.

[3] Willemsen M J, André T, Wanner R, et al. Microscale thermophoresis: interaction analysis and beyond[J]. Journal of molecular structure, 2014, 1077:101-113.

附　　录

附录1　学生实验守则

(1) 自觉遵守课堂纪律，维护课堂秩序，不迟到，不早退，迟到超过30 min则不得进入实验室做实验。

(2) 在实验室内，要保持严肃、安静。不得在实验室内大声喧哗、嘻闹，不准在实验室内吸烟和吃东西。

(3) 认真预习，熟悉所要做的实验的目的、原理、操作步骤。了解每一步骤的意义和所用仪器的使用方法，否则不能开始实验。

(4) 听从老师指导，仔细认真进行实验操作。实验数据和结果如实记录在实验记录本上。实验记录要求准确，不得抄袭他人实验数据，按时完成实验任务，写出实验报告。

(5) 使用药品、试剂和各种物品必须注意节约。操作仪器时，应小心仔细，防止损坏。如遇仪器损坏时，应如实向老师报告，并填写损坏仪器登记表，然后补领。使用贵重精密仪器时，应严格遵守操作规程，发现故障须立即报告老师，不得擅自动手检修。

(6) 使用电炉时，应有人看管。乙醇、丙酮、乙醚等易燃品不能直接加热，并要远离火源操作和放置。实验完毕，应关好水龙头并拔下仪器电源插头，严防发生安全事故。

(7) 实验台面应随时保持整洁，器皿、药品摆放整齐。公用试剂用毕，应立即盖严放回原处。如不小心将试剂、药品洒落实验台面和地面，应及时清理。

(8) 一般废液可倒入水槽内，同时放水冲走。强酸、强碱溶液必须先用水稀释。废纸、火柴头及其他固体废物和带渣滓的废物倒入垃圾桶内，不能倒入水槽或到处乱扔。有毒有害废弃物应按规定收集处理。

(9) 实验室内一切物品，未经实验室负责老师批准，严禁带出室外。

(10) 实验结束后，玻璃器皿须洗净放好，将实验台面抹拭干净。值日生要依据实验室的有关规定以及指导老师的要求，负责当天实验室的卫生、安全和一切服务性的工作。完成工作后经老师许可方可离开。

附录2 实验室安全及防护知识

1 实验室安全知识

在生物化学实验室中，经常接触毒性、腐蚀性、易燃易爆的化学药品，常常使用易碎的玻璃和瓷质器皿，以及在涉及煤气、水、电、高温电热设备的环境下进行紧张而细致的工作，因此，必须十分重视安全工作。

(1) 进入实验室开始工作前应了解煤气总阀门、水阀门及电闸所在处。离开实验室时，一定要将室内检查一遍，应将水、电、煤气的开关关好，门窗锁好。

(2) 使用煤气灯时，应先将火柴点燃，一手执火柴靠近灯口，一手慢开煤气阀门。不能先开煤气阀门，后燃火柴。灯焰大小和火力强弱，应根据实验的需要来调节。用火时，应做到火着人在，人走火灭。

(3) 使用电器设备(如烘箱、恒温水浴、离心机、电炉等)时，严防触电；绝不可用湿手或在眼睛旁视时开关电闸和电器开关。应该用试电笔检查电器设备是否漏电，凡是漏电的仪器，一律不能使用。

(4) 使用浓酸、浓碱时，必须极为小心地操作，防止溅出。用移液管量取这些试剂时，必须使用洗耳球，绝对不能用嘴吸取。若不慎溅在实验台上或地面，必须及时用湿抹布擦洗干净。如果触及皮肤应立即进行相应处理，避免灼伤。

(5) 使用可燃物，特别是易燃物(如乙醚、丙酮、乙醇、苯、金属钠等)时，应特别小心。不要大量放在桌上，更不能靠近火源。只有在远离火源时，或将火焰熄灭后，才可大量倾倒易燃液体。低沸点的有机溶剂不准在火上直接加热，只能在水浴上利用回流冷凝管加热或蒸馏。

(6) 如果不慎倾出了相当量的易燃液体，则应按以下原则进行处理：

① 立即关闭室内所有的火源和电加热器。

② 关门，打开窗户。

③ 用毛巾或抹布擦拭洒出的液体，并将液体拧到大的容器中，然后再倒入带塞的玻璃瓶中。

(7) 进行油浴操作时，应小心加热，严格控制油浴的温度，不要使温度超过油的燃烧温度。

(8) 易燃和易爆炸物质的残渣(如金属钠、白磷、火柴头)不得倒入污物桶或水槽中，应收集在指定的容器内。

(9) 废液，特别是强酸和强碱，不能直接倒在水槽中，应先稀释，然后倒入水槽，再用大量自来水冲洗水槽及下水道。

(10) 剧毒品应按实验室的规定办理审批手续后领取,使用时严格规范操作,用后妥善处理。

2　实验室灭火法

实验中一旦发生了火灾切不可惊慌失措,应保持镇静。首先立即切断室内一切火源和电源。然后根据具体情况正确地进行扑救和灭火。常用的方法有:

(1) 在可燃液体燃着时,应立即拿开着火区域内的一切可燃物质,关闭通风器,防止扩大燃烧。若着火面积较小,可用抹布、湿布、灭火毯或沙土覆盖,隔绝空气使之熄灭。但覆盖时要轻,避免碰坏或打翻盛有易燃溶剂的玻璃器皿,导致更多的溶剂流出而再着火。

(2) 酒精及其他可溶于水的液体着火时,可用水灭火。但是建议使用灭火器或者灭火毯。

(3) 汽油、乙醚、甲苯等有机溶剂着火时,应用灭火毯或砂土扑灭。绝对不能用水,否则反而会扩大燃烧面积。

(4) 金属钠着火时,可把砂子倒在它的上面。

(5) 导线着火时不能用水及二氧化碳灭火器,应切断电源或用四氯化碳灭火器。

(6) 衣服烧着时切忌奔走,可用衣服、大衣等包裹身体或躺在地上滚动以灭火。

(7) 发生火灾时应注意保护现场。较大的着火事故应立即报警。

3　实验室急救

在实验过程中不慎发生受伤事故,应立即采取适当的急救措施。

(1) 玻璃割伤及其他机械损伤:首先必须检查伤口内有无玻璃或金属物等碎片,然后用硼酸水洗净,再擦碘酒或紫药水,必要时用纱布包扎。若伤口较大或过深而大量出血,应迅速在伤口上部和下部扎紧血管止血,立即到医院诊治。

(2) 烫伤:一般用浓的(90%～95%)酒精消毒后,涂上苦味酸软膏。如果伤处红痛或红肿(一级灼伤),可用橄榄油或用棉花沾酒精敷盖伤处;若皮肤起泡(二级灼伤),不要弄破水泡,防止感染;若伤处皮肤呈棕色或黑色(三级灼伤),应用干燥而无菌的消毒纱布轻轻包扎好,急送医院治疗。

(3) 强碱(如氢氧化钠、氢氧化钾)、钠、钾等触及皮肤而引起灼伤时,要先用大量自来水冲洗,再用5%硼酸溶液或2%乙酸溶液涂洗。

(4) 强酸、溴等触及皮肤而致灼伤时,应立即用大量自来水冲洗,再以5%碳酸氢钠溶液或5%氢氧化铵溶液洗涤。

(5) 如酚触及皮肤引起灼伤,应该用大量的水清洗,并用洗衣液和水洗涤,忌用乙醇。

(6) 若煤气中毒时,应到室外呼吸新鲜空气,若严重时应立即到医院诊治。

(7) 水银容易由呼吸道进入人体,也可以经皮肤直接吸收而引起累积性中毒。严重中毒的征象是口中有金属气味,呼出气体也有气味;流唾液,牙床及嘴唇上有硫化汞的黑色;淋巴腺及唾液腺肿大。若不慎中毒时,应送医院急救。急性中毒时,通常用碳粉或呕吐剂彻底洗胃，或者食入蛋白（如 1 L 牛奶加 3 个鸡蛋清）或蓖麻油解毒并使之呕吐。

(8) 触电：触电时可按下述方法之一切断电路。

① 关闭电源；

② 用干木棍使导线与被害者分开；

③ 使被害者和土地分离，急救时急救者必须做好防止触电的安全措施，手或脚必须绝缘。

附录 3　实验室用水常识

水是生物实验成功与否的至关重要而又常常被忽视的因素。下面介绍实验用水的种类和评价水质的常用指标。

1　实验用水的种类

(1) 蒸馏水

蒸馏水是热的水蒸气经冷凝后而制成的，能去除自来水内大部分的污染物，但挥发性的杂质无法去除。新鲜的蒸馏水是无菌的。此外，储存的容器若是非惰性的物质，离子和容器的塑形物质会析出造成二次污染。

(2) 去离子水

应用离子交换树脂去除水中的阴离子和阳离子，但水中仍然存在可溶性的有机物，可以污染离子交换柱从而降低其功效，去离子水存放后也容易引起细菌的繁殖。

(3) 反渗水

反渗水是水分子在压力的作用下，通过反渗透膜成为纯水，能有效地去除水中的溶解盐、胶体、细菌、病毒、细菌内毒素和大部分有机物等杂质。

(4) 超纯水

其标准是水电阻率为 18.2 MΩ · cm。但超纯水在总有机碳、细菌、内毒素等指标方面并不相同，要根据实验的要求来确定，如细胞培养则对细菌和内毒素有要求，而 HPLC 则要求总有机碳低。

2　评价水质的常用指标

(1) 电阻率

衡量实验室用水导电性能的指标，单位为 MΩ · cm，随着水中无机离子的减少，电阻加大，则电阻率数值逐渐变大，实验室超纯水的标准：电阻率为 18.2 MΩ · cm。

(2) 总有机碳(TOC)

水中碳的浓度，反映水中氧化的有机化合物的含量，单位为 ppm 或 ppb。

(3) 内毒素

革兰氏阴性细菌的脂多糖细胞壁碎片，又称之为“热原”，单位为 EU。

附录4　玻璃器皿的洗涤和常用洗液的配制

实验中所使用的玻璃器皿洁净与否直接影响实验结果。由于器皿的不清洁或被污染，往往造成较大的实验误差，甚至会出现相反的实验结果。因此，玻璃器皿的洗涤清洁工作是非常重要的。

玻璃器皿在使用前必须洗刷干净。将烧杯、试管、锥形瓶、培养皿、量筒等浸入含有洗涤剂的水中，用毛刷刷洗，然后用自来水及蒸馏水冲洗。移液管先用含有洗涤剂的水浸泡，再用自来水及蒸馏水冲洗。洗刷干净的玻璃器皿置于烘箱中烘干备用。

1　初用玻璃器皿的清洗

新购买的玻璃器皿表面常附着有游离的碱性物质，先用洗衣液（或去污粉）洗刷，再用自来水洗净，然后浸泡在1%～2%盐酸溶液中过夜（不少于4 h），再用自来水冲洗，最后用蒸馏水冲洗2～3次，在100～130 ℃烘箱内烘干备用。

2　使用过的玻璃器皿的清洗

(1) 一般玻璃器皿，如试管、烧杯、锥形瓶等（包括量筒）。先用自来水洗刷至无污物，再选用大小合适的毛刷蘸取去污粉（掺入洗衣液）刷洗。将器皿内外，特别是内壁，细心刷洗，用自来水冲洗干净后再用蒸馏水洗2～3次。洗衣液与去污粉较难冲洗干净而常在器壁上附有一层微小粒子，故要用水多次甚至10次以上充分冲洗，或可用稀盐酸摇洗一次，再用水冲洗。烘干或倒置在清洁处备用。

凡洗净的玻璃器皿，不应在器壁上带有水珠，否则表示尚未洗干净，应再按上述方法重新洗涤。若发现内壁有难以去掉的污迹，应分别使用本书附录4.3的各种洗涤剂予以清除，再重新冲洗。玻璃器皿经洗涤后，若内壁的水均匀分布成一薄层，表示油垢完全洗净，若挂有水珠，则还需要用洗涤液浸泡数小时，然后用自来水充分冲洗，最后用蒸馏水洗2～3次后备用。

(2) 量器，如吸量管、滴定管、量瓶等。使用后应立即浸泡于凉水中，勿使物质干涸。工作完毕后用流水冲洗，以除去附着的试剂、蛋白质等物质，晾干后浸泡在铬酸洗液中4～6 h（或过夜），再用自来水充分冲洗，最后用蒸馏水冲洗2～4次，风干备用。

(3) 其他具有传染性样品的容器（如分子克隆、病毒玷污过的容器）常规先进行高压灭菌或其他形式的消毒，再进行清洗。盛过各种毒品，特别是剧毒药品和放射性核素物质的容器必须经过专门处理，确知没有残余毒物存在时方可进行清洗。否则使用一次性容器。装有固体培养基的器皿应先将其刮去，然后洗涤。带菌的器皿在洗涤前先浸在2%煤酚皂溶液（来苏水）或0.25%新洁尔灭消毒液内24 h或煮沸0.5 h，再用上述方法洗涤。

3　洗涤液的种类和配制方法

（1）铬酸洗液，（重铬酸钾-硫酸洗液，简称洗液或清洁液），广泛用于玻璃器皿的洗涤，常用的配制方法有4种：

① 取100 mL工业浓硫酸置于烧杯内，小心加热，然后慢慢地加入5 g重铬酸钾粉末，边加边搅拌，待全部溶解后冷却，贮于带玻璃塞的细口瓶内；

② 称取5 g重铬酸钾粉末置于250 mL烧杯中，加水5 mL，尽量使其溶解。慢慢加入100 mL浓硫酸，边加边搅拌，冷却后贮存备用；

③ 称取80 g重铬酸钾，溶于1000 mL自来水中，慢慢加入工业浓硫酸1000 mL，边加边搅拌；

④ 称取200 g重铬酸钾，溶于500 mL自来水中，慢慢加入工业浓硫酸500 mL，边加边搅拌。

（2）浓盐酸（工业用），可洗去水垢或某些无机盐沉淀。

（3）5%草酸溶液，可洗去高锰酸钾的痕迹。

（4）5%～10% 磷酸三钠（$Na_3PO_4 \cdot 12H_2O$）溶液，可洗涤油污物。

（5）30%硝酸溶液，洗涤CO_2测定仪器及微量滴管。

（6）5%～10%乙二铵四乙酸二钠（EDTA）溶液，加热煮沸可洗去玻璃器皿内壁的白色沉淀物。

（7）8 mol/L尿素洗涤液为蛋白质的良好溶剂，适用于洗涤盛蛋白质制剂及血样的容器。

（8）酒精与浓硝酸混合液，最适合于洗净滴定管，在滴定管中加入3 mL酒精，然后沿管壁慢慢加入4 mL浓硝酸（相对密度1.4），盖住滴定管管口。利用所产生的氧化氮洗净滴定管。

（9）有机溶液，如丙酮、乙醇、乙醚等可用于洗脱油脂、脂溶性染料等污痕。二甲苯可洗去油漆污垢。

（10）0.5 mol/L氢氧化钾-乙醇溶液、高锰酸钾的氢氧化钠溶液（20 g高锰酸钾溶于水中，加入50 g氢氧化钠，用水稀释至500 mL），它们是两种强碱性的洗涤液，对玻璃器皿的侵蚀性很强，可清除容器内壁污垢，洗涤时间不宜过长。使用时应小心谨慎。

上述洗涤液可多次使用，但使用前必须将待洗涤的玻璃器皿先用水冲洗多次，除去洗衣液、去污粉或各种废液。若仪器上有凡士林或羊毛脂时，应先用软纸擦去，然后再用乙醇或乙醚擦净。否则会使洗涤液迅速失效。例如，洗衣液、有机溶剂（乙醇、甲醛等）及少量油污物均会使重铬酸钾-硫酸洗液变绿，降低洗涤能力。

4　细胞培养级玻璃器皿的洗涤处理

(1) 按上述方法对玻璃器皿进行初洗,晾干。

(2) 将玻璃器皿浸泡入洗液中 24～48 h。注意玻璃器皿内应全部充满洗液,操作时要小心,勿将洗液溅到衣服及身体上。

(3) 取出,沥去多余的洗液。

(4) 用自来水充分冲洗。

(5) 依次放置 6 桶水,前 3 桶为去离子水,后 3 桶为去离子双蒸水。

(6) 将玻璃器皿依次经过 6 桶水,玻璃器皿在每桶中过 6～8 次。

(7) 倒置,60 ℃烘干。

(8) 用硫酸纸包扎,160 ℃干烤 3 h。

附录 5　常见市售酸碱的浓度

附表 5.1　常见酸碱浓度

酸/碱	分子量	质量分数	相对密度	摩尔浓度（mol/L）	配制 1 mol/L 溶液的加入量（mL/L）
硫酸	98.1	96%	1.840	18.00	55.6
盐酸	36.5	36%	1.180	11.60	86.2
		10%	1.050	2.90	344.8
硝酸	63.02	71%	1.420	15.99	62.5
		67%	1.400	14.90	67.1
		61%	1.370	13.30	75.2
磷酸	97.99	85%	1.700	15.00	55.2
高氯酸	100.5	70%	1.670	11.65	85.8
		60%	1.540	9.20	108.7
冰乙酸	60.05	99.5%	1.05	17.40	57.5
乙酸	60.05	36%	1.045	6.27	159.5
甲酸	46.02	90%	1.200	23.40	42.7
氢氧化钠	40.0	50%	1.530	19.10	52.4
		10%	1.110	2.75	363.6
氢氧化钾	56.1	50%	1.520	13.50	74.1
		10%	1.090	1.94	515.5
氢氧化铵	35.0	28%	0.898	14.80	67.6

附录 6　国际相对原子质量表(2001)

附表 6.1　国际相对原子质量表(2001)

原子序数	名称	符号	相对原子质量	原子序数	名称	符号	相对原子质量
1	氢	H	1.00794	57	镧	La	138.9055
2	氦	He	4.002602	58	铈	Ce	140.116
3	锂	Li	6.941	59	镨	Pr	140.90765
4	铍	Be	9.012182	60	钕	Nd	144.24
5	硼	B	10.811	61	钷	Pm	(145)
6	碳	C	12.0107	62	钐	Sm	150.36
7	氮	N	14.00674	63	铕	Eu	151.964
8	氧	O	15.9994	64	钆	Gd	157.25
9	氟	F	18.9984032	65	铽	Tb	158.92534
10	氖	Ne	20.1797	66	镝	Dy	162.5
11	钠	Na	22.98977	67	钬	Ho	164.93032
12	镁	Mg	24.305	68	铒	Er	167.259
13	铝	Al	26.981538	69	铥	Tm	168.93421
14	硅	Si	28.0855	70	镱	Yb	173.04
15	磷	P	30.973761	71	镥	Lu	174.967
16	硫	S	32.06	72	铪	Hf	178.49
17	氯	Cl	35.453	73	钽	Ta	180.9479
18	氩	Ar	39.948	74	钨	W	183.84
19	钾	K	39.0983	75	铼	Re	186.207
20	钙	Ca	40.078	76	锇	Os	190.23
21	钪	Sc	44.95591	77	铱	Ir	192.217
22	钛	Ti	47.867	78	铂	Pt	195.078
23	钒	V	50.9415	79	金	Au	196.96655
24	铬	Cr	51.9961	80	汞	Hg	200.59
25	锰	Mn	54.938049	81	铊	Tl	204.3833
26	铁	Fe	55.845	82	铅	Pb	207.2
27	钴	Co	58.9332	83	铋	Bi	208.98038

续表

原子序数	名称	符号	相对原子质量	原子序数	名称	符号	相对原子质量
28	镍	Ni	58.6934	84	钋	Po	(209)
29	铜	Cu	63.546	85	砹	At	(210)
30	锌	Zn	65.409	86	氡	Rn	(222)
31	镓	Ga	69.723	87	钫	Fr	(223)
32	锗	Ge	72.64	88	镭	Ra	(226)
33	砷	As	74.9216	89	锕	Ac	(227)
34	硒	Se	78.96	90	钍	Th	232.0381
35	溴	Br	79.904	91	镤	Pa	231.03588
36	氪	Kr	83.798	92	铀	U	238.0289
37	铷	Rb	85.4678	93	镎	Np	(237)
38	锶	Sr	87.62	94	钚	Pu	(244)
39	钇	Y	88.90585	95	镅	Am	(243)
40	锆	Zr	91.224	96	锔	Cm	(247)
41	铌	Nb	92.90638	97	锫	Bk	(247)
42	钼	Mo	95.94	98	锎	Cf	(251)
43	锝	Tc	(98)	99	锿	Es	(252)
44	钌	Ru	101.07	100	镄	Fm	(257)
45	铑	Rh	102.9055	101	钔	Md	(258)
46	钯	Pd	106.42	102	锘	No	(259)
47	银	Ag	107.8682	103	铹	Lr	(262)
48	镉	Cd	112.411	104	金卢	Rf	(261)
49	铟	In	114.818	105	金杜	Db	(262)
50	锡	Sn	118.71	106	金喜	Sg	(263)
51	锑	Sb	121.76	107	金波	Bh	(262)
52	碲	Te	127.6	108	金黑	Hs	(265)
53	碘	I	126.90447	109	金麦	Mt	(266)
54	氙	Xe	131.293	110	金达	Uun	(269)
55	铯	Cs	132.90545	111		Uuu	
56	钡	Ba	137.327	112		Uub	

附录 7 硫酸铵饱和度常用表

附表 7.1 调整硫酸铵溶液饱和度计算表(25℃)

		硫酸铵终浓度,饱和度(%)																
		10	20	25	30	33	35	40	45	50	55	60	65	70	75	80	90	100
		每一升溶液加固体硫酸铵的克数 *																
硫酸铵初浓度,饱和度(%)	0	56	114	114	176	196	209	243	277	313	351	390	430	472	516	561	662	707
	10		57	86	118	137	150	183	216	251	288	326	365	406	449	494	592	694
	20			29	59	78	81	123	155	189	225	262	300	340	382	424	520	619
	25				30	49	61	93	125	158	193	230	267	307	348	390	485	583
	30					19	30	62	94	127	162	198	235	273	314	356	449	546
	33						12	43	74	107	142	177	214	252	292	333	426	522
	35							31	63	94	129	164	200	238	278	319	411	506
	45									32	65	99	134	171	210	250	339	431
	50										33	66	101	137	176	214	302	392
	55											33	67	103	141	179	264	353
	60												34	69	105	143	227	314
	65													34	70	107	190	275
	70														35	72	153	237
	75															36	115	198
	80																77	157
	90																	79

注：* 在 25 ℃下，硫酸铵溶液由初浓度调到终浓度时，每升溶液所加固体硫酸铵的克数。

附表 7.2　调整硫酸铵溶液饱和度计算表(0 ℃)

		硫酸铵终浓度,饱和度(%)																
			20	25	30	35	40	45	50	55	60	65	70	75	80	85	90	100
	每 100 mL 溶液加固体硫酸铵的克数 *																	
硫酸铵初浓度,饱和度(%)	0	10.6	13.4	16.4	19.4	22.6	25.8	29.1	32.6	36.1	39.8	43.6	47.6	51.6	55.9	60.3	65.0	69.7
	5	7.9	10.8	13.7	16.6	19.7	22.9	26.2	29.6	33.1	36.8	40.5	44.4	48.4	52.6	57.0	61.5	66.2
	10	5.3	8.1	10.9	13.9	16.9	20.0	23.3	26.6	30.1	33.7	37.4	41.2	45.2	49.3	53.6	58.1	62.7
	15	2.6	5.4	8.2	11.1	14.1	17.2	20.4	23.7	27.1	30.6	34.3	38.1	42.0	46.0	50.3	54.7	59.2
	20	0	2.7	5.5	8.3	11.3	14.3	17.5	20.7	24.1	27.6	31.2	34.9	38.7	42.7	46.9	51.2	55.7
	25		0	2.7	5.6	8.4	11.5	14.6	17.9	21.1	24.5	28.0	31.7	35.5	39.5	43.6	47.8	52.2
	30			0	2.8	5.6	8.6	11.7	14.8	18.1	21.4	24.9	28.5	32.3	36.2	40.2	44.5	48.8
	35				0	2.8	5.7	8.7	11.8	15.1	18.4	21.8	25.4	29.1	32.9	36.9	41.0	45.3
	40					0	2.9	5.8	8.9	12.0	15.3	18.7	22.2	25.8	29.6	33.5	37.6	41.8
	45						0	2.9	5.9	9.0	12.3	15.6	19.0	22.6	26.3	30.2	34.2	38.3
	50							0	3.0	6.0	9.2	12.5	15.9	19.4	23.0	26.8	30.8	34.8
	55								0	3.0	6.1	9.3	12.7	16.1	19.7	23.5	27.3	31.3
	60									0	3.1	6.2	9.5	12.9	16.4	20.1	23.1	27.9
	65										0	3.1	6.3	9.7	13.2	16.8	20.5	24.4
	70											0	3.2	6.5	9.9	13.4	17.1	20.9
	75												0	3.2	6.6	10.1	13.7	17.4
	80													0	3.3	6.7	10.3	13.9
	85														0	3.4	6.8	10.5
	90															0	3.4	7.0
	95																0	3.5
	100																	0

注:* 在 0 ℃下,硫酸铵溶液由初浓度调到终浓度时,每 100 mL 溶液所加固体硫酸铵的克数。

附录 8　常用分子量标准参照

附表 8.1　常用蛋白质分子量标准参照物

高分子量标准参照		中分子量标准参照		低分子量标准参照	
蛋白质	M_r	蛋白质	M_r	蛋白质	M_r
肌球蛋白	212000	磷酸化酶 B	97400	碳酸酐酶	31000
β-半乳糖苷酶	116000	牛血清清蛋白	66200	大豆胰蛋白酶制剂	21500
磷酸化酶 B	97400	谷氨酸脱氢酶	55000	马心肌球蛋白	
牛血清清蛋白	66200	卵清蛋白	42700	溶菌酶	16900
过氧化氢酶	57000	醛缩酶	40000	肌球蛋白(F1)	14400
醛缩酶	40000	碳酸酐酶	31000	肌球蛋白(F2)	8100
		大豆胰蛋白酶抑制剂	21500	肌球蛋白(F3)	6200
		溶菌酶	14400		2500

附表 8.2　常用 DNA 分子量标准参照物

λDNA/*Hin* dⅢ	λDNA/*Eco*RⅠ	λDNA/*Hin* dⅢ + *Eco*RⅠ	pBR322/HaeⅢ	
23130	21226	21227	587	123
9416	7421	5148	405	104
6557	5804	4973	504	89
4361	5643	4268	458	80
2322	4843	3530	434	64
2027	3530	2027	267	57
564		1904	234	51
125		1584	213	21
		1375	192	18
		974	184	11
		831	124	7
		564		
		125		

续表

pBR322/*Hin* f Ⅰ	φχ174/*Hin* f Ⅰ		φχ174/*Hae* Ⅲ	φχ174/*Tap* Ⅰ
1631	726	140	1353	2914
517	713	118	1078	1175
506	553	100	872	404
396	500	82	603	327
344	417	66	310	231
298	413	48	281	141
221	311	42	271	87
220	249	40	234	54
154	200	24	194	33
75	151		118	20
			72	

附录 9　常用核酸蛋白质数据换算

(1) 重量换算

$1\ \mu g = 10^{-6}\ g$　　$1\ pg = 10^{-12}\ g$

$1\ ng = 10^{-9}\ g$　　$1\ fg = 10^{-15}\ g$

(2) 分光光度换算

1 OD_{260}双链 DNA = 50 μg/mL

1 OD_{260}单链 DNA = 30 μg/mL

1 OD_{260}单链 RNA = 40 μg/mL

(3) DNA 摩尔换算

1 μg 100 bp DNA = 1.52 pmol = 3.03 pmol 末端

1 μg pBR322 DNA = 0.36 pmol

1 pmol 1000 bp DNA = 0.66 μg

1 pmol pBR322 = 2.8 μg

1 kb 双链 DNA(钠盐) = 6.6×10^5 Da

1 kb 单链 DNA(钠盐) = 3.3×10^5 Da

1 kb 单链 RNA(钠盐) = 3.4×10^5 Da

脱氧核糖核苷酸碱基的平均分子量 = 333 Da

核糖核苷酸碱基的平均分子量 = 340 Da

脱氧核糖核苷酸碱基对的平均分子量 = 650 Da

(4) 蛋白摩尔换算

100 pmol 分子量为 100000 的蛋白质 = 10 μg

100 pmol 分子量为 50000 的蛋白质 = 5 μg

100 pmol 分子量为 10000 的蛋白质 = 1 μg

氨基酸的平均分子量 = 126.7 Da

(5) 蛋白质/DNA 换算

1 kb DNA = 333 个氨基酸编码容量 = 3.7×10^4 M_r 蛋白质

10000 M_r蛋白质 = 270 bp DNA

30000 M_r蛋白质 = 810 bp DNA

50000 M_r蛋白质 = 1.35 kb DNA

100000 M_r蛋白质 = 2.7 kb DNA

附录 10　常用培养基

附表 10.1　常用培养基配制法

培养基	组分	配制方法
LB 培养基	胰蛋白胨　10 g 酵母提取物　5 g NaCl　10 g	将上述组分溶于 900 mL 水中，用 1 mol/L NaOH（约 1 mL）调 pH 至 7.0，用水补足至 1 L。高压灭菌（121 ℃，20 min）
SOB 培养基	胰蛋白胨　20 g 酵母提取物　5 g 氯化钠　0.5 g 1 mol/L 氯化钾　2.5 mL	将上述组分溶于 900 mL 水中，待溶质完全溶解后，用水补足至 1 L。高压灭菌（121 ℃，20 min）。使用前加 5 mL 灭菌的 2 mol/L 氯化镁
SOC 培养基	胰蛋白胨　20 g 酵母提取物　5 g 氯化钠　0.5 g 1 mol/L 氯化钾　2.5 mL 1 mol/L 葡萄糖　20 mL	向已高压灭菌（121 ℃，20 min）并冷却后的 SOB 培养基中加 20 mL 除菌的 1 mol/L 葡萄糖溶液①（使其终浓度为 20 mmol/L），即成为 SOC 培养基
TB 培养基	胰蛋白胨　12 g 酵母提取物　24 g 甘油　4 mL	将上述组分溶于 900 mL 水中，高压灭菌（121 ℃，20 min），待冷却至 60 ℃或以下时，添加 100 mL 灭菌的 0.17 mol/L KH_2PO_4，0.72 mol/L K_2HPO_4溶液②
2×YT 培养基	胰蛋白胨　16 g 酵母提取物　10 g 氯化钠　5 g	将上述组分溶于 900 mL 水中，用 1 mol/L NaOH（约 1 mL）调 pH 至 7，用水补足至 1 L。高压灭菌（121 ℃，20 min）
含琼脂或琼脂糖的培养基	制平板：琼脂粉　15 g/L；琼脂糖　15 g/L 制顶层琼脂：琼脂粉　7 g/L；琼脂糖　7 g/L	若需要制平板或顶层琼脂时，在配制上述几类培养基时，高压灭菌前加入上述琼酯粉或琼酯糖
YPD 培养基	胰蛋白胨　20 g 酵母提取物　10 g 葡萄糖　20 g	将上述组分溶于适量水中，并补足至 1 L，制备平板时，要在高压灭菌前加入 20 g 琼脂粉（终浓度为 2%），是用于酵母常规生长的复合培养基。

注：① 1 mol/L 葡萄糖溶液的配制：18 g 葡萄糖溶于 90 mL 水中，完全溶解后，用水补足至 100 mL，用 0.22 μm 滤器过滤除菌。

② 称取 2.31 g KH_2PO_4和 12.54 g K_2HPO_4溶于适量水中，使其终体积为 100 mL，高压灭菌（121 ℃，20 min）。

附录11 常用抗生素

附表11.1 常用抗生素介绍

名称	贮液浓度 (mg/mL)	工作浓度 (μg/mL)	作用方式
氨苄青霉素	50(溶于水)	20～60	干扰肽聚糖交联从而抑制细胞壁的合成
羧苄青霉素	50(溶于水)	20～60	与氨苄青霉素类似
氯霉素	34(溶于乙醇)	25～170	阻断50S核糖体上的肽基转移酶而抑制翻译,高浓度时能抑制真核DNA的合成
卡那霉素	10(溶于水)	10～50	阻遏70S核糖体在蛋白质合成中的转位
链霉素	10(溶于水)	10～50	作用于30S核糖体的S12蛋白从而抑制蛋白质的合成
盐酸四环素	10(溶于水)	10～50	阻遏蛋白质合成链的延长; 阻遏氨酰tRNA与核糖体的结合
萘啶酮酸	5(溶于水)	15	作用于DNA旋转酶从而阻遏DNA的合成

注:水溶性抗生素贮液应用0.22 μm滤器过滤除菌,醇溶性抗生素则无需除菌处理;Mg^{2+}是四环素的拮抗剂,对于以四环素为筛选抗性的细菌,应使用不含镁盐的培养基(如LB培养基);所有抗生素贮液都应于−20℃条件下避光保存。

附录 12　缓冲液的配制

附表 12.1　甘氨酸-盐酸缓冲液(0.05 mol/L)

pH	X(mL)	Y(mL)	pH	X(mL)	Y(mL)
2.2	50.0	44.0	3.0	50.0	11.4
2.4	50.0	32.4	3.2	50.0	8.2
2.6	50.0	24.2	3.4	50.0	6.4
2.8	50.0	16.8	3.6	50.0	5.0

注:*X* mL 0.2 mol/L 甘氨酸 + *Y* mL 0.2 mol/L HCl,再加水稀释至 200 mL;甘氨酸分子量 = 75.07,0.2 mol/L 甘氨酸溶液合 15.01 g/L。

附表 12.2　邻苯二甲酸-盐酸缓冲液(0.05 mol/L)

pH(20 ℃)	X(mL)	Y(mL)	pH(20 ℃)	X(mL)	Y(mL)
2.2	5.000	4.670	3.2	5.000	1.470
2.4	5.000	3.960	3.4	5.000	0.990
2.6	5.000	3.295	3.6	5.000	0.597
2.8	5.000	2.642	3.8	5.000	0.263
3.0	5.000	2.032			

注:*X* mL 0.2 mol/L 邻苯二甲酸氢钾 + *Y* mL 0.2 mol/L HCl,再加水稀释至 20 mL;邻苯二甲酸氢钾分子量 = 204.23,0.2 mol/L 邻苯二甲酸氢钾溶液合 40.85 g/L。

附表 12.3　磷酸氢二钠-柠檬酸缓冲液

pH	0.2 mol/L Na_2HPO_4(mL)	0.1 mol/L 柠檬酸(mL)	pH	0.2 mol/L Na_2HPO_4(mL)	0.1 mol/L 柠檬酸(mL)
2.2	0.40	19.60	5.2	10.72	9.28
2.4	1.24	18.76	5.4	11.15	8.85
2.6	2.18	17.82	5.6	11.60	8.40
2.8	3.17	16.83	5.8	12.09	7.91
3.0	4.11	15.89	6.0	12.63	7.37
3.2	4.94	15.06	6.2	13.22	6.78
3.4	5.70	14.30	6.4	13.85	6.15
3.6	6.44	13.56	6.6	14.55	5.45
3.8	7.10	12.90	6.8	15.45	4.55

续表

pH	0.2 mol/L Na_2HPO_4(mL)	0.1 mol/L 柠檬酸(mL)	pH	0.2 mol/L Na_2HPO_4(mL)	0.1 mol/L 柠檬酸(mL)
4.0	7.71	12.29	7.0	16.47	3.53
4.2	8.28	11.72	7.2	17.39	2.61
4.4	8.82	11.18	7.4	18.17	1.83
4.6	9.35	10.65	7.6	18.73	1.27
4.8	9.86	10.14	7.8	19.15	0.85
5.0	10.30	9.70	8.0	19.45	0.55

注：Na_2HPO_4分子量＝141.98，0.2 mol/L 溶液合 28.40 g/L；$Na_2HPO_4 \cdot 2H_2O$ 分子量＝178.05，0.2 mol/L 溶液合 35.61 g/L；$C_6H_8O_7 \cdot H_2O$(柠檬酸)分子量＝210.14，0.1 mol/L 溶液合 21.01 g/L。

附表 12.4　柠檬酸-柠檬酸钠缓冲液(0.1 mol/L)

pH	0.1 mol/L 柠檬酸(mL)	0.1 mol/L 柠檬酸钠(mL)	pH	0.1 mol/L 柠檬酸(mL)	0.1 mol/L 柠檬酸钠(mL)
3.0	18.6	1.4	5.0	8.2	11.8
3.2	17.2	2.8	5.2	7.3	12.7
3.4	16.0	4.0	5.4	6.4	13.6
3.6	14.9	5.1	5.6	5.5	14.5
3.8	14.0	6.0	5.8	4.7	15.3
4.0	13.1	6.9	6.0	3.8	16.2
4.2	12.3	7.7	6.2	2.8	17.2
4.4	11.4	8.6	6.4	2.0	18.0
4.6	10.3	9.7	6.6	1.4	18.6
4.8	9.2	10.8			

注：$C_6H_8O_7 \cdot H_2O$(柠檬酸)分子量＝210.14，0.1 mol/L 溶液合 21.01 g/L；$Na_3C_6H_5O_7 \cdot H_2O$(柠檬酸钠)分子量＝294.12，0.1mol/L 溶液合 29.41 g/L。

附表 12.5　乙酸-乙酸钠缓冲液(0.2 mmol/L)

pH	0.2 mol/L NaAc (mL)	0.2 mol/L HAc(mL)	pH	0.2 mol/L NaAc(mL)	0.2 mol/L HAc(mL)
3.6	0.75	9.25	4.8	5.90	4.10
3.8	1.20	8.80	5.0	7.00	3.00
4.0	1.80	8.20	5.2	7.90	2.10
4.2	2.65	7.35	5.4	8.60	1.40
4.4	3.70	6.30	5.6	9.10	0.90
4.6	4.90	5.10	5.8	9.40	0.60

注：$NaAc \cdot 3H_2O$ 分子量＝136.09，0.2 mol/L 溶液合 27.22 g/L。

附表 12.6　磷酸氢二钠-磷酸二氢钠缓冲液(0.2 mol/L)

pH	0.2 mol/L Na_2HPO_4(mL)	0.2 mol/L NaH_2PO_4(mL)	pH	0.2 mol/L Na_2HPO_4(mL)	0.2 mol/L NaH_2PO_4(mL)
5.8	8.0	92.0	7.0	61.0	39.0
5.9	10.0	90.0	7.1	67.0	33.0
6.0	12.3	87.7	7.2	72.0	28.0
6.1	15.0	85.0	7.3	77.0	23.0
6.2	18.5	81.5	7.4	81.0	19.0
6.3	22.5	77.5	7.5	84.0	16.0
6.4	26.5	73.5	7.6	87.0	13.0
6.5	31.5	68.5	7.7	89.5	10.5
6.6	37.5	62.5	7.8	91.5	8.5
6.7	43.5	56.5	7.9	93.0	7.0
6.8	49.0	51.0	8.0	94.7	5.3
6.9	55.0	45.0			

注:$Na_2HPO_4 \cdot 2H_2O$ 分子量 = 178.05,0.2 mol/L 溶液合 35.61 g/L;$Na_2HPO_4 \cdot 12H_2O$ 分子量 = 358.22,0.2 mol/L溶液合 371.64 g/L;$NaH_2PO_4 \cdot H_2O$ 分子量 = 138.01,0.2 mol/L 溶液合 27.61 g/L;$NaH_2PO_4 \cdot 2H_2O$ 分子量 = 156.03,0.2 mol/L 溶液合 31.21 g/L。

附表 12.7　磷酸氢二钠-磷酸二氢钾缓冲液(1/15 mol/L)

pH	1/15 mol/L Na_2HPO_4(mL)	1/15 mol/L KH_2PO_4(mL)	pH	1/15 mol/L Na_2HPO_4(mL)	1/15 mol/L KH_2PO_4(mL)
4.92	0.10	9.90	7.17	7.00	3.00
5.29	0.50	9.50	7.38	8.00	2.00
5.91	1.00	9.00	7.73	9.00	1.00
6.24	2.00	8.00	8.04	9.50	0.50
6.47	3.00	7.00	8.34	9.75	0.25
6.64	4.00	6.00	8.67	9.90	0.10
6.81	5.00	5.00	8.18	10.00	0.00
6.98	6.00	4.00			

注:$Na_2HPO_4 \cdot 2H_2O$ 分子量 = 178.05,1/15 mol/L 溶液合 11.87 g/L;KH_2PO_4分子量 = 136.09,1/15 mol/L 溶液合 9.078 g/L。

附表 12.8 磷酸二氢钾-氢氧化钠缓冲液(0.05 mol/L)

pH(20 ℃)	X(mL)	Y(mL)	pH(20 ℃)	X(mL)	Y(mL)
5.8	5.000	0.372	7.0	5.000	2.963
6.0	5.000	0.570	7.2	5.000	3.500
6.2	5.000	0.860	7.4	5.000	3.950
6.4	5.000	1.260	7.6	5.000	4.280
6.6	5.000	1.780	7.8	5.000	4.520
6.8	5.000	2.365	8.0	5.000	4.680

注:X mL 0.2 mol/L KH_2PO_4 + Y mL 0.2 mol/L NaOH,再加水稀释至 20 mL。

附表 12.9 巴比妥钠-盐酸缓冲液(18 ℃)

pH	0.04 mol/L 巴比妥钠溶液(mL)	0.2 mol/L 盐酸(mL)	pH	0.04 mol/L 巴比妥钠溶液(mL)	0.2 mol/L 盐酸(mL)
6.8	100.00	18.40	8.4	100.00	5.21
7.0	100.00	17.80	8.6	100.00	3.82
7.2	100.00	16.70	8.8	100.00	2.52
7.4	100.00	15.30	9.0	100.00	1.65
7.6	100.00	13.40	9.2	100.00	1.13
7.8	100.00	11.47	9.4	100.00	0.70
8.0	100.00	9.39	9.6	100.00	0.35
8.2	100.00	7.21			

注:巴比妥钠盐分子量=206.18,0.04 mol/L 溶液合 8.25 g/L。

附表 12.10 Tris-盐酸缓冲液(0.05 mol/L,25 ℃)

pH	X(mL)	pH	X(mL)
7.10	45.7	8.10	26.2
7.20	44.7	8.20	22.9
7.30	43.4	8.30	19.9
7.40	42.0	8.40	17.2
7.50	40.3	8.50	14.7
7.60	38.5	8.60	12.4
7.70	36.6	8.70	10.3
7.80	34.5	8.80	8.5
7.90	32.0	8.90	7.0
8.00	29.2		

注:50 mL 0.1 mol/L 三羟甲基氨基甲烷(Tris)溶液与 X mL 0.1 mol/L 盐酸混匀后,加水稀释至 100 mL;三羟甲基氨基甲烷(Tris)分子量=121.14,0.1 mol/L 溶液合 12.114 g/L。

附表 12.11　硼酸-硼砂缓冲液(0.2 mol/L)

pH	0.05 mol/L 硼砂(mL)	0.2 mol/L 硼酸(mL)	pH	0.05 mol/L 硼砂(mL)	0.2 mol/L 硼酸(mL)
7.4	1.0	9.0	8.2	3.5	6.5
7.6	1.5	8.5	8.4	4.5	5.5
7.8	2.0	8.0	8.7	6.0	4.0
8.0	3.0	7.0	9.0	8.0	2.0

注：$Na_2B_4O_7 \cdot 10H_2O$(硼砂)分子量＝381.43，0.05 mol/L 溶液(合 0.2 mol/L 硼酸根)合 19.07 g/L；H_3BO_3(硼酸)分子量＝61.84，0.2 mol/L 溶液合 12.37 g/L。

附表 12.12　甘氨酸-氢氧化钠缓冲液(0.05 mol/L)

pH	X(mL)	Y(mL)	pH	X(mL)	Y(mL)
8.6	50	4.0	9.6	50	22.4
8.8	50	6.0	9.8	50	27.2
9.0	50	8.8	10.0	50	32.0
9.2	50	12.0	10.4	50	38.6
9.4	50	16.8	10.6	50	45.5

注：甘氨酸分子量＝75.07，0.2 mol/L 甘氨酸溶液合 15.01 g/L；X mL 0.2 mol/L 甘氨酸＋Y mL 0.2 mol/L NaOH，再加水稀释至 200 mL。

附表 12.13　硼砂-氢氧化钠缓冲液(0.05 mol/L 硼酸根)

pH	X(mL)	Y(mL)	pH	X(mL)	Y(mL)
9.3	50.0	6.0	9.8	50.0	34.0
9.4	50.0	11.0	10.0	50.0	43.0
9.6	50.0	23.0	10.1	50.0	46.0

注：$Na_2B_4O_7 \cdot 10H_2O$(硼砂)分子量＝381.43，0.05 mol/L 溶液合 19.07 g/L；X mL 0.05 mol/L 硼砂＋Y mL 0.2 mol/L NaOH，再加水稀释至 200 mL。

附表 12.14　碳酸钠-碳酸氢钠缓冲液(0.1 mol/L)，Ca^{2+}，Mg^{2+} 存在时不能使用

pH		0.1 mol/L Na_2CO_3(mL)	0.1 mol/L $NaHCO_3$(mL)
20 ℃	37 ℃		
9.16	8.77	1	9
9.40	9.12	2	8
9.51	9.40	3	7
9.78	9.50	4	6
9.90	9.72	5	5
10.14	9.90	6	4
10.28	10.08	7	3
10.53	10.28	8	2
10.83	10.57	9	1

注：$Na_2CO_3 \cdot 10H_2O$ 分子量＝286.2，0.1 mol/L 溶液合 28.62 g/L；$NaHCO_3$ 分子量＝84，0.1 mol/L 溶液合 8.4 g/L。

附录 13　电泳相关的常用缓冲液的配制

附表 13.1　分子生物学常用缓冲液

缓冲液		构成
TE	pH=7.4	10 mmol/L Tris-HCl (pH=7.4);1 mmol/L EDTA(pH=8.0)
	pH=7.6	10 mmol/L Tris-HCl (pH=7.6);1 mmol/L EDTA(pH=8.0)
	pH=8.0	10 mmol/L Tris-HCl (pH=8.0);1 mmol/L EDTA(pH=8.0)
STE(亦称 TEN)		0.1 mmol/L NaCl;10 mmol/L Tris-HCl (pH=8.0);1 mmol/L EDTA(pH=8.0)
STET		0.1 mmol/L NaCl;10 mmol/L Tris-HCl (pH=8.0);1 mmol/L EDTA(pH=8.0);5% Triton X-100
TNT		10 mmol/L Tris-HCl (pH=8.0);150 mmol/L NaCl; 0.05% Tween-20
P1		在 800 mL 去离子水中溶入 Tris 碱 6.06 g,$Na_2EDTA \cdot 2H_2O$ 3.72 g,用 HCl 调整 pH 至 8.0,用去离子水调整容积至 1 L,每升 P1 内加入 RNaseA 100 mg
P2		在 950 mL 去离子水中溶入 NaOH 8 g,20%SDS 50 mL,调整容积至 1 L
P3		在 500 mL 去离子水中溶入醋酸钾 294.5 g,用冰醋酸调整 pH 至 5.5,用去离子水调整容积至 1 L

附表 13.2　常用的电泳缓冲液

缓冲液	使用液	浓贮存液(每升)
Tris-乙酸(TAE)	1×: 0.04 mol/L Tris-乙酸 0.001 mol/L EDTA	50×:242 g Tris 碱 57.1 mL 冰乙酸 100 mL 0.5 mol/L EDTA(pH=8)
Tris-磷酸(TPE)	1×: 0.09 mol/L Tris-磷酸 0.002 mol/L EDTA	10×:108 g Tris 碱 15.5 mL 85% 磷酸(1.679 g/mL) 40 mL 0.5 mol/L EDTA(pH=8)
Tris-硼酸(TBE)	0.5×: 0.045 mol/L Tris-硼酸 0.001 mol/L EDTA	5×:54 g Tris 碱 27.5 g 硼酸 200 mL 0.5 mol/L EDTA(pH=8)

续表

缓冲液	使用液	浓贮存液(每升)
碱性缓冲液	1×： 50 mmol/L NaOH 1 mmol/L EDTA	1×：5 mL 10 mol/L NaOH 2 mL 0.5 mol/L EDTA(pH=8)
Tris-甘氨酸	1×： 25 mmol/L Tris 250 mmol/L 甘氨酸 0.1% SDS	5×：15.1 g Tris 碱 94 g 甘氨酸(电泳级)pH=8.3 50 mL 10% SDS(电泳级)

注：* TBE 浓溶液长时间存放后会形成沉淀物，为避免这一问题，可在室温下用玻璃瓶保存 5×溶液，出现沉淀后则予以废弃。以往都以 1×TBE 作为使用液(即 1∶5 稀释浓贮存液)进行琼脂糖凝胶电泳。但 0.5×的使用液已具备足够的缓冲容量。目前几乎所有的琼脂糖凝胶电泳都以 1∶10 稀释的贮存液作为使用液。碱性电泳缓冲液应现用现配。Tris-Gly 缓冲液用于 SDS-聚丙烯酰胺凝胶电泳。

附表 13.3　凝胶加样缓冲液

6×碱性凝胶上样液(室温贮存)	
成分及终浓度	配制 10 mL 溶液各成分用量
0.3 mol/L 氢氧化钠	300 μL 10 mol/L 氢氧化钠
6 mmol/L EDTA	120 μL 0.5 mol/L EDTA(pH=8.0)
18%聚蔗糖(400 型)	1.8 g
0.15%溴甲酚绿	15 mg
0.25%二甲苯青 FF	25 mg
水	补足到 10 mL
6×聚蔗糖凝胶上样液(室温贮存)	
成分及终浓度	配制 10 mL 溶液各成分用量
0.15%溴酚蓝	1.5 mL 1%溴酚蓝
0.15%二甲苯青 FF	1.5 mL 1%二甲苯青 FF
5 mmol/L EDTA	100 μL 0.5 mol/L EDTA(pH=8)
15%聚蔗糖(400 型)	1.5 g
水	补足到 10 mL
6×溴酚蓝/二甲苯青/聚蔗糖凝胶上样液(室温贮存)	
成分及终浓度	配制 10 mL 溶液各成分用量
0.25%溴酚蓝	2.5 mL 1%溴酚蓝
0.25%二甲苯青 FF	2.5 mL 1%二甲苯青 FF
15%聚蔗糖(400 型)	1.5 g
水	补足到 10 mL

续表

6×甘油凝胶上样液(4 ℃贮存)	
成分及终浓度	配制 10 mL 溶液各成分用量
0.15%溴酚蓝	1.5 mL 1%溴酚蓝
0.15%二甲苯青 FF	1.5 mL 1%二甲苯青 FF
5 mmol/L EDTA	100 μL 0.5 mol/L EDTA(pH=8)
50%甘油	3 mL
水	3.9 mL
6×蔗糖凝胶上样液(室温贮存)	
成分及终浓度	配制 10 mL 溶液各成分用量
0.15%溴酚蓝	1.5 mL 1%溴酚蓝
0.15%二甲苯青 FF	1.5 mL 1%二甲苯青 FF
5 mmol/L EDTA	100 μL 0.5 mol/L EDTA(pH=8)
40%聚蔗糖	4 g
水	补足到 10 mL
10×十二烷基硫酸钠/甘油凝胶上样液(室温贮存)	
成分及终浓度	配制 10 mL 溶液各成分用量
0.2%溴酚蓝	
0.2%二甲苯青 FF	20 mg
200 mmol/L EDTA	20 mg
0.1%SDS	4 mL 0.5 mol/L EDTA(pH=8)
50%甘油	100 μL 10% SDS
水	5 mL 补足到 10 mL

使用以上凝胶加样缓冲液的目的有三:增大样品密度;确保 DNA 均匀进入样品孔内;使样品呈现颜色,从而使加样操作更为便利,含有在电泳中能以可预知速率向阳极泳动的染料。溴酚蓝在琼脂糖中移动的速率约为二甲苯青 FF 的 2.2 倍,而与琼脂糖浓度无关。以 0.5×TBF 作电泳液时,溴酚蓝在琼脂糖中的泳动速率约与长 300 bp 的双链线状 DNA 相同,而二甲苯青 FF 的泳动则与长 4 kb 的双链线状 DNA 相同。在琼脂糖浓度为 0.5%~1.4%的范围内,这些对应关系受凝胶浓度变化的影响并不显著。

选用哪一种加样染料纯属个人喜好。但是,对于碱性凝胶应当使用溴甲酚绿作为示踪染料,因为在碱性条件下其显色较溴酚蓝更为鲜明。

附表 13.4　5×SDS-PAGE 上样缓冲液(5 mL)

组分	配制过程
Tris-HCl pH=6.8(250 mmol/L) SDS (10%) 溴酚兰(0.5%) 甘油(50%) β-巯基乙醇(5%)	a. 量取 1 mol/L Tris-HCl(pH=6.8)1.25 mL;甘油 2.5 mL;称取 SDS 固体粉末 0.5 g;溴酚兰 25 mg; b. 加入去离子水溶解后定容至 5 mL; c. 小份(500 μL)分装后,于室温保存; d. 使用前将 25 μL 的 β-巯基乙醇加入到每一小份中去; e. 加入 β-巯基乙醇的上样缓冲液可以在室温下保存一个月左右

附录 14　层析填料的技术参数

附表 14.1　离子交换填料

品名		每毫升载量	特性/应用	pH 稳定性工作[清洗]	耐压(MPa)	最高流速(cm/h)
SOURCE	SOURCE 15Q	25 mg	低反压精细纯化	2～12 [1～14]	4	1 800
	SOURCE 15S	40 mg BSA		2～12 [1～14]	4	1 800
	SOURCE 30Q	45 mg 白蛋白		2～12 [1～14]	4	2 000
	SOURCE 30S	80 mg 溶菌酶		2～12 [1～14]	4	2 000
Capto ImpRes	Capto Q ImpRes	＞55 mg BSA	高流速高载量 高分辨率分离纯化	2～12 [2～14]	0.5	400
	Capto SP ImpRes	＞95 mg BSA		4～12 [3～14]	0.5	400
	Capto adhere ImpRes	45～85 mg MAb		3～12 [2～14]	0.5	400
	Capto MMC ImpRes	60～90 mg MAb		3～12 [2～14]	0.5	400
Capto ImpAct	Capto S ImpAct	＞90 mg Lysozyme ＞100mg MAb	高流速高载量高分辨率分离纯化	4～12 [3～14]	0.3	600
Capto	Capto Q	＞100 mg BSA	高载量高流速分离纯化	2～12 [2～14]	0.3	1 200
	Capto S	＞120 mg lysozyme		4～12 [3～14]	0.3	
	Capto DEAE	＞90 mg ovalbumin		2～12 [2～14]	0.3	
	Capto adhere	N/A		4～12 [2～14]	0.3	600
	Capto MMC	45 mg BSA at 30 mS/cm		3～12 [2～14]	0.3	1 000
	Capto Core 700	13 mg ovalbumin		[2～14]	0.2	500

续表

品名		每毫升载量	特性/应用	pH 稳定性工作[清洗]	耐压(MPa)	最高流速(cm/h)
Sepharose High Performance (H. P.)	Q Sepharose HP	70 mg BSA	高载量与高分辨率的结合	2～12 [1～14]	0.3	150
	SP Sepharose HP	55 mg 核糖核酸酶		4～13 [3～14]	0.3	150
Sepharose Fast Flow (F. F.)	Q Sepharose FF	120 mg HSA	高产量初步纯化	2～12 [2～14]	0.3	700
	SP Sepharose FF	70 mg 核糖核酸酶 A		4～13 [3～14]	0.3	700
	S Sepharose FF			4～13 [3～14]	0.3	400～700
	DEAE Sepharose FF	110 mg HSA		2～12 [2～14]	0.3	600
	CM Sepharose FF	50 mg 核糖核酸酶 A		4～13 [2～14]	0.3	600
	ANX Sepharose 4 FF(LS)			3～13 [2～14]	0.3	150～250
	ANX Sepharose 4 FF (HS)	5mg 甲状腺 球蛋白		3～13 [2～14]	0.3	最低 200
	Q Sepharose 4 FF			2～12，[1～14]	0.3	
MacroCap	MacroCap SP	0.13 mmol H+	纯化 PEG 蛋白	4～11 [2～13]		120
	MacroCap Q	0.13 mmol H+		4～11 [2～13]		120
Sepharose XL	Q Sepharose XL	> 130 mg BSA	超高载量粗提凝胶	3～13 [2～14]	0.3	500
	SP Sepharose XL	> 160 mg Lysozyme		4～13 [3～14]	0.3	500
Sepharose Big Beads	Q Sepharose Big Beads		快速处理巨量样品	2～12 [2～14]	0.3	1 800
	SP Sepharose Big Beads			4～13 [3～14]	0.3	1 800

注：强阳 S、SP，强阴 Q、QAE，弱阳 CM，弱阴 DEAE 的区别在于使交换介质完全离子化的 pH 范围，较宽者为强，较窄者为弱，与结合强度无关。传统的凝胶多数为弱阴 DEAE、弱阳 CM，同样的纯化工作，可以用强阳 S、SP，强阴 Q、QAE 填料代替。

附表 14.2　凝胶过滤填料

品名		球蛋白分离范围(Da)	特性/应用	pH 稳定性工作[清洗]	耐压(MPa)	最高流速(cm/h)
Superdex	Superdex 30 pg	$<1.0\times10^{4}$	高分辨率	3～12 [1～14]	0.3	90
	Superdex 75 pg	$3.0\times10^{3}\sim7.0\times10^{4}$		3～12 [1～14]	0.3	90
	Superdex 200 pg	$1.0\times10^{4}\sim6.0\times10^{5}$		3～12 [1～14]	0.3	90
Superose	Superose 6 pg	$5.0\times10^{3}\sim5.0\times10^{6}$	分离范围宽广	3～12 [1～14]	0.4	40
	Superose 12 pg	$1.0\times10^{3}\sim3.0\times10^{5}$		3～12 [1～14]	0.7	40
Sephacryl	Sephacryl S-100 HR	$1.0\times10^{3}\sim1.0\times10^{5}$	经济高效，选择最多	3～11 [2～13]	0.15	60
	Sephacryl S-200 HR	$5.0\times10^{3}\sim2.5\times10^{5}$		3～11 [2～13]	0.15	60
	Sephacryl S-300 HR	$1.0\times10^{4}\sim1.5\times10^{6}$		3～11 [2～13]	0.15	60
	Sephacryl S-400 HR	$2.0\times10^{4}\sim8\times10^{6}$		3～11 [2～13]	0.15	60
	Sephacryl S-500 HR	葡聚糖 $4.0\times10^{4}\sim2.0\times10^{7}$		3～11 [2～13]	0.15	50
	Sephacryl S-1000 SF	葡聚糖 $5.0\times10^{5}\sim1.0\times10^{8}$		3～11 [2～13]	未经测试	40
Sepharose	Sepharose 4B	$6.0\times10^{4}\sim2.0\times10^{7}$	传统的大分子分离填料	4～9	0.018	11
	Sepharose 6B	$1.0\times10^{4}\sim4.0\times10^{6}$		4～9	0.02	14
Sepharose Fast Flow	Sepharose 6 FF	$1.0\times10^{4}\sim4.0\times10^{6}$	高流速大分子分离	2～12 [2～14]	0.1	300
	Sepharose 4 FF	$6.0\times10^{4}\sim2.0\times10^{7}$		2～12 [2～14]	0.1	250
Sepharose CL	Sepharose CL-2B	$7.0\times10^{4}\sim4.0\times10^{7}$	有机溶剂纯化	3～13 [2～14]	0.02	15
	Sepharose CL-4B	$6.0\times10^{4}\sim2.0\times10^{7}$		3～13 [2～14]	0.025	26
	Sepharose CL-6B	$1.0\times10^{4}\sim4.0\times10^{6}$		3～13 [2～14]	0.045	30

附表 14.3　标签蛋白纯化填料

品名		每毫升结合量	pH 稳定性 工作[清洗]	最高流速 (cm/h)
组氨酸标签蛋白的纯化	Ni Sepharose HP	~15 μmol Ni^{2+} >40 mg His 蛋白	3~12 [2~14]	<150
	Ni Sepharose 6 FF	~15 μmol Ni^{2+} /mL 胶 >40 mg His 蛋白	3~12 [2~14]	250~400
	TALON Superflow	>20 mg His 蛋白	2~14	2000 cm/h H_2O[0.75×10 cm(内径×高) column.]
	Ni Sepharose excel	>10 mg His 蛋白	2~12	600
MBP 标签蛋白的纯化	Dextrin Sepharose HP	Approx. 7 mg MBP-△Sal 纯化 MBP 标签蛋白 Approx. 16 mg MBP-bGal	>7	300
Strep(Ⅱ)标签蛋白的纯化	StrepTactin Sepharose HP	6 mg Strep(Ⅱ)标签蛋白	>7	300
GST 标签蛋白纯化	Glutathione Sepharose HP	>7 mg GST 融合蛋白	3~12 [3~12]	600
	Glutathione Sepharose 4 FF	>10 mg GST 融合蛋白	3~12 [3~12]	450
	Glutathione Sepharose 4B	>25 mg GST 融合蛋白	4~13 [4~13]	450

附表 14.4　疏水填料

品名		每毫升载量	每毫升结合量	pH 稳定性工作[清洗]	最高流速（cm/h）
预处理及中度纯化填料	Capto Phenyl(HS)	27 μmol 苯基	27 mg BSA	3～13 [2～14]	600
	Capto Butyl	53 μmol 丁基	27 mg BSA	3～13 [2～14]	600
	Butyl Sepharose 4 FF	40 μmol 正丁烷基 n-Butyl	7 mg lgG 26 mg HSA	3～13 [2～14]	400
	Octyl Sepharose 4 FF	5 μmol 正辛烷基 n-Octyl	26 mg lgG 7 mg HSA	3～13 [2～14]	250
	Phenyl Sepharose 6 FF (LS)	20 μmol 苯基 Phenyl	10 mg lgG 24 mg HSA	3～13 [2～14]	400
	Phenyl Sepharose 6 FF(HS)	40 μmol 苯基 Phenyl	30 mg lgG 36 mg HSA	3～13 [2～14]	400
	Butyl-S Sepharose 6 FF	10 μmol 丁基		3～13 [2～14]	400
精细分离介质	Capto Phenyl ImpRes	9 μmol	19 mg BSA	2～13	220
	Capto Butyl ImpRes		37 mg BSA	2～13	220
	Phenyl Sepharose High Performance	25 μmol	45 mg a-chymotrypsinogen	3～13	150
	Butyl Sepharose High Performance	50 μmol	38 mg b-lactoglobulin	3～13	150

附表 14.5　反相填料

品名	每毫升载量	pH稳定性工作[清洗]	耐压(MPa)	最高流速(cm/h)
SOURCE 15 RPC	10 mg BSA	1～12 [1～14]	10	400
SOURCE 30 RPC	17 mg BSA	1～12 [1～14]	10	2000

附录 15　分子生物学常用软件

附表 15.1　分子生物学常用软件

软件名称	用途	简介	同类软件
Reference Manager 12	文献管理	可以在线通过查找关键词搜索 PubMed 和 609 个 Z39.50 数据库中的专业资料，同时保存查找的资料为本地文件	EndNote X9
Omiga 2.0	综合软件	Omiga 作为强大的蛋白质、核酸分析软件，主要功能包括编辑、浏览蛋白质或核酸序列，分析序列组成，同时兼有引物设计功能	DNAsis 2.5 DNATools 5.1 Bioedit DNAssist DNAStar
DNAssist 2.2	限制酶切位点分析	主要功能 ① 序列比对；② DNA 的物化性质、限制性酶切位点图谱分析；③ 分析蛋白质的物化性质、抗原性、疏水性	Primer Premier 6.0 DNA Club
Primer Premier 6.0	引物设计	专业用于 PCR 或测序引物以及杂交探针的设计和评估的软件。同时它还有强大的结构域查找功能	DNA Club Oligo 7 Primer 3
GeneDoc 3.2	同源分析	能用漂亮的色彩来区分相互间序列的同源性，输出格式清楚明了，并且可以报告为进化树的格式。选项多，功能强大	MACAW ProMSED 2 Kest 5.1 MagAlign 4.03
Gene Construction Kit 4.0	质粒绘图	这是一款非常棒的质粒构建软件包，它制作并显示克隆策略中的分子构建过程，还可以质粒作图，并且可以进一步用来构建克隆策略图谱	PlasmidPremier 2.02 Winplas 2.7 pDraw 32
RNAdraw 1.1 b2	RNA 二级结构分析	是一个进行 RNA 二级结构计算的软件	RNA Sttructure 4.5

续表

软件名称	用途	简介	同类软件
Antheprot 5.0	蛋白二级结构分析	蛋白质序列分析软件包,包括了蛋白质研究领域的大多数内容,应用该软件能进行各种蛋白质序列分析与特性预测,它还能提供蛋白质序列的一些二级结构信息	Bioplot
RasMol 2.7	三维结构显示	该软件界面简单,运行迅速,对小的有机分子与大分子均适用,通过选择相应的菜单来显示分子的三维结构。通过命令行窗口可以执行和显示复杂和要求很高的三维图形	Cn3D 4.1 POV-Ray 3.7
Seqverter 1.3	格式转换	使用简单,填写输入文件和输出文件名即可完成格式转换	Visual Sequence Editer 1.1
band leader 3.0	电泳图像处理	提供处理 DNA 或蛋白分子凝胶电泳图像和从凝胶电泳图像获取相关数据的工具	Redsoft Plasmid Simplot BandScan 4.5
POV-Ray 3.7	图片生成	相当于一种语言,它可以修改 pov 格式文件,并最终生成生物大分子的三维图	
Sequin 13.70	序列递交	能向 GenBank、EMBL、DDBJ 三大核酸序列库递交序列